浙江省高职院校“十四五”重点立项建设教材
高等职业教育大数据工程技术系列教材

Python 与机器学习

（第 2 版）
（微课版）

陈清华　朱燕民　主　编

田启明　章逸丰　翟少华　副主编

電子工業出版社

Publishing House of Electronics Industry

北京•BEIJING

内容简介

使用机器学习技术的产品或服务在我们的生活中不断普及，被应用于大数据分析、智能驾驶、计算机视觉等领域，并迅速改变着我们的生活。本书以掌握一定的Python基础为前提，从具体的10个精简仿真项目切入，由浅入深、循序渐进地介绍机器学习技术在不同业务领域中的应用，在内容上注重实用性和可操作性，具体涵盖了数据分析与挖掘流程、监督学习、无监督学习、深度学习、大模型与人工智能应用等需要学生掌握的基本知识和相应技能。

本书可作为大数据、人工智能、软件技术、计算机应用技术等专业的高职生和应用型本科生学习机器学习、数据分析与挖掘、人工智能技术的入门教材，也可作为Python提高教程，为机器学习方法的深入解读奠定基础。此外，本书还可作为工程技术人员学习与实践的参考书。

图书在版编目（CIP）数据

Python与机器学习：微课版 / 陈清华，朱燕民主编. —2版. —北京：电子工业出版社，2024.6

ISBN 978-7-121-47982-3

Ⅰ. ①P… Ⅱ. ①陈… ②朱… Ⅲ. ①软件工具—程序设计②机器学习 Ⅳ. ①TP311.561②TP181

中国国家版本馆CIP数据核字（2024）第109329号

责任编辑：徐建军
印　　刷：天津嘉恒印务有限公司
装　　订：天津嘉恒印务有限公司
出版发行：电子工业出版社
　　　　　北京市海淀区万寿路173信箱　　邮编：100036
开　　本：787×1092　1/16　印张：18.5　字数：450千字
版　　次：2020年2月第1版
　　　　　2024年6月第2版
印　　次：2024年6月第1次印刷
印　　数：2 000册　定价：59.00元

凡所购买电子工业出版社图书有缺损问题，请向购买书店调换。若书店售缺，请与本社发行部联系，联系及邮购电话：（010）88254888，88258888。

质量投诉请发邮件至zlts@phei.com.cn，盗版侵权举报请发邮件至dbqq@phei.com.cn。

本书咨询联系方式：（010）88254570，xujj@phei.com.cn。

前言

以云计算、物联网、大数据和人工智能、区块链为代表的新一代信息技术蓬勃发展，先进计算、高速互联、智能感知等技术领域创新方兴未艾，类脑计算、机器视觉、智能制造、生成式人工智能等技术及应用层出不穷。人们对以机器学习为基础的数据挖掘、人工智能技术的兴趣与日俱增，结合开源的 Python 掀起了一股学习机器学习相关技术的热潮。

目前，不仅许多研究生专业开设了机器学习、人工智能、数据挖掘的相关课程，很多本科专业，特别是计算机、自动化、电气等专业，也都开设了相关课程。2017 年以来，高职院校逐步开始增设大数据技术、人工智能专业，开展大数据、人工智能教学，并持续不断地设计与改进适合高职生、应用型本科生学习的课程，包括“Python 程序设计基础”“数据采集与预处理”“大数据分析技术应用”“数据挖掘应用”“人工智能技术与应用”等。

面对庞杂和迅速发展的机器学习理论与方法，编者深感需要编写一本内容基础、可读性好、契合高职生和应用型本科生特点和教学目标的相关教材。编者根据教学经验、竞赛指导及项目开发经历，积极探索“岗课赛证”融通综合育人教学模式，于 2019 年开始起草本书。同时，根据职业教育学生的特点及培养目标，不断探索、改良本书的仿真项目，以帮助学生掌握相关岗位所需要的知识、技能和素养，让学生在任务驱动中掌握数据分析与挖掘流程，掌握常用的机器学习方法在数据挖掘、人工智能中的应用，培养学生精益求精、追求卓越的工匠精神，为今后在相关领域中从事相应的开发与服务工作奠定基础。

为使语言更准确、讲解更清楚，本书结合 Python 3.7 提供了对应案例的拓展实训。本书特色可以概括为：

（1）案例简单、图文并茂，可读性好。本书尽量使用简化后的案例，引入知识点，逐步深入讲解与引导，使学生能够快速阅读本书，领略机器学习、数据分析与挖掘的思想和基本方法。

（2）“岗课赛证”融通，内容实用，注重应用。本书对接《国家职业技术技能标准——大数据工程技术人员（2021 年版）》，结合《大数据分析与应用开发职业技能等级标准》，根据 2021 年全国工业和信息化技术技能大赛——工业大数据算法赛项、全国职业院校技能大赛“大数据应用开发”赛项（高职组）大纲制定内容。按照“基础→智能→综合”的普遍认知规律，有机融入人工智能、大模型等新技术，面向不同场景开发应用行业更广的 10 个项目，包括碳排放数据分析、电影数据回归分析、观影用户聚类分析、生成式人工智能应用、智能产线应用等。

（3）应用导向，任务驱动，便于学习。本书以应用为出发点，通过任务驱动引入相关知识点和技能，基于任务单，使学生可以边学边练，突出知识与技能的有机融合，让学生在学习过程中举一反三，培养创新思维，以适应高等职业教育人才建设需求。

（4）提供源代码、课件、微课视频，通过嵌入二维码的形式方便学生参考与学习。为配合本书的教与学，编者制作了高质量的教学课件及配套实训项目与题解，供学生和教师使用。在后期，编者还会不断更新应用案例，建立颗粒化课程资源库和“智慧职教”在线课程。

本书的编写得到浙江省“十四五”教学改革研究项目立项支持（项目编号：jg20230057）、浙江省教育科学规划项目立项支持（项目编号：2023SCG211），编者在此表示衷心的感谢。

本书由陈清华、朱燕民担任主编，田启明、章逸丰、翟少华担任副主编，黄莹达、郑博闻、曹珂崯、陈皓等参与编写。其中，项目 1、项目 2、项目 8 由陈清华、田启明编写，项目 3～5 由陈清华编写，项目 6 由翟少华和陈清华编写，项目 7 由朱燕民、陈清华编写，项目 9 由黄莹达、郑博闻编写，项目 10 由章逸丰、陈清华编写，全书由陈清华统稿，郑博闻、曹珂崯、陈皓参与修订与审核。同时，要特别感谢温州职业技术学院、上海交通大学、杭州景业智能科技股份有限公司、温州科技职业学院、河北化工医药职业技术学院、江苏电子信息职业学院、武汉职业技术学院的相关人员，他们为本书内容的形成提供了很好的建议和帮助；也要特别感谢历年高职组“大数据技术”赛项、2019 年“人工智能技术与应用”赛项、2021 年全国工业和信息化技术技能大赛——工业大数据算法赛项的参赛学生，他们对竞赛相关知识与技术的深刻理解，为本书的部分内容提供了修订意见。

本书采用黑白印刷，涉及的颜色无法在书中呈现，请读者结合软件界面进行辨识。为了方便教师教学，本书配有电子教学课件及相关资源，请有此需要的教师登录华信教育资源网（www.hxedu.com.cn）注册后免费下载，如果有问题可在网站留言板留言或与电子工业出版社联系（E-mail：hxedu@phei.com.cn），还可与本书编者联系（E-mail：kegully@qq.com）。

教材建设是一项系统工程，需要在实践中不断加以完善及改进，由于编者水平有限，书中难免存在疏漏和不足之处，敬请同行专家和广大读者给予批评和指正。

编　者

目录

项目1 用餐数据异常分析

项目描述

在数字经济时代，“数据”被誉为“新黄金”。数据与土地、劳动力、资本和技术并列为五大要素市场。不少国家将发展数字经济、促进数据价值释放作为关键任务。

中国信息通信研究院发布的《全球数字经济白皮书（2022年）》指出，数字经济为全球经济复苏提供重要支撑，发达国家数字经济领先优势明显，中美欧形成全球数字经济发展的三极格局。我国提出要大力发展数字经济，牢牢抓住数字技术发展主动权，把握新一轮科技革命和产业变革发展先机。

2022年1月，国务院印发了《“十四五”数字经济发展规划》，从顶层设计上明确了数字经济及其重点领域发展的总体思路、发展目标、重点任务和重大举措。

2023年3月，中共中央、国务院印发了《党和国家机构改革方案》。其中明确提出要组建国家数据局。负责协调推进数据基础制度建设，统筹数据资源整合共享和开发利用，统筹推进数字中国、数字经济、数字社会规划和建设等，由国家发展和改革委员会管理。

加快建设数字中国、网络强国这一蓝图的实现，离不开数据要素的支撑。数据要素主要包括数据采集、数据存储、数据加工、数据流通、数据分析、数据应用、生态保障七大模块。本项目将结合数据要素市场对大数据工程技术人员的技能要求，对公开的用餐数据展开数据加工、特征处理与数据分析工作，帮助学生掌握数据分析与挖掘的基本流程。

拓展读一读

2022年12月19日，《中共中央 国务院关于构建数据基础制度更好发挥数据要素作用的意见》对外发布。该意见指出，数据作为新型生产要素，是数字化、网络化、智能化的基础，已快速融入生产、分配、流通、消费和社会服务管理等各环节，深刻改变着生产方式、生活方式和社会治理方式。数据基础制度建设事关国家发展和安全大局。为加快构建数据基础制度，充分发挥我国海量数据规模和丰富应用场景优势，激活数据要素潜能，做强做优做大数字经济，增强经济发展新动能，构筑国家竞争新优势。

该意见的指导思想：以习近平新时代中国特色社会主义思想为指导，深入贯彻党的二十大精神，完整、准确、全面贯彻新发展理念，加快构建新发展格局，坚持改革创新、系统谋划，以维护国家数据安全、保护个人信息和商业秘密为前提，以促进数据合规高效流通使用、赋能实体经济为主线，以数据产权、流通交易、收益分配、安全治理为重点，深入参与国际高标准数字规则制定，构建适应数据特征、符合数字经济发展规律、保障国家数据安全、彰显创新引领的数据基础制度，充分实现数据要素价值、促进全体人民共享数字经济发展红利，为深化创新驱动、推动高质量发展、推进国家治理体系和治理能力现代化提供有力支撑。

学习目标

知识目标

- 掌握数据分析与挖掘的基本流程；
- 了解特征工程的基本概念、主要内容和常见操作①；
- 掌握缺失值、重复值处理的常用方法；
- 掌握异常值检测的基本方法及不同的处理方式；
- 掌握数据转换和特征构造的基本概念及主要方法②。

能力目标

- 会使用 Pandas 工具对数据进行操作，如数据集成、数据抽取等；
- 会使用 Pandas 工具对数据进行清洗，包括缺失值、重复值、异常值的检测与处理等③；
- 会使用 Pandas 工具进行数据转换，并构造特征。

素质目标

- 把控大数据时代政策前沿，提升数据驱动的大数据行业价值观；
- 培养数据处理过程中严谨、细致的工作态度与一丝不苟的科学精神；
- 合法、合规地使用数据，培养大局意识，以及遵纪守法、遵守社会公德的意识。

任务分析

在使用机器学习训练模型前，开发者需要经历从原始数据中提取特征的过程，以让模型在未知数据上的性能表现达到最优。特征工程的目的就是提取出最有用的特征，以便使机器学习方法能够更好地理解数据并做出准确的预测。

---

① 详细内容可参考《国家职业技术技能标准——大数据工程技术人员（2021 年版）》初级 5.3.1。

② 详细内容可参考《国家职业技术技能标准——大数据工程技术人员（2021 年版）》初级 5.1。

③ 重点：2021 年全国工业和信息化技术技能大赛——工业大数据算法赛项考点。

特征工程通过对原始数据进行清洗、特征选择、特征提取、特征缩放和特征转换等操作来提高机器学习方法的准确性和效率。本项目是在对用餐数据进行分析前，做一些简单的处理工作，主要包括以下几项任务。

（1）数据合并：将给定的两个数据集归并，合成一个数据集；

（2）数据转换：对数据集中已有的数据列（或特征项）进行处理，产生新的特征项；

（3）数据清洗：对数据集中存在的重复值、缺失值、异常值进行处理，以便后续的分析与挖掘。

基于处理后的数据，我们可以继续开展数据分析与挖掘的具体工作。

相关知识基础

微课：项目1相关知识基础-数据分析与挖掘的基本步骤.mp4

1）数据分析与挖掘的基本步骤

通常，数据分析与挖掘的基本步骤（见图1.1）如下。

- 明确目的：分析要解决什么问题，从哪些角度分析问题，采用哪些方法或指标。
- 数据采集：明确数据采集的途径、来源和范围等。
- 特征工程：包括数据预处理（Data Preprocessing）、特征提取（Feature Extraction）、特征构造（Feature Construction）、特征选择（Feature Selection）等操作。
- 数据分析与挖掘：对数据进行分析与挖掘操作，比如进行分组、聚合等。在后续项目中我们将分别从数据分析与基于机器学习的数据挖掘应用方面介绍数据分析方法和机器学习方法。
- 结果呈现：主要是将数据以图表的形式进行直观的展示。

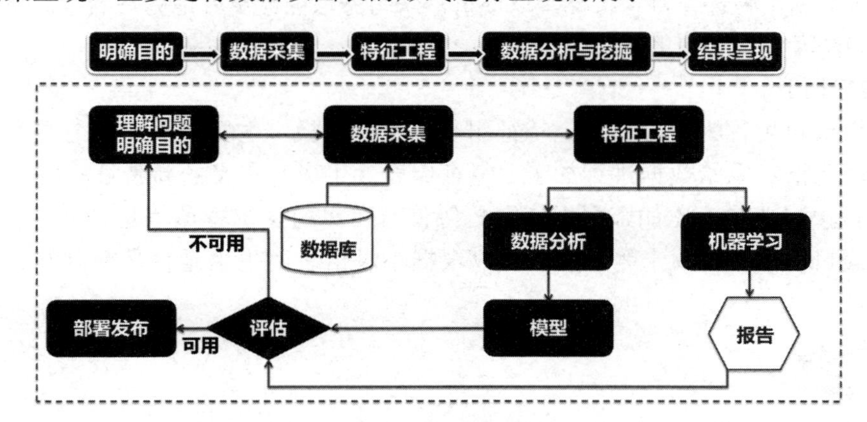

图1.1 数据分析与挖掘的基本步骤

2）特征工程

数据中的特征对预测的模型和获得的结果有直接的影响。好的特征不仅要表示出数据的主要特点，还应符合模型的假设。特征工程（Feature Engineering）是将原始数据转化成能够更好地表达问题本质的特征的过程，使得开发者将这些特征运用到预测模型中后能提高对不可见数据的模型预测精度。

特征工程是成功应用机器学习的一个很重要的环节，其目的是利用这些额外的特征来提高机器学习结果的质量。特征工程的应用范围广泛，可以帮助我们更好地理解和应用数据，提高数据质量。

3）数据预处理

数据预处理是指对原始数据进行清洗、转换、集成和归约等一系列操作，以便为后续数据分析和建模提供高质量的数据。其中，数据清洗主要是删除重复值、处理缺失值、处理异常值等，确保数据的准确性和完整性；数据转换是对数据进行规范化、标准化、离散化、归一化等处理，使数据适用于后续分析；数据集成是将不同来源、不同格式的数据进行整合，使其具有一致的格式和结构；数据归约则是通过聚合、抽样等方法减少数据的数量和复杂度，提高数据处理和分析的效率。数据预处理包括数据清洗和特征预处理等子问题。

4）特征提取

特征提取是指从大量数据中提取出有意义的数据特征，以便后续的分析和处理。如果特征矩阵过大，一些样本直接使用预测模型算法可能在原始数据中会有太多的字段（列）被建模，导致计算量大、训练时间长的问题。因此，降低特征矩阵维度是必不可少的。特征提取是一个自动化的降维过程。常用的特征提取方法包括投影方法（主成分分析、线性差别分析等）、无监督聚类等，可用于图像处理、自然语言处理、机器学习等领域。

5）特征选择

数据集当中的特征并不都是"平等"的，许多与问题无关的特征需要被移除，而有些特征则对模型表现影响很大，应当被保留。因此，我们需要对特征进行一定的选择。特征选择是指从数据集中选择特定特征，以便机器学习方法能够更好地处理数据。特征选择方法包括过滤法、包装法和集成法。

6）特征构造

特征构造也可称为特征交叉、特征组合、数据变换，主要用于产生衍生变量。所谓衍生变量，是指对原始数据进行加工、特征组合，生成有意义的新特征，以增加数据的表达能力和预测性能。比如，根据年月日等信息可以衍生出季节信息、是否是工作日、是否是节假日、是否是周末等，甚至可以根据小时信息衍生出是否是晚高峰、是否是早高峰等特征。

素质养成

数据要素作为新型生产要素，是数字化、网络化、智能化的基础。在大数据时代背景下，数据量急速扩张。数据存储容量表示单位，从以前的 KB、MB 到 GB，再到 TB、PB 和 EB，以及后来的 ZB、YB 甚至是 BB 级别，量级逐步增大。在 ZB 及 ZB 以上的级别下，要对这些数据进行处理，我们需要采用新的技术、工具和手段。这也正是我们需要不断学习新知识、新技术的外在驱动。

另外，本项目中基于特征工程所开展任务的重要性在于它提高了机器学习方法的准确性和效率。特征工程是一项必要且严谨的基础任务。本项目中任务的逐步实施充分反映了技术人员对数据作为关键要素的重视，并有利于提升技术人员分析数据的专业能力及专业素养。同时，为了发现数据中的有用特征，我们需要细致地观察、洞悉数据，加强自身对数据的敏锐度和理解力。

拓展读一读

在数据科学领域中，什么是“脏数据”？简单地说，它是由重复录入、并发处理等不规范操作，产生的冗杂、混乱、无效数据。这些数据如同有害垃圾一样，不仅没有价值，还会带来“污染”，需要技术人员耗费时间、精力去“清洗”，所以被形象地称为“脏数据”。

“脏数据”可能造成重大损失。曾经有一家保险公司将客户资料保存在数据库中，并规定在输入新数据之前，要搜索数据库中是否存在相关数据。但是，一些录入员为了省事，跳过搜索环节直接输入新数据，数据被重复录入，导致系统运行缓慢、搜索结果不准确，最后数据库彻底失灵，造成了巨大的经济损失。该公司这才如梦初醒，花大力气清洗“脏数据”，最终清除了近 4 万条有问题的数据。

数据有问题，苦心构建的数据库就失去了价值。正因如此，处理“脏数据”的工作不仅十分必要，而且越早越好。（摘自中国军网——用心清洗“脏数据”）

项目实施

微课：项目 1 任务 1-用餐数据集成与处理.mp4

任务 1　用餐数据集成与处理

本任务给定用餐基本信息文件“tips1.csv”和用餐费用文件“tips2.csv”。我们需要从这两个文件中分别读取数据集，并对用餐数据进行转换、映射（1.1.2 节将详细介绍）和处理，以便后续的分析与使用。

动一动

（1）从“tips1.csv”和“tips2.csv”文件中读取数据，并集成数据；

（2）对数据集中的用餐日期、用餐人员信息、用餐费用进行必要的处理。

任务单

任务单 1-1　用餐数据集成与处理
学号：＿＿＿＿＿＿ 姓名：＿＿＿＿＿＿ 完成日期：＿＿＿＿＿＿ 检索号：＿＿＿＿＿＿
任务说明 使用 read_csv()函数从“tips1.csv”和“tips2.csv”文件中读取数据后，按两个数据集的“ID”列做集成操作。基于获得的数据集，使用 Pandas 中相应的工具对 sex、smoker、day 列进行数据映射；基于 day、date 列构造特征；对 name、phone、bill、tip 列进行必要的数据处理，需要将 name 列变成首字母大写，隐藏 phone 列中间 5 位（第 4～8 位）数值，将 bill、tip 列的数据类型转换为浮点型。

 **引导问题**

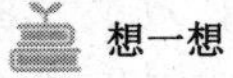 **想一想**

（1）什么是数据集成？数据集成常见的操作有哪些？

（2）在 Pandas 中用来对数据做合并、连接等操作的函数是什么？

（3）Pandas 中的 merge()函数有哪些参数？它们分别用来指定什么？

（4）在 Pandas 中用来构造特征的函数有哪些？它们的主要用途是什么？

（5）Pandas 中的数据类型转换函数有哪些？如何使用它们？

 **重点笔记区**

任务评价

评价内容	评价要素	分值	分数评定	自我评价
1．任务实施	数据读取与集成	2 分	会读取数据得 1 分，会正确合并数据得 1 分	
	数据映射	2 分	能正确映射 sex、smoker 列得 1 分，能正确映射 day 列得 1 分	
	特征构造	2 分	能正确构造是否是工作日得 1 分，能正确抽取月份得 1 分	
	数据加工与处理	3 分	首字母大写转换正确得 1 分，能正确隐藏部分手机号码得 1 分，能正确转换费用的数据类型得 1 分	
2．任务总结	依据任务实施情况得出结论	1 分	结论切中本任务的重点得 1 分	
合　计		10 分		

任务解决方案关键步骤参考

步骤一：从两个不同的 CSV 文件中读取数据，代码如下。

```
import pandas as pd
# 从“tips1.csv”文件中读取数据
df1 = pd.read_csv( "tips1.csv", index_col=0, header = 0, names = ['ID', 'sex',
'smoker', 'day', 'time','size', 'name', 'date', 'phone'])
df1.head()
# 从“tips2.csv”文件中读取数据
df2 = pd.read_csv( "tips2.csv", index_col=0, header = 0, names = ['ID','bill',
'tip'], encoding = 'gbk')
df2.head()
```

读取的部分数据结果如图 1.2 所示。

	sex	smoker	day	time	size	name	date	phone
ID								
0	Female	No	Sun	Dinner	2	quest Industries	2023-8-20	13260079404
1	Male	No	Sun	Dinner	3	smith Plumbing	2023-8-20	13260054844
2	Male	No	Sun	Dinner	3	aCME Industrial	2023-8-20	13642952697
3	Male	No	Sun	Dinner	2	brekke LTD	2023-8-20	13950656464
4	Female	No	Sun	Dinner	4	harbor Co	2023-8-20	13865656410

	bill	tip
ID		
0	16.99美元	1.01美元
1	10.34美元	1.66美元
2	21.01美元	NaN
3	23.68美元	3.31美元
4	24.59美元	3.61美元

图 1.2　读取的部分数据结果

步骤二：按 ID 列对数据进行合并，代码如下。

```
df = df1.merge(df2, on = 'ID')
df.head()
```

合并后返回 DataFrame 二维表结构的数据类型，其部分数据结果如图 1.3 所示。通过“df.types”属性可以查看每列的数据类型，从图 1.3 中可以看到，phone 列为 int64 类型，bill、tip 列为 object 类型。

	sex	smoker	day	time	size	name	date	phone	bill	tip
ID										
0	Female	No	Sun	Dinner	2	quest Industries	2023-8-20	13260079404	16.99美元	1.01美元
1	Male	No	Sun	Dinner	3	smith Plumbing	2023-8-20	13260054844	10.34美元	1.66美元
2	Male	No	Sun	Dinner	3	aCME Industrial	2023-8-20	13642952697	21.01美元	NaN
3	Male	No	Sun	Dinner	2	brekke LTD	2023-8-20	13950656464	23.68美元	3.31美元
4	Female	No	Sun	Dinner	4	harbor Co	2023-8-20	13865656410	24.59美元	3.61美元

图 1.3　合并后的部分数据结果

步骤三：按需对各列进行数据映射。

① 对 sex 列进行数据映射，将男性编码为 1，女性编码为 0；

```
import numpy as np
df['sex2'] = np.where(df['sex'] == 'Male',1,0)
df.head()
```

② 对 smoker 列进行数据映射，将是否吸烟转换为 0 和 1；

```
df['smoker2'] = np.where(df['smoker'] == 'No',0,1)
```

③ 对 day 列进行数据映射，将星期一映射为 1，星期二映射为 2，以此类推，保存为 day2 列。

```
days = {'Mon':1, 'Tues':2, 'Wed':3, 'Thur':4, 'Fri':5, 'Sat':6, 'Sun':7}
df['day2'] = df['day'].apply(lambda x:days[x])
```

数据映射结果如图 1.4 所示。

sex2	smoker2	day2
0	0	7
1	0	7
1	0	7
1	0	7
0	0	7

图 1.4 数据映射结果

步骤四：按需进行特征构造，下面以日期为例，说明构造过程。

① 构造 day3 列：将 day2 列中的星期几转换为是否是工作日；

```
df['day3'] = np.where(df['day2']>5,0,1 )
```

② 构造 month 列，从 date 列中抽取月份。

```
df['date'] = pd.to_datetime(df['date'],format="%Y-%m-%d", errors = 'coerce')
df['month']= df['date'].dt.month
```

步骤五：按需对数据进行处理。

① 处理 name 列，实现首字母大写；

```
df['name'] = df['name'].map(str.capitalize)
```

② 处理 phone 列，隐藏 phone 列中手机号码中间 5 位，变成*，保存为 phone2 列；

```
df['phone2'] = df['phone'].astype(str).map(lambda x:x.replace(x[3:8],"*****"))
```

③ 处理 bill、tip 列中的美元，并将其转换为浮点型。

方式一：采用字符串替换，代码如下。

```
df['bill2']=df['bill'].astype(str).apply(lambda x: float(x.replace("美元", "")))
df['tip2']=df['tip'].astype(str).apply(lambda x: float(x.replace("美元", "")))
```

方式二：采用数据抽取，代码如下。

```
df['bill3'] = df['bill'].str.slice(0,-2).astype(float)
df['tip3'] = df['tip'].str.slice(0,-2).astype(float)
```

数据处理及特征构造后的部分数据如图 1.5 所示，其中方框框住的部分为步骤四的处理结果。

name	date	phone	bill	tip	sex2	day2	day3	month	phone2	bill2	tip2	bill3	tip3
Quest industries	2023-08-20	13260079404	16.99美元	1.01美元	0	7	0	8	132*****404	16.99	1.01	16.99	1.01
Smith plumbing	2023-08-20	13260054844	10.34美元	1.66美元	1	7	0	8	132*****844	10.34	1.66	10.34	1.66
Acme industrial	2023-08-20	13642952697	21.01美元	NaN	1	7	0	8	136*****697	21.01	NaN	21.01	NaN
Brekke ltd	2023-08-20	13950656464	23.68美元	3.31美元	1	7	0	8	139*****464	23.68	3.31	23.68	3.31
Harbor co	2023-08-20	13865656410	24.59美元	3.61美元	0	7	0	8	138*****410	24.59	3.61	24.59	3.61

图 1.5 数据处理及特征构造后的部分数据

1.1.1　数据集成

数据集成是将多个数据源中的数据合并到一个数据集中的过程，常用的数据集成方式包括数据堆叠（stack）、数据合并（merge）、数据连接（concat）等。

数据堆叠是指将多个数据集堆叠在一起，形成一个更高维度的数据结构。在 Pandas 中，可以使用 Pandas 提供的 stack()函数来实现数据堆叠。

数据合并是指将两个或两个以上的数据集按照某个共同的列或索引进行合并，形成一个新的数据集。在 Pandas 中，可以使用 merge()函数来实现数据合并。常用的数据合并方式包括内连接、左连接、右连接和外连接。例如，“df = df1.merge(df2, on = 'ID') ”，表示按“ID”列进行内连接。其官方定义如下。

```
pandas.merge(
    left: 'DataFrame | Series',                  # 参与合并的左侧 DataFrame 对象
    right: 'DataFrame | Series',                 # 参与合并的右侧 DataFrame 对象
    how: 'str' = 'inner',                        # 要执行的连接方式，可选{'left', 'right',
                                                 # 'outer', 'inner', 'cross'}，默认为'inner'
    on: 'IndexLabel | None' = None,              # 用于连接的列索引名称（即列标签名称）。若没有指定，
                                                 # 则以列名的交集作为连接键
    left_on: 'IndexLabel | None' = None,         # 指定左侧 DataFrame 中作为连接键的列名
    right_on: 'IndexLabel | None' = None,        # 指定右侧 DataFrame 中作为连接键的列名
    left_index: 'bool' = False,                  # 是否使用左侧 DataFrame 中的索引作为连接键
    right_index: 'bool' = False,                 # 是否使用右侧 DataFrame 中的索引作为连接键
    sort: 'bool' = False,                        # DataFrame 对象结果是否排序，默认为 False
    suffixes: 'Suffixes' = ('_x', '_y'),         # 当存在相同列名时，为其添加后缀
    copy: 'bool' = True,
    indicator: 'bool' = False,                   # 在输出结果中添加_merge 列，表明左右键来源情况
    validate: 'str | None' = None                # 验证连接键是否是唯一的，参数可填'1:1'、'1:m'
                                                 # 或'm:1'
    )
```

在 Pandas 中，利用 concat()函数可以沿坐标轴将数据进行简单的连接。concat()函数可将多个 Series 或 DataFrame 连接到一起，默认为按行连接（axis 参数默认为 0），结果行数为被连接数据的行数之和。需要注意的是，concat()函数没有去重功能，如果要实现去重效果，则可使用 drop_duplicates()函数。append()函数是 concat()函数的简略形式，但是 append()函数只能在 axis=0 上进行数据连接。

1.1.2　数据映射

映射就是创建一个映射关系列表，把元素和一个特定的标签或者字符串绑定起来。创建映射关系列表最好的方式是使用字典，如 map = {'label1':'value1',label2':'value2', …}。利用 Pandas 中的 map()函数可将序列中的每个元素替换成新的元素。例如，df["name"] = df["name"].map(str.capitalize)是将 name 列中所有的元素替换为首字母大写的元素。如果要将字符串列转换为整数列，则可以使用 df['column_name'] = df['column_name'].map(lambda x :int(x))。此时，column_name 列被强制转换为数值型。

Pandas 中的 apply()、applymap()函数，以及 NumPy 中的 where()函数与 map()函数类似，可用于数据映射。如果需要将函数应用于整行或整列，可使用 apply()函数；如果需要对数据集中的每个元素进行某种操作，则应使用 applymap()函数。

apply()是 Pandas 所有函数中自由度最高的。Series.apply(func, convert_dtype=True, args=(), **kwds)函数的作用是在序列的每个元素上应用自定义的函数。DataFrame.apply(func, axis, broadcast, row, reduce, args=(), **kwds)函数的作用是在 DataFrame 对象指定的坐标轴方向应用自定义的函数。如果要获得每行的最小值，则可以使用 df['min_value'] = df.apply(lambda x : x.min(), axis=1)。

applymap()是一个 DataFrame 级别的函数，将函数应用于 DataFrame 中的每个元素。例如，如果我们要将所有数据除以 100，则可以使用 df = df.applymap(lambda x : x / 100)。

numpy.where()函数用于根据指定条件选择元素。它可以根据指定条件，返回满足条件的元素的索引或根据指定条件对数组进行修改。例如，df['sex2'] = np.where(df['sex'] == 'Male',1,0)表示对满足条件 df['sex'] == 'Male'的记录返回 1，否则返回 0。

1.1.3 数据类型转换

DataFrame 常见的数据类型包括数值型、字符型、时间型等。其中，数值型包括整型和浮点型，字符型包括字符串和对象型，时间型包括日期型和时间型。

强制类型转换是将一个数据类型转换为另一个数据类型的方法，通常使用 astype()函数实现。例如，将 df['col']浮点型转换为整型，可以使用 df['col'] = df['col'].astype(int)。

此外，Pandas 中也有特定类型转换函数，例如，to_numeric()函数用于将数据转换为数值型，根据具体情况可转换为整型或浮点型；to_string()函数用于将数据转换为字符型。在 DataFrame 中，时间型是一种特殊的数据类型，常用于时间序列分析。如果 DataFrame 中的某一列数据类型为字符型但其内容本身为时间，则可以使用 to_datetime()函数将其转换为时间型。

任务 2 用餐数据重复值检测与处理

微课：项目 1 任务 2-用餐数据重复值检测与处理.mp4

重复值会导致数据方差变小，影响数据分析过程。重复值主要分为两种情况：一是记录重复，即一个或多个特征列的几条记录完全一致；二是特征重复，即一个或多个特征名不同，但数据完全一致。Pandas 提供了 corr()函数用于相关度检测，当返回值为 1 时，表示两列完全相关，可认为两列数据重复。

动一动

检测任务 1 给定的用餐数据中是否存在重复记录，如果存在，则输出具体的重复记录并对记录进行适当的处理。检测数据集中数值型的特征列是否存在重复，如果存在，则进行相应处理。

任务单

任务单 1-2　用餐数据重复值检测与处理

学号：＿＿＿＿＿＿姓名：＿＿＿＿＿＿完成日期：＿＿＿＿＿＿检索号：＿＿＿＿＿＿

任务说明

为防止空值数据对数据分析与挖掘流程造成影响，本任务主要基于任务 1 中给定的用餐数据，使用 Pandas 中的工具检测数据中是否存在重复值。如果存在，则使用合适的方法对其进行处理。

引导问题

想一想

（1）如果数据中存在重复值，会造成什么样的影响？

（2）在 Pandas 中，哪些函数可以用来检测重复值？

（3）处理重复值的方法有哪些？如何选择合适的处理方法？

（4）在 Pandas 中，哪些函数可以用来处理重复值？

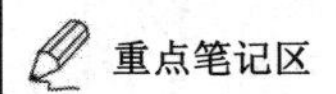

重点笔记区

任务评价

评价内容	评价要素	分值	分数评定	自我评价
1．任务实施	重复值检测	2 分	能正确检测出数据中是否包含重复值得 2 分	
	重复值输出	2 分	能正确显示包含重复值的数据得 2 分	
	重复值处理	4 分	会使用不同方式处理重复值，会使用 1 种得 2 分，至多得 4 分	
2．任务总结	依据任务实施情况得出结论	2 分	结论切中本任务的重点，能比较不同处理方式的优劣得 2 分	
合　计		10 分		

任务解决方案关键步骤参考

步骤一：检测是否存在重复记录，代码如下，如果结果为 True，则表示数据中存在重复记录。

```
df.duplicated().any()
```

步骤二：输出具体的重复记录。

```
df[df.duplicated() == True]
```

结果显示，用餐数据中存在与 ID 为 202 完全相同的记录，结果如图 1.6 所示。

步骤三：删除重复记录。

```
df.count() # 显示删除重复记录前的记录数
df = df.drop_duplicates()
df.count() # 显示删除重复记录后的记录数
```

ID	sex	smoker	day	time	size	bill	tip	sex2	smoker2	day2	day3	bill2	tip2
202	Female	Yes	Thur	Lunch	2	13美元	2美元	0	1	4	1	13.0	2.0

图 1.6　重复记录

步骤四：检测是否存在重复特征列，此外检测 bill 列和 tip 列是否完全相关，代码如下。

```
df['bill2'].corr(df['tip2'])
```

输出结果约为 0.678，即两列数据并不是完全相关的，即 bill、tip 不是重复特征列。

1.2.1　检测重复值 duplicated()

在数据采集环节中所获得的原始数据集，往往会存在许多重复数据。所谓重复数据，是指在数据结构中所有列的内容都相同，即行重复。而处理重复数据是数据分析中经常要面对的问题之一。

Pandas 中的 duplicated()函数用于检测和标记重复值。它返回一个布尔型的数组，指示每个元素是否存在重复项。其使用方法如下。

```
pandas.duplicated(subset=None, keep='first')
```

其中，subset 为可选参数，用于标识要检测的重复项的列名或列名列表。在默认情况下，它会比较所有特征项。keep 为可选参数，用于指定标记重复项的方式，如果值为'first'，则表示第一次出现的项不会被标记为重复；如果值为'last'，则表示最后出现的项不会被标记为重复；如果值为 False，则所有重复项都会被标记为 True；默认值为'first'。

1.2.2　删除重复值 drop_duplicates()

Pandas 中的 drop_duplicates()函数用于删除 DataFrame 或 Series 中的重复值。该函数可以根据一列或多列的数值进行判断。如果指定的这些列的数值均相同，则认为这行数据是重复的。其使用方法如下。

```
DataFrame.drop_duplicates(subset=None, keep='first', inplace=False)
```

前两个参数与 duplicated()函数中参数的含义类似，inplace 参数为布尔型，用来指定在删除重复值时是否保留副本，默认值为 False，表示保留副本。

任务 3　用餐数据缺失值检测与处理

微课：项目 1 任务 3-用餐数据缺失值检测与处理.mp4

缺失值也称为空值或空缺值，指的是现有数据集中某个或某些属性的值是不完整的。缺失值会对数据的准确性和完整性造成影响，并且在进行数据分析和建模时会导致模型精度降低或计算错误。因此，处理缺失值对于保证数据的质量和可靠性非常重要。

用餐数据的某些属性值中可能存在数据缺失的问题。在本任务中，我们需要检测各列是否存在缺失值，并使用合适的方法进行处理。

动一动

基于任务 1 中给定的用餐数据，检测各列是否存在缺失值，并尝试使用不同的方法对缺失值进行处理。

任务单

任务单 1-3 用餐数据缺失值检测与处理

学号：__________ 姓名：__________ 完成日期：__________ 检索号：__________

任务说明

为防止缺失值对数据分析与挖掘流程造成影响，本任务主要基于任务 1 中给定的用餐数据，使用 Pandas 中的工具检测数据中是否存在缺失值。如果存在缺失值，则使用合适的方法（如删除法、插补法等）对其进行处理。

引导问题

想一想

（1）数据中存在缺失值会造成什么样的影响？

（2）在 Pandas 中，哪些函数可以用来检测缺失值？

（3）处理缺失值的方法有哪些？如何选择合适的处理方法？

（4）在 Pandas 中，哪些函数可以用来处理缺失值？

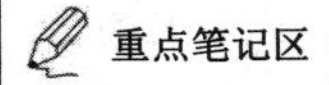

重点笔记区

任务评价

评价内容	评价要素	分值	分数评定	自我评价
1. 任务实施	缺失值检测	2 分	能正确检测出数据集中是否存在缺失值得 2 分	
	缺失值输出	2 分	能正确显示存在缺失值的记录得 2 分	
	缺失值处理	5 分	会使用不同方法处理缺失值，会使用 1 种得 1 分，至多得 5 分	
2. 任务总结	依据任务实施情况得出结论	1 分	结论切中本任务的重点，能比较不同处理方法的优劣得 1 分	
合 计		10 分		

任务解决方案关键步骤参考

步骤一：检测是否存在缺失值的代码如下。如果运行结果的某一列显示为 True，则表示该列数据中存在缺失值。部分结果如图 1.7 所示，我们可以看到 tip 列数据中存在缺失值。

```
df.isna().any()
```

```
sex        False
smoker     False
day        False
time       False
size       False
name       False
date       False
phone      False
bill       False
tip         True
sex2       False
```

图 1.7　缺失值检测部分结果

步骤二：输出 tip 列中数据为空的具体记录，代码如下。

```
df[df['tip'].isna() == True]
```

图 1.8 显示了具体查询结果。在 ID 为 2 的记录中，tip 列数据为 NaN。

	sex	smoker	day	time	size	name	date	phone	bill	tip
ID										
2	Male	No	Sun	Dinner	3	Acme industrial	2023-08-20	13642952697	21.01美元	NaN

图 1.8　存在缺失值的记录

步骤三：处理缺失值。

① 第 1 种方法：删除数据集中存在缺失值的记录，保存为 re1；

```
df.count()  # 显示删除前的记录数
re1 = df.dropna()
df.count()  # 显示删除后的记录数，结果显示记录数为 242 条
```

② 第 2 种方法：将缺失值置为 0，保存为 re2；

```
re2 = df.fillna(0)
re2.iloc[2]  # 显示该条记录值
```

③ 第 3 种方法：用邻近数值填充；

用下一个非缺失值填充该缺失值：

```
re3_1 = df.fillna(method='bfill')
```

用前一个非缺失值填充该缺失值：

```
re3_2 = df.fillna(method='ffill')
```

④ 第 4 种方法：用平均值填充，保存为 re4。

```
re4 = df.fillna(df['tip2'].mean())
```

1.3.1　检测缺失值 isna()

在 Python 中，狭义的缺失值（Missing Values）一般是指 DataFrame 中的 NaN（Not a Number）。广义的缺失值分为 3 种：一是 Pandas 中的 3 种缺失值，即 numpy.nan、None、pandas.NaT；二是空值，即空字符串""；三是在导入的各类文件中（如 Excel），原本用来表示缺失值的字符，如“-”“?”等。

为查询狭义的缺失值，Pandas 中提供了 isnull()、notnull()、isna()等函数。当数据量较大时，可以配合使用 any()、sum()函数。其中，any()函数表示一个序列中有一个是 True，则返回 True；sum()函数则是对序列进行求和计算。例如，df.isnull().sum()可用于计算 df 中每列为空的个数。

1.3.2　处理缺失值 fillna()

一般地，处理缺失值的方法主要有以下几种。①删除法。它是指直接删除缺失值所在的行或列。这种方法简单直接，但会降低数据的可靠性和有效性。删除缺失值后，数据可能会丢失一部分信息，导致分析结果不准确。该方法一般用于缺失值占比非常小的场合。②替换法。当直接删除缺失值的代价和风险较大时，我们可以考虑使用替换法将缺失值部分替换掉，如用平均值、众数去替换。③插补法。它是指根据数据的分布规律，利用已知数据对缺失值进行估计，可分为单变量插补法和多变量插补法，这是实践中常用的方法。回归插补、二阶插补、热平台、冷平台、抽样填补都是单变量插补法。④不处理也是一种处理方法，当使用对缺失值不敏感的数据分析与挖掘方法时，我们可以选择不处理。

Pandas 中提供了 fillna()函数用于处理缺失值。其官方定义如下。

```
DataFrame.fillna(value=None, method=None, axis=None, inplace=False, limit=None, downcast=None)[source]
```

其中，参数 method 的取值可以是{'pad', 'ffill','backfill','bfill', None}，默认取值 None。参数值'pad'和'ffill'表示用前一个非缺失值填充该缺失值；参数值'backfill'和'bfill'表示用下一个非缺失值填充该缺失值；参数值 None 表示用指定值替换缺失值。参数 limit 用于限制填充个数。

任务 4　用餐数据异常值检测与处理

微课：项目 1 任务 4-用餐数据异常值检测与处理.mp4

异常值是指样本数据中明显偏离其余观测值的个别数值，如年龄小于 0、身高超过 3m 等都属于异常值。异常值会大幅地改变数据分析和统计建模的结果，大多数的机器学习算法对异常值敏感。本任务主要对用餐数据中的异常值进行检测，并进行适当处理。

动一动

基于任务 3 的结果，对用餐数据中的小费（tip 列）数据进行异常值检测，如果发现异常值，则对其进行适当的处理。

任务单

任务单 1-4　用餐数据异常值检测与处理

学号：______________姓名：______________完成日期：______________检索号：______________

任务说明

在数据分析中，异常值对分析结果将产生影响。检测异常值的工具或方法有多种，如直方图、箱形图、散点图、离群检测算法（Z-Score、*k*-Means 等）、专家判断等。本任务主要通过对 tip 单变量进行异常值检测与处理来讲解异常值检测与处理的基本方法。当然，我们也可以结合其他信息变量对异常值进行检测和处理。

引导问题

想一想

（1）什么是异常值？异常值对数据分析与挖掘流程有什么样的影响？

（2）检测异常值的方法有哪些？在使用时，有什么需要注意的？

（3）Pandas 中提供了哪些用于异常值检测的工具？

（4）如何对已发现的异常值进行处理？

（5）Pandas 中提供了哪些用于异常值处理的工具？

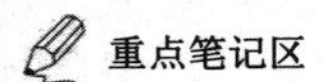

重点笔记区

任务评价

评价内容	评价要素	分值	分数评定	自我评价
1．任务实施	异常值检测	5 分	会使用不同方法检测异常值，会使用 1 种得 1 分，至多得 5 分	
	异常值输出	2 分	能正确显示存在异常值的记录得 2 分	
	异常值处理	2 分	会使用不同方法处理异常值，会使用 1 种得 1 分，至多得 2 分	
2．任务总结	依据任务实施情况得出结论	1 分	结论切中本任务的重点，能比较不同检测方法的适用场合得 1 分	
合　计		10 分		

任务解决方案关键步骤参考

步骤一：基于单项数据，检测 tip 列数据是否存在异常值。

① 第 1 种方法：使用散点图查看数据分布，观察 tip 列的数据分布及与发生日期的关系。

```
import matplotlib.pyplot as plt
fig, ax = plt.subplots()
ax.scatter(re1['day'], re1['tip2'])
plt.xlabel('day')
plt.ylabel('tip')
```

结果如图 1.9 所示，从中我们可以观察所有小费（tip 列）数据的具体分布状态。

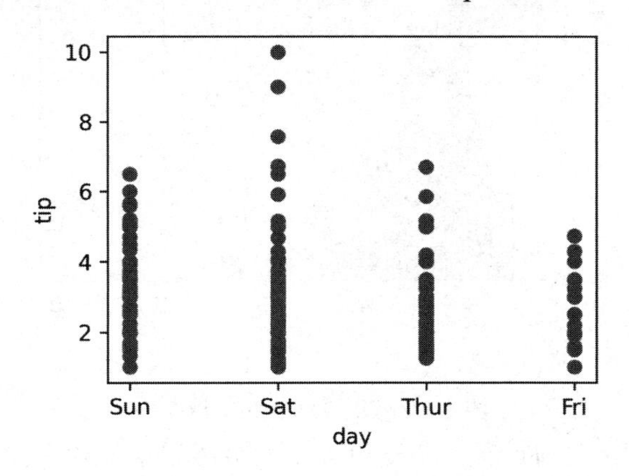

图 1.9 tip 列数据分布散点图

使用 Seaborn 的分簇散点图 swarmplot()更易查看具体的数据量，代码如下。

```
import seaborn as sns
ax = sns.swarmplot(x="day", y="tip2", data=re1, color=".25")
```

结果如图 1.10 所示。

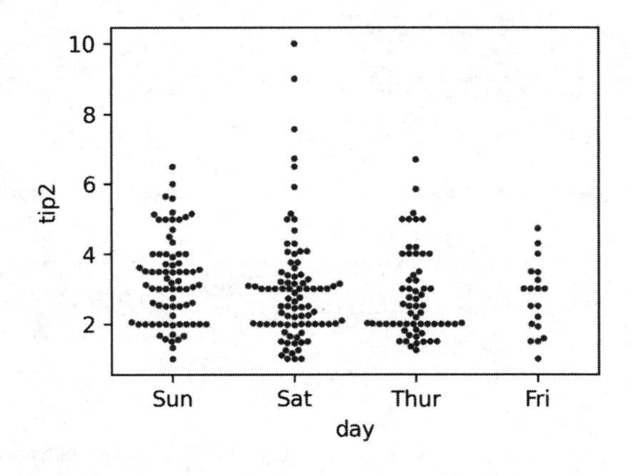

图 1.10 tip 列数据分布散点图（Seaborn）

② 第 2 种方法：使用简单统计进行分析，例如，对 tip 列的值进行排序，排序后的数据呈现规律性，有助于发现异常值。

```
re1.sort_values(by = 'tip2',ascending = True)
```

③ 第 3 种方法：对于服务正态分布的数据，我们可以使用 3σ 原则。首先，我们可以使用直方图查看 tip 列数据的分布状态。

```
rel['tip2'].hist(bins = 20)
plt.xlabel('tip')
```

结果如图 1.11 所示，tip 列数据值近似服从正态分布。

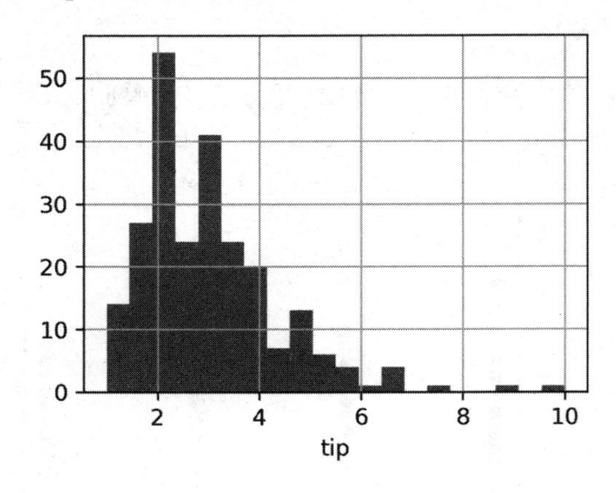

图 1.11　tip 列数据分布直方图

然后，我们依据 3σ 原则查看小费支付异常的数据记录，代码如下。

```
# 获得小费平均值
u =  rel['tip2'].mean()
# 获得小费标准差
delta =  rel['tip2'].std()
# 计算小费边界值
a = u - 3 * delta
b = u + 3 * delta
# 条件筛选，显示异常记录
rel[(rel['tip2']<a) | (rel['tip2']>b)]
```

结果显示有 3 条记录存在异常，如图 1.12 所示。

ID	sex	smoker	day	time	size	name	date	phone	bill	tip
23	Male	No	Sat	Dinner	4	Quest industries	2023-08-26	13622240231	39.42美元	7.58美元
170	Male	Yes	Sat	Dinner	3	Brekke ltd	2023-09-23	14082015683	50.81美元	10美元
212	Male	No	Sat	Dinner	4	Boo	2023-09-09	17005405045	48.33美元	9美元

图 1.12　tip 列数据异常记录（3σ 原则）

④ 第 4 种方法：使用箱形图也可以帮助我们找到异常值。绘制箱形图的代码如下。

```
rel[['tip2']].boxplot()
```

结果如图 1.13 所示。其中图表上方部分的圆点为异常值。

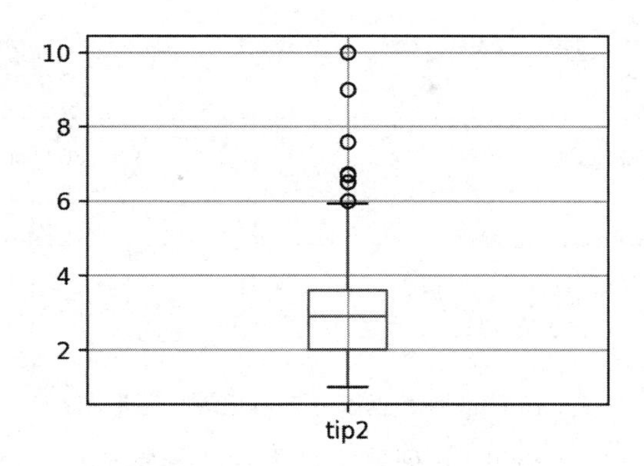

图 1.13　tip 列数据分布箱形图

将箱形图与分簇散点图结合使用，可以清晰地看到具体的数据量，代码如下。

```
ax1 = sns.boxplot(y="tip2", data=re1)
ax2 = sns.swarmplot(y="tip2", data=re1, color=".25")
```

结果如图 1.14 所示。

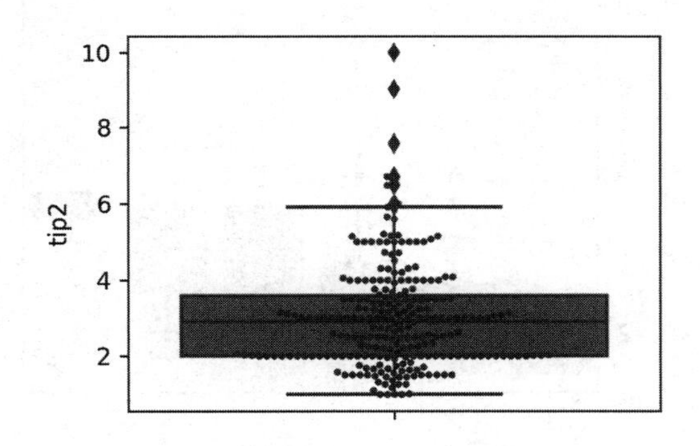

图 1.14　使用箱形图与分簇散点图绘制 tip 列数据

我们依据箱形图的绘制原理，查找并显示具体的异常记录，代码如下。

```
# 计算下四分位数
Q1 =  np.percentile(re1['tip2'],25)
# 计算中位数
median= np.percentile(re1['tip2'],50)
# 计算上四分位数
Q3 =  np.percentile(re1['tip2'],75)
# 计算 IQR (Interquartile Range, 四分位距)
IQR = Q3-Q1
# 计算下极限
low = Q1 - 1.5*IQR
# 计算上极限
high = Q3 + 1.5*IQR
# 筛选异常记录
re1[(re1['tip2']<low) | (re1['tip2']>high)]
```

得到的记录共计 8 条，部分数据如图 1.15 所示。

ID	sex	smoker	day	time	size	name	date	phone	bill	tip
23	Male	No	Sat	Dinner	4	Quest industries	2023-08-26	13622240231	39.42美元	7.58美元
47	Male	No	Sun	Dinner	4	Lee wang	2023-08-27	13296571489	32.4美元	6美元
59	Male	No	Sat	Dinner	4	Aaron	2023-09-02	13598931120	48.27美元	6.73美元

图 1.15　tip 列数据部分异常记录（箱形图）

步骤二：基于多项数据，检测 tip 列数据是否存在异常值。

比如，我们可以基于聚餐人数检测 tip 列中的异常值，代码如下。

```
ax = sns.boxplot(x="size", y="tip2", data=re1)
ax = sns.swarmplot(x="size", y="tip2", data=re1, color=".25")
```

结果如图 1.16 所示。

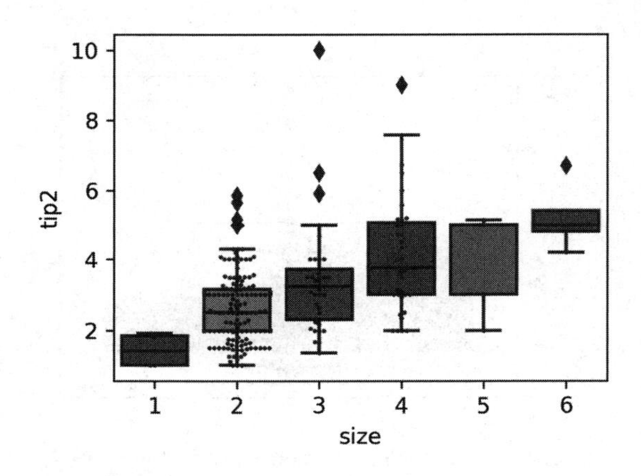

图 1.16　结合聚餐人数检测 tip 列中的异常值

步骤三：对异常值进行处理。

① 直接删除异常记录，代码如下。

```
new_re1 = re1[(re1['tip2'] <= high) & (re1['tip2'] >= low)]
```

② 其他方法：用户可参考缺失值的处理方法对异常值进行替换，也可以选择不处理。

1.4.1　检测异常值

异常值是指样本数据中明显偏离其余观测值的个别数值（样本点），所以也称为离群点。异常值分析就是将这些离群点找出来并进行分析。

在不同的数据中，鉴别异常值有不同的标准，常规有以下几种：①查看数据是否超过某个标准值，这主要根据专业知识或个人经验，判断数据是否超过了理论范围值，数据中有没有明显不符合实际情况的错误，例如，测量成年男性身高（单位为 m），出现 5.8m 显然不符合实际情况；②查看数据是否大于±3σ 标准差，3σ 原则在数据服从正态分布时用得比较多，在这种情况下，异常值被定义为一组测定值中与平均值的偏差超过 3 倍标准差的值。

检测异常值的工具、方法主要有以下几种。①简单统计分析。可以对属性值做描述性统计分析，查看哪些值是不合理的，例如，通过排序观察最值及数值间距。②使用散点图。通过展示两组数据的位置关系，可以清晰、直观地看出哪些值是异常值，在研究数据关系（如进行回归分析）前，用户会先绘制散点图观察数据中是否存在异常值。③使用直方图。可以使用直方图查看数据分布情况，检查数据是否服从正态分布，并且在数据服从正态分布的前提下确定异常值。④使用箱形图。箱形图提供了一个识别异常值的标准，即大于或小于箱形图设定的上下界数值即为异常值。⑤3σ 原则，当样本点与平均值的距离大于 3σ 时，则认定该样本点为异常值。

1.4.2　绘制散点图 scatter()

通过散点图可以直接看到数据的原始分布状态，其用于观测和识别异常值（离群点）。散点图将序列显示为一组点，值由点在图表中的位置来表示。它是利用散点（坐标点）的分布形态来反映变量统计关系的一种图形。其还可以用图表中的不同标记表示类别，通常用于比较跨类别的聚合数据。

scatter()函数用于绘制散点图与气泡图。其官方定义如下。

```
matplotlib.pylot.scatter(
    x, y, s=None, c=None, marker=None, cmap=None, norm=None, vmin=None, vmax=None,
    alpha=None, linewidths=None, verts=None, edgecolors=None, hold=None, data=None,
    **kwargs
    )
```

scatter()函数的主要参数说明如表 1.1 所示，详情可参见 Matplotlib 官方文档。

表 1.1　scatter()函数的主要参数说明

序号	参数名	类型	默认值	说明
1	x	类数组	必填参数	设置散点图的横坐标
2	y	类数组	必填参数	设置散点图的纵坐标，而且必须与 x 的长度相等
3	s	标量或类数组	None	指定标记面积（大小），默认为 20
4	c	色彩或颜色序列	None	标记颜色
5	marker	MarkerStyle	None	定义标记样式，默认为'o'
6	cmap	色彩盘（colormap）	None	设置使用的色彩盘
7	norm	浮点型	None	设置数据亮度，取值范围为 0～1
8	vmin	标量（scalar）	None	vmin 和 vmax 与 norm 一起使用，用于标准化亮度数据。如果未设置对应的参数值，则分别使用颜色数组的最小值和最大值。如果已传递了 norm 实例，则忽略 vmin 和 vmax 的设置
9	vmax		None	
10	alpha	浮点型	None	设置透明度，范围为[0,1]。其中 1 表示不透明，0 表示透明
11	linewidths	浮点型	None	控制散点图中每个点（points）的边缘线的粗细
12	edgecolors	色彩或颜色序列	None	设置轮廓颜色

散点图中可使用的标记形状参数 marker 的部分参数值说明如表 1.2 所示。

表 1.2　marker 的部分参数值说明

序号	marker（标识符）	英文描述	中文描述
1	.	point	点
2	,	pixel	像素
3	o	circle	圈
4	v	triangle_down	倒三角
5	^	triangle_up	正三角
6	<	triangle_left	左三角
7	>	triangle_right	右三角
8	8	octagon	八角
9	S	square	正方形
10	p	pentagon	五角
11	*	star	星形
12	h	hexagon1	六角 1
13	H	hexagon2	六角 2
14	+	plus	加号
15	x	X	X 号
16	D	diamond	钻石
17	d	thin_diamond	细钻
18	|	vline	垂直线
19	_	hline	水平线

散点图中可使用的部分颜色参数说明如表 1.3 所示。

表 1.3　散点图中可使用的部分颜色参数说明

选项	说明	对应的 RGB 三元数
'red'或 'r'	红色	[1 0 0]
'green' 或 'g'	绿色	[0 1 0]
'blue' 或 'b'	蓝色	[0 0 1]
'yellow' 或 'y'	黄色	[1 1 0]
'magenta' 或 'm'	品红	[1 0 1]
'white' 或 'w'	白色	[1 1 1]
'cyan' 或 'c'	青色	[0 1 1]
'black' 或 'k'	黑色	[0 0 0]

1.4.3　绘制直方图 hist()

直方图（Histogram）可用于展示数值型数据的数据分布情况。首先对数据进行分组，再用面积表示各组频数的多少。矩形的高度表示每组的频数或频率，宽度则表示各组的组距。在表述中，频数表示落在各组样本数据的个数；频数除以样本总个数表示频率；组距指直方图中柱子的宽度，可自定义，也可用数据的最大值减去最小值再除以柱子的个数来表示。

在 Python 中使用 hist()函数绘制直方图。其官方定义如下。

```
matplotlib.pyplot.hist(
    x,# 指定要绘制直方图的数据
    bins=None,# 设置条形带 bar 的个数
    range=None,# 指定直方图数据的上下界，默认包含绘图数据的最大值和最小值（范围）
    density=None, # 如果值为 True，则将 y 轴转换为密度刻度
    weights=None,# 该参数可为每一个数据点设置权重
    cumulative=False,# 是否需要计算累计频数或频率，默认值为 False
    bottom=None, # 可以为直方图的每个条形带添加基准线，默认值为 None
    histtype='bar' # 设置样式，可选'bar'、'barstacked'、'step'或'stepfilled'
    align='mid'align=, # 设置条形带边界值的对齐方式，可设为'mid'、'left'或'right'
    orientation='vertical',# 设置直方图的摆放方向，默认为垂直方向 vertical
    rwidth=None,# 设置 bar 的宽度百分比
    log=False,# 是否需要对绘图数据进行 log 变换，默认值为 False
    color=None,# 设置直方图的填充色
    label=None, # 设置直方图的标签
    stacked=False, # 当有多个数据时，是否需要将直方图堆叠摆放，默认值为 False，表述水平摆放
    normed=None, # 是否使用 density 参数
    *,
    data=None,
    **kwargs
    )
```

参数 x 用于指定数据源，可使用 Pandas 的 Series 和 DataFrame 结构。Pandas 与 Matplotlib 有较好的兼容性，Series 对象可以直接调用 hist()函数来绘制直方图，而不需要指定 x。参数 bins 用于指定条形带 bar 的个数，数值越大，条形带越紧密。参数 density 用于指定要绘制的直方图类型，当值为 True 时，绘制频率图，否则绘制频数图。

1.4.4　绘制箱形图 boxplot()

使用箱形图（Box-plot）可发现异常值。箱形图又被称为盒须图、盒式图或箱线图，是一种用于显示一组数据分散情况的统计图，因形状如箱子而得名。其作用主要是反映原始数据的分布特征，其还可以进行多组数据分布特征的比较。

箱形图示例如图 1.17 所示。实线框的底部（下四分位数）和顶部（上四分位数）是第一个和第三个四分位（比如 25%和 75%的数据），箱体中的横线指的是第二个四分位（中位数）。像胡须一样的两条线（上极限和下极限）从这个箱体伸出，显示的是数据的范围。实心的圆点表示异常值/单一数据点。

在 Pandas 中可使用 boxplot()函数绘制箱形图。其官方定义如下。

```
DataFrame.boxplot(
        column=None, by=None, ax=None, fontsize=None, rot=0, grid=True,
```

```
        figsize=None, layout=None, return_type=None, **kwds
        )
```

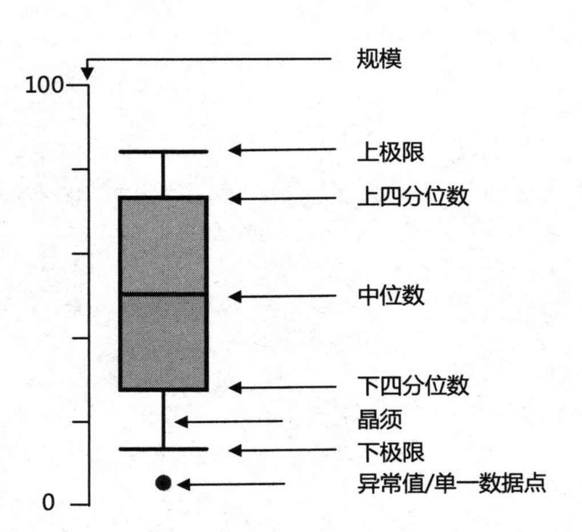

图 1.17　箱形图示例

boxplot()函数的主要参数说明如表 1.4 所示。

表 1.4　boxplot()函数的主要参数说明

序号	参数名	类型	默认值	说明
1	column	字符串或字符串列表	None	指定要进行箱形图分析的 DataFrame 中的列名
2	by	字符串或数组	None	作用相当于 Pandas 中的 group by，通过指定 by='columns'，可进行多组箱形图分析
3	ax	Axes 的对象	None	matplotlib.axes.Axes 的对象，没有太大作用
4	fontsize	浮点型或字符串	None	指定箱形图坐标轴字体大小
5	rot	整型或浮点型	0	指定箱形图坐标轴旋转角度
6	grid	布尔型	True	指定箱形图网格线是否显示
7	figsize	二元组	None	指定箱形图窗口尺寸大小
8	layout	二元组	None	必须配合 by 一起使用，类似于子图的分区功能
9	return_type	字符串或 None	axes	指定返回对象的类型，可输入的参数为{'axes', 'dict', 'both'}，当与 by 一起使用时，返回的对象为 series 或 array

1.4.5　处理异常值

异常值是否删除，需要视具体情况而定，因为有些异常值可能蕴含有用的信息。异常值处理的常用方法有以下几种：①删除法，直接将含有异常值的记录删除，在观测值很少的情况下，会造成样本量不足，可能会改变变量的原有分布，从而造成分析结果的不准确；②填补法，将异常值视为缺失值，利用缺失值处理的方法对异常值进行处理；③平均值修正法，使用前后观测值的平均值修正异常值；④不处理，当使用对异常值不敏感的数据分析与挖掘方法时，我们也可以选择直接在存在异常值的数据集上进行分析与挖掘建模。

拓展实训：电影数据加工与处理

【实训目的】

通过本次实训，要求学生初步掌握数据分析与挖掘的流程和 Python 数据分析常用包（Pandas、NumPy、Matplotlib）的使用方法，并掌握数据集成、数据清洗、数据筛选等方法的实现。

【实训环境】

Python 3.7、Pandas、NumPy、Matplotlib、Seaborn。

【实训内容】

在接下来的实训中，将基于给定的电影数据文件“movie1.csv”和“movie2.csv”，对数据进行合并、抽取和筛选操作。

（1）按 ID 列合并“movie1.csv”和“movie2.csv”文件中的数据，部分数据结果如图 1.18 所示。

	上映日期	片名	类型	制片国家	想看	ID	导演	主演
0	03月19日	《又见奈良》	剧情	中国 / 日本	22037人	30437716	鹏飞	吴彦姝|英泽|国村隼|永濑正敏|鹏飞|张巍|秋山真太郎
1	03月19日	《日不落酒店》	喜剧	中国	11623人	27098602	冯一平|刘峻萌|郝心悦	黄才伦|张慧雯|沈腾|高叶|张晔子|陶亮|何子君|陶海|刘背实|张琛|李唯贺|辣目洋子|孙珍...
2	03月19日	《21座桥》	动作 / 犯罪 / 悬疑	美国	6441人	30271717	布莱恩·柯克	查德维克·博斯曼|西耶娜·米勒|史蒂芬·詹姆斯|凯斯·大卫|亚历山大·希迪格|泰勒·克奇|J...
3	03月19日	《往事如昨》	纪录片	中国	629人	35235054	周楹丰	邱宗华|郑勇|杨娇|钟华|李玉梅|陈瑶|周洪波|杜亚莉|康艳梅|邱宇|杨林|罗江峰|汤丽|周强
4	03月19日	《记忆切割》	科幻 / 悬疑	中国	542人	33383459	果靖霖	郭采洁|刘雪华|果靖霖|宁理|王芯宜|徐峥

图 1.18　合并后的部分电影数据结果

（2）对“想看”列进行数据抽取处理，并将其转换为数值型。

（3）对“制片国家”列进行数据处理，将列中的数据进行切片，获得独立的制片国家，结果如图 1.19 所示。

	上映日期	片名	类型	制片国家	想看	ID	导演	主演	想看2	制片国家1	制片国家2
0	03月19日	《又见奈良》	剧情	中国 / 日本	22037人	30437716	鹏飞	吴彦姝|英泽|国村隼|永濑正敏|鹏飞|张巍|秋山真太郎	22037	中国	日本
1	03月19日	《日不落酒店》	喜剧	中国	11623人	27098602	冯一平|刘峻萌|郝心悦	黄才伦|张慧雯|沈腾|高叶|张晔子|陶亮|何子君|陶海|刘背实|张琛|李唯贺|辣目洋子|孙珍...	11623	中国	None
2	03月19日	《21座桥》	动作 / 犯罪 / 悬疑	美国	6441人	30271717	布莱恩·柯克	查德维克·博斯曼|西耶娜·米勒|史蒂芬·詹姆士|凯斯·大卫|亚历山大·希迪格|泰勒·克奇|J...	6441	美国	None
3	03月19日	《往事如昨》	纪录片	中国	629人	35235054	周楹丰	邱宗华|郑勇|杨娇|钟华|李玉梅|陈瑶|周洪波|杜亚莉|康艳梅|邱宇|杨林|罗江峰|汤丽|周强	629	中国	None
4	03月19日	《记忆切割》	科幻 / 悬疑	中国	542人	33383459	果靖霖	郭采洁|刘雪华|果靖霖|宁理|王芯宜|徐峥	542	中国	None

图 1.19　数据处理结果

（4）基于上述结果，对电影数据进行条件筛选。

- 列出制片国家为中国的电影名称；
- 列出制片国家不是中国的电影名称；
- 列出所有 3 月份放映的电影名称；
- 列出想看人数超过 10 000 人的电影名称；
- 列出想看人数在 1000～2000 人的电影名称；
- 列出类型为动作和科幻的电影名称；
- 列出类型不是剧情的所有电影名称。

项目考核

【选择题】

1．在 DataFrame.boxplot(column=None, by=None, ax=None, fontsize=None, rot=0, grid=True, figsize=None, layout=None, return_type=None, whis = 1.5, **kwds)中，（　　）参数用来设定异常值的界限。

A．column　　B．by　　C．ax　　D．rot　　E．whis

2．下列关于箱形图的说法正确的有（　　）。[多选题]

A．箱形图（Box-plot）又被称为盒须图、盒式图或箱线图，是一种用于显示一组数据分散情况的统计图，因形状如箱子而得名

B．箱形图主要用于反映原始数据的分布特征，但它不可以用于多组数据分布特征的比较

C．箱形图可以直观明了地检测数据中的异常值

D．利用箱形图可以判断数据的偏态和尾重

E．DataFrame 类中的 boxplot()函数可以用来绘制箱形图

3．散点图矩阵通过（　　）坐标系中的一组点来展示变量之间的关系。

A．一维　　B．二维　　C．三维　　D．多维

4．发现异常值的方法有（　　）。[多选题]

A．求平均值法　　B．简单统计分析

C．3σ 原则　　D．箱形图

E．聚类分析

5．对异常值（离群点）进行处理的方法有（　　）。[多选题]

A．删除存在异常值的记录

B．将异常值视为缺失值，使用缺失值处理方法来处理

C．用平均值来修正

D．对范围进行缩放

E．不处理

6．箱形图中的点或线可以直接表达（　　）信息。[多选题]

A．中位数　　B．平均值　　C．最大值　　D．最小值　　E. 异常值

7．scatter()函数中关于参数 marker 的说法正确的是（　　）。

A．*表示星形　　B．.表示圈

C．,表示点　　D．v 表示正三角

8．在 scatter()函数中，（　　）用来指定点的大小。

A．size　　B．s　　C．c　　D．marker　　E．Norm

9．在以下选项中，关于数据预处理的过程描述正确的是（　　）。

A．数据清洗包括数据标准化、数据合并和缺失值处理

B．数据合并按照合并坐标轴方向主要分为左连接、右连接、内连接和外连接

C．数据预处理的过程主要包括数据清洗、数据合并、数据标准化和数据转换，它们之间存在交叉，没有严格的先后关系

D．数据标准化的主要对象是类别型的特征

10．有一份数据，需要查看数据的类型，并将部分数据进行强制类型转换，以及对数值型数据进行基本的描述性统计分析。下列步骤正确的是（　　）。

A．dtypes 查看类型，astype()强制类型转换，describe()描述性统计分析

B．astype()查看类型，dtypes 强制类型转换，describe()描述性统计分析

C．describe()查看类型，astype()强制类型转换，dtypes 描述性统计分析

D．dtypes 查看类型，describe()强制类型转换，astype()描述性统计分析

11．在以下选项中，关于 concat()函数、append()函数、merge()函数和 join()函数的说法正确的是（　　）。

A．concat()是常用的主键合并函数，能够实现内连接和外连接

B．append()只能用来做纵向堆叠，适用于所有纵向堆叠操作

C．merge()是常用的主键合并函数，但不能实现左连接和右连接

D．join()是常用的主键合并函数之一，但不能实现左连接和右连接

12．在以下选项中，关于 drop_duplicates()函数的说法错误的是（　　）。

A．仅对 DataFrame 和 Series 类型的数据有效

B．仅支持单项特征的数据去重

C．当数据重复时默认保留第一个数据

D．该函数不会改变原始数据的排列顺序

13．在以下选项中，关于缺失值检测与处理的说法正确的是（　　）。

A．null()和 notnull()可以对缺失值进行处理

B．dropna()方法既可以删除检测记录，也可以删除特征

C．fillna()函数中用来替换缺失值的值只能是数据库中的值

D．Pandas 中的 interpolate 模块包含多种插值方法

14．在以下选项中，关于异常值检测的说法错误的是（　　）。

A．3σ 原则利用了统计学中小概率事件的原理

B．使用箱形图时要求数据服从或近似正态分布

C．基于聚类的方法可以进行离群点检测

D．基于分类的方法可以进行离群点检测

15．在现实世界的数据中，缺失值是常有的，一般的处理方法有（　　）。[多选题]

A．不处理　　B．删除法

C．平均值填充　　D．最大值填充

16．Pandas 中的 isnull().sum()可以用来（　　）。

A．统计缺失值个数　　B．对缺失值所在的列进行求和

C．对缺失值所在的行进行求和　　D．统计不存在缺失值的行数

17．在 Pandas 中利用 merge()函数合并数据表时默认的是（　　）。

A．左连接　　B．右连接　　C．内连接　　D．外连接

18．在以下选项中，关于为什么要做数据清洗的描述错误的是（　　）。

A．数据有重复　　B．数据有错误

C．数据有缺失　　D．数据量太大

19．在下列方法中，（　　）不是修正缺失值的方法。

A．平均值替换　　B．二阶插补

C．3σ 原则　　D．回归插补

20．为了提高数据的可读性并使数据合理，企业会要求数据遵守（　　）规范。

A．电子邮箱的地址必须是有效的格式

B．用户的年龄必须小于 18 岁

C．数值可超过预定义的值

D．手机号码无须是×××-××××-××××的格式

【简答题】

1．简述常用的数据预处理操作。

2．简述常用的数据集成操作。

3．异常值是指什么？使用网络资源查找并至少列举一种检测异常值的方法。

4．简述 Pandas 中缺失值填充 fillna()函数中 method 参数的使用方法。

【参考答案】

【选择题】

题号	1	2	3	4	5	6	7	8	9	10
答案	E	ACDE	B	BCD	ABCE	AE	A	B	C	A
题号	11	12	13	14	15	16	17	18	19	20
答案	D	B	B	B	ABC	A	C	D	C	A

【简答题】

1．答：在数据预处理的过程中用户会根据数据的实际情况选择合适的处理方法，常用的数据预处理操作有数据清洗、数据合并、数据转换等，在这几种操作中又分别包含不同的数据处理方法，例如，在数据清洗过程中包含缺失值的检测、重复值的处理、异常值的处理等。

2．答：在 Pandas 中数据集成操作常用的函数有 concat()、merge()等。concat()函数用于沿着一条坐标轴将多个对象进行连接，merge()函数用于根据一个或多个键将不同的对象进行合并。

3．答：异常值是指样本数据中明显偏离其余观测值的个别数值。在数理统计中一般是指一组观测值中与平均值的偏差超过 3 倍标准差的测定值。Grubbs’ test（是以 Frank E.Grubbs 命名的），又叫作 maximum normed residual test，是一种用于单变量数据集异常值检测的统计方法，它假定数据集来自正态分布的总体。具体检测方法有 t 检验法、格拉布斯检验法、峰度检验法、狄克逊检验法、偏度检验法。

4．略。

项目2

碳排放数据分析

项目描述

欧盟哥白尼气候变化服务局发布的报告显示，2023 年 7 月全球平均气温达到 16.95℃，与 1850 年—1990 年的 7 月全球平均气温相比，升温超过 1.5℃。这是全球月均温首次升温超过 1.5℃。

1.5℃是什么概念？1.5℃是地球温度关键临界点。超过 1.5℃，地球将会大概率出现极端干旱、高温、洪涝灾害等极端天气。国际社会为应对全球气温升高达成了一系列国际性公约。其中，《巴黎协定》是各国控制气候变化的重要全球协议。《巴黎协定》的长期目标是把全球平均气温升幅控制在工业化前水平以上 2℃之内，并努力将气温升幅限制在工业化前水平以上 1.5℃之内。

人类活动导致的温室气体排放是引起全球变暖的重要原因。二氧化碳作为主要的温室气体，约占温室气体总排放量的 72%。自 2016 年《巴黎协定》实施以来，各国积极推进全球气候治理进程。大家在更新国家自主贡献目标的同时，纷纷提出碳中和愿景。近年来，许多发达国家已实现碳达峰。而在应对气候变化的国际新格局下，发展中国家的二氧化碳排放问题正日益成为世界关注的焦点。

2020 年 9 月，习近平总书记向世界宣布，中国将力争 2030 年前实现碳达峰、2060 年前实现碳中和。总书记高度重视“双碳”工作，指出坚持绿色发展是必由之路，并要求要在推进全面绿色转型中实现新突破。

当前，我国能源结构中的化石能源占比较高，尤其是煤炭消费。要推动二氧化碳减排，能源结构调整优化势在必行。本项目将利用数据分析的不同方法，对中国 1997 年—2019 年不同行业的二氧化碳排放（简称碳排放）数据进行简要分析，探查不同年份碳排放数据的变化趋势、不同行业的碳排放数据特征、不同碳排放能源占比及排放情况。

拓展读一读

《巴黎协定》(*The Paris Agreement*)是由全世界 178 个缔约方共同签署的气候变化协定，是对 2020 年后全球应对气候变化的行动做出的统一安排。

碳中和目标被视作《巴黎协定》的升级版。所谓碳中和，是指二氧化碳排放量与消除量相平衡。简单来讲，就是在一定时间内，通过植树造林、节能减排等方式，抵消人为产生的二氧化碳排放量，达到相对“零排放”，从而实现“中和”状态。

中国是《巴黎协定》的缔约国，2030 年碳达峰、2060 年碳中和是中国向世界做出的重要承诺。“双碳”战略倡导绿色、环保、低碳的生活方式。加快降低碳排放的步伐，有利于引导绿色技术创新，提高产业和经济的全球竞争力。中国持续推进产业结构和能源结构调整，大力发展可再生能源，在沙漠、戈壁、荒漠地区加快规划建设大型风电光伏基地项目，努力兼顾经济发展和绿色转型同步进行。

党的十八大以来，我国把绿色低碳和节能减排摆在突出位置，能源利用效率大幅提升，二氧化碳排放强度持续下降，我国正在书写着高质量发展绿色答卷。

从工厂到乡村，从生产到生活，如今的中国，绿色变革正在全面展开。如今的中国，能源结构持续优化，非化石能源发电装机容量占全部装机比重达到 50.9%，历史性超过化石能源。近十年，我国以年均 3%的能源消费增速支撑了年均 6.2%的经济增长，中国成为全球能耗强度降低最快的国家之一。当前，我国开始推动从能耗双控向碳排放双控转变，进一步提高能源利用效率，精准降碳。(摘自央视新闻报道)

学习目标

知识目标

- 进一步掌握数据分析与挖掘的流程及数据分析工具 Pandas 的使用方法；
- 掌握常用的数据分析方法，包括分组分析、分布分析、交叉分析、结构分析、相关分析等①；
- 了解不同数据分析方法的适用情境及其应用。

能力目标

- 会使用 Pandas 读取 Excel 等本地文件中的数据；
- 会熟练使用 Pandas 实现分组分析、分布分析、交叉分析、结构分析、相关分析②；

① 详细内容可参考《大数据分析与应用开发职业技能等级标准》中级 4.2.1、《国家职业技术技能标准——大数据工程技术人员（2021 年版）》初级 5.2.2。

② 重难点：详细内容可参考《大数据分析与应用开发职业技能等级标准》中级 5.1.2。

- 会选择合适的图表类型展现数据分析结果[①]；
- 能使用 Matplotlib、Seaborn 等展现数据分析结果。（难点）

素质目标

- 熟悉数据分析师岗位的工作任务，逐步养成勤奋自律的自学习惯和培养数据思维；
- 深刻认识人类文明与自然环境的关系，进一步培育保护环境的理念；
- 学习和探讨力所能及的节能减碳行为，能够主动从自身做起养成节约的好习惯。

任务分析

数据分析是通过分析手段从数据中发现业务价值的过程。本项目将围绕基本的数据分析与挖掘流程，选择使用不同的数据分析方法对中国不同行业的二氧化碳排放数据进行获取、预处理、多维度分析和可视化，以发现碳排放数据特征。在“拓展实训”模块中，我们将进一步结合其他业务领域，基于电影数据、用餐数据进行拓展分析与应用。

不同的数据分析方法适用于不同的场景。本项目涉及的数据分析方法包括分组分析、分布分析、交叉分析、结构分析、相关分析。通过分组分析，我们可以分析行业的各年份碳排放量，了解总体特征；通过分布分析，了解按年份分段、按行业的碳排放量占比分段后数据的整体分布情况；通过交叉分析，可以对不同行业、不同年份的碳排放量进行汇总和分析；通过结构分析，可以了解不同行业、不同时期碳排放量占比情况；通过相关分析，可以发现不同能源消耗的碳排放量与总碳排放量之间的相关度。

相关知识基础

1）数据分析方法的分类

数据分析是指用适当的统计分析方法对收集来的大量数据进行分析，将它们加以汇总、理解并消化，以求最大化地开发数据的价值，发挥数据的作用。数据分析是为了提取有用信息和形成结论而对数据加以详细研究和概括总结的过程。

按照不同准则存在不同的分类结果，人们把数据分析划分为描述性统计分析、探索性数据分析及验证性数据分析。描述性统计分析是指通过对数据集的基本统计项进行计算和总结来描述数据的特征和分布。探索性数据分析是指对数据集进行初步探索，以发现数据中潜藏的模式、异常和趋势等信息。验证性数据分析是指对提出的假设证实或者证伪的过程。这个假设可以是平均数是否有差异（方差分析），是否存在上升或下降的趋势（趋势分析），是否符合预定模型结构（结构方程分析）。探索性数据分析侧重于在数据中发现新的特征，而验证性数据分析则侧重于对已有假设的证实或证伪。

此外，按照数据结果呈现的不同，数据分析可以分为定量数据分析和定性数据分析；按照数据来源分类的不同，数据分析可以分为调查数据分析和试验（实验）数据分析。

---

① 详细内容可参考《国家职业技术技能标准——大数据工程技术人员（2021年版）》中级 6.4.1。

2）常用的数据分析方法

在数据分析过程中，主要是寻找适当的数据分析方法及工具，提取有价值的数据，形成有效结论。常用的数据分析方法有分布分析、分组分析、结构分析、平均分析、交叉分析、漏斗图分析、矩阵分析、综合评价分析、5W1H 分析、相关分析、回归分析、聚类分析、判别分析、主成分分析、因子分析、时间序列、方差分析等。

3）多维度数据分析

多维度数据分析是指在数据分析过程中考虑多个维度，以便全面地了解数据的特征和规律。多维度数据分析可以帮助用户从不同角度观察数据，发现数据中的潜在关联和趋势，以便更好地做出决策。

在多维度数据分析中，我们通常会使用数据透视表（Pivot Table）和交叉表（Cross Tabulation）等来对数据进行分析。使用数据透视表可以将数据按照不同的维度进行汇总和分析。例如，按照年份、行业等维度进行数据汇总和分析。而使用交叉表则可以将数据按照两个或多个维度进行汇总和分析。例如，按照年份、行业等维度进行数据汇总和分析。

素质养成

数据已经渗透到当今每一个行业和业务职能领域，成为重要的生产要素。随着大数据时代的到来，数据的处理技术发生了翻天覆地的变化，我们的思维方式也正在发生变革。大数据思维是一种根据大数据时代的特点和需求，进行信息处理和决策的思维方式。在大数据思维中，由数据驱动思维，人们以数据为核心，使用数据驱动决策和解决问题。

数据分析师在工作过程中要学会根据应用情况的不同采用合适的数据分析方法，会熟练运用这些方法解决问题，并辅助制定决策。例如，在电商行业中，我们可以通过对用户数据的分析，了解用户的购物习惯、产品偏好、消费能力等信息，从而制定更精准的市场策略，促进销售增长。

同样地，我们也可以基于各项碳排放数据，对不同行业、不同能源进行分析，发现引发温室效应的问题症结，以辅助制定决策，最终达成碳达峰、碳中和的目标。在本项目中，我们不仅要学会使用专业技术分析碳排放数据、解决问题、服务社会，同时，我们也需要依据事实数据、分析结论和国家“碳达峰”“碳中和”重大战略部署，支持节能减排行动。

拓展读一读

党的二十大报告指出，大自然是人类赖以生存发展的基本条件。尊重自然、顺应自然、保护自然，是全面建设社会主义现代化国家的内在要求。必须牢固树立和践行绿水青山就是金山银山的理念，站在人与自然和谐共生的高度谋划发展。我们要推进美丽中国建设，坚持山水林田湖草沙一体化保护和系统治理，统筹产业结构调整、污染治理、生态保护、应对气候变化，协同推进降碳、减污、扩绿、增长，推进生态优先、节约集约、绿色低碳发展。

加快发展方式绿色转型。实施全面节约战略，推进各类资源节约集约利用，加快构建废弃物循环利用体系。完善支持绿色发展的财税、金融、投资、价格政策和标准体系，发展绿色低碳产业，健全资源环境要素市场化配置体系，加快节能降碳先进技术研发和推广应用，倡导绿色消费，推动形成绿色低碳的生产方式和生活方式。积极稳妥推进碳达峰碳中和。立足我国能源资源禀赋，坚持先立后破，有计划分步骤实施碳达峰行动。深入推进能源革命，加强煤炭清洁高效利用，加大油气资源勘探开发和增储上产力度，加快规划建设新型能源体系，统筹水电开发和生态保护，积极安全有序发展核电，加强能源产供储销体系建设，确保能源安全。完善碳排放统计核算制度，健全碳排放权市场交易制度。提升生态系统碳汇能力。积极参与应对气候变化全球治理。

项目实施

我们将基于下载的碳排放数据，利用不同的数据分析方法对不同年份、不同行业、不同能源的碳排放数据进行分组分析、分布分析、交叉分析、结构分析和相关分析，以发现我国的碳排放特征与发展趋势。

任务 1　对碳排放数据进行分组分析

微课：项目 2 任务 1-分组分析.mp4

我们从网络上下载了碳排放数据，做了简单处理并将其存储于“tpf.xlsx”文件中。该文件中总共有 4 张工作表。其中，第 1 张工作表是对表格文件的整体说明，第 2 张工作表是碳排放数据的合计，第 3 张工作表是按行业和年份对碳排放数据的交叉汇总，第 4 张工作表记录了具体的数据明细。我们主要对第 4 张工作表进行分析，部分数据如表 2.1 所示。

表 2.1　“tpf.xlsx”文件中第 4 张（Detail）工作表的部分数据

num	year	item	Raw Coal/MT	Cleaned Coal/MT	…	Scope 1 Total/MT
1	1997	Farming, Forestry, Animal Husbandry, Fishery and Water Conservancy	30.897 729 12	0.416 359 042		74.378 984 84
2	1997	Coal Mining and Dressing	32.958 534 77	5.252 869 261		44.345 933 32
3	1997	Petroleum and Natural Gas Extraction	5.274 673 591	0.000 619 491		36.970 225 06
⋮						

数据来源：中国碳核算数据库（中国分行业部门核算碳排放清单 1997 年—2019 年）。

动一动

（1）从本地文件（tpf.xlsx）中读取碳排放数据，了解数据结构和数据含义；

（2）按行业对各项碳排放数据进行分组分析，并使用合适的图表对比不同行业碳排放量的差异；

（3）按年份对各项碳排放数据进行分组分析，并使用合适的图表展现不同能源的碳排放量占比及变化趋势。

任务单

任务单 2-1 对碳排放数据进行分组分析

学号：＿＿＿＿＿＿姓名：＿＿＿＿＿＿完成日期：＿＿＿＿＿＿检索号：＿＿＿＿＿＿

任务说明

本项目使用的“tpf.xlsx”文件中包含了中国 1997 年—2019 年不同行业的碳排放数据。我们可使用 Pandas 中的 read_excel() 函数从该文件中读取数据，并基于获得的数据对其进行分组分析。最后，使用合适的可视化图表展现数据分析结果。

引导问题

想一想

（1）Excel 文件中数据存储的结构是什么样的？如何从本地 Excel 文件中读取数据？

（2）Pandas 中的 read_excel()函数能读取什么类型的文件？如何使用该函数？

（3）read_excel()函数的关键参数有哪些？哪些是必选的？如何指定需要读取的具体工作表？

（4）什么是分组分析？分组分析主要适用于什么情境？我们对“tpf.xlsx”文件中的数据可以做哪些方面的分组分析？

（5）Matplotlib 主要用来做什么？如何利用 Matplotlib 编码实现柱状图、堆积柱状图和折线图？

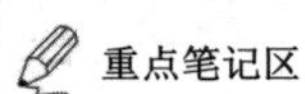

重点笔记区

任务评价

评价内容	评价要素	分值	分数评定	自我评价
1．任务实施	数据读取	2 分	能读取 Excel 数据得 1 分，能正确显示数据得 1 分	
	数据分组分析	3 分	会按行业进行分组分析得 2 分，会按年份进行分组分析得 1 分	
2．结果展现	数据可视化	4 分	能展现重点排放对象得 1 分，能展现行业占比与差异得 2 分，能展现趋势变化得 1 分	
3．任务总结	依据任务实施情况得出结论	1 分	结论切中本任务的重点得 1 分	
合　计		10 分		

任务解决方案关键步骤参考

步骤一：编写如下代码，实现数据读取。

```
# coding:utf-8
# 导入包
import pandas as pd
# 使用 read_excel()函数从文件中读取数据
# 读取 Sum 工作表中的数据
df_sum = pd.read_excel( "tpf.xlsx", sheet_name = 'Sum')
# 读取 SumSec 工作表中的数据
df_sumsec = pd.read_excel( "tpf.xlsx", sheet_name = 'SumSec')
```

```
# 读取 Detail 工作表中的数据
df_detail = pd.read_excel( "tpf.xlsx", sheet_name = 'Detail')
# 显示部分数据
df_detail.head()
```

运行代码，读取的部分碳排放数据如图 2.1 所示，其中第 1 列为索引。

	num	year	item	RawCoal	CleanedCoal	OtherWashedCoal	Briquettes	Coke
0	1	1997	Farming,Forestry,AnimalHusbandry,FisheryandWat...	30.897729	0.416359	0.328975	0.000000	4.161274
1	2	1997	CoalMiningandDressing	32.958535	5.252869	2.261239	0.002804	1.510015
2	3	1997	PetroleumandNaturalGasExtraction	5.274674	0.000619	0.000482	0.000449	0.074537
3	4	1997	FerrousMetalsMiningandDressing	0.835429	0.002891	0.220806	0.000071	2.000402
4	5	1997	NonferrousMetalsMiningandDressing	1.870842	0.072274	0.003618	0.000159	0.614424

图 2.1 读取的部分碳排放数据

步骤二：编写如下代码，分行业统计 1997 年—2019 年原煤（Raw Coal）的碳排放量、总碳排放量（Scope 1 Total）的平均值。

```
df_detail_grp = df_detail.groupby(['item'])['RawCoal','Scope1Total'].mean()
df_detail_grp = pd.DataFrame(df_detail_grp).reset_index()
df_detail_grp.head()
```

运行代码，显示的部分碳排放数据如图 2.2 所示。

	item	RawCoal	Scope1Total
0	BeverageProduction	16.635206	18.457390
1	ChemicalFiber	4.793410	6.622506
2	CoalMiningandDressing	53.501674	69.819747
3	Construction	10.411577	32.524597
4	Cultural,EducationalandSportsArticles	0.756320	3.131562

图 2.2 原煤行业的平均碳排放量（部分数据）

步骤三：编写代码，用柱状图展现总碳排放量排名前 10 的行业。

```
import matplotlib.pyplot as plt
df_detail_grp = df_detail_grp.sort_values(by = 'Scope1Total',ascending = False)
df_detail_grp1 = df_detail_grp.head(10)
df_detail_grp1.plot(x = 'item', y = 'Scope1Total', kind = 'bar',figsize=(12,4))
plt.ylabel('CO2/MT')
df_detail_grp.head()
```

结果显示，总碳排放量排名第一的为电力、蒸汽和热水的生产和供应（Production and Supply of Electric Power, Steam and Hot Water）行业，黑色金属的冶炼和压制（Smelting and Pressing of Ferrous Metals）行业次之。

步骤四：编写如下代码，统计 1997 年—2019 年所有行业的总碳排放量。

```
df_detail_grp2 = df_detail.groupby(['year'])
                [df_detail.columns[3:len(df_detail.columns) - 1]].sum()
df_detail_grp2 = pd.DataFrame(df_detail_grp2).reset_index()
df_detail_grp2.head()
```

运行代码，显示的部分总碳排放数据如图 2.3 所示。

	year	RawCoal	CleanedCoal	OtherWashedCoal	Briquettes	Coke
0	1997	1837.272189	31.078340	48.733625	12.544402	286.666193
1	1998	1766.731048	31.198875	47.490721	10.336780	297.057008
2	1999	1721.716629	26.371471	56.529403	15.059392	278.602251
3	2000	1766.967706	24.649519	62.323868	10.328301	295.754201
4	2001	1868.234077	25.284229	66.870005	10.886356	325.579827

图 2.3　按年份统计总碳排放量（部分数据）

步骤五：编写如下代码，使用图表显示 1997 年—2019 年所有行业不同能源的碳排放量占比情况。

```
import random as rnd
i = 0
y = 0
i = 1
fig, ax = plt.subplots(figsize=(12,8))
while i <= len(df_detail_grp2.columns) - 1:
    ax.bar(df_detail_grp2['year'],df_detail_grp2[df_detail_grp2.columns[i]],bottom =
y, label =df_detail_grp2.columns[i] )
    y = y + df_detail_grp2[df_detail_grp2.columns[i]]
    i = i + 1
plt.xlabel('Year')
plt.ylabel('CO2/MT')
plt.legend()
plt.show()df_detail_grp2.head()
```

运行代码，不同能源的碳排放量占比情况如图 2.4 所示。

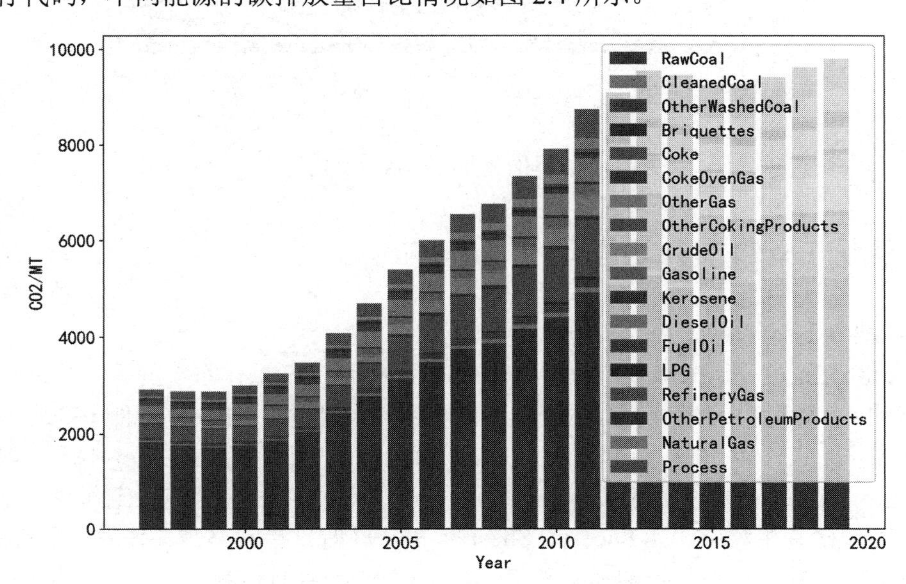

图 2.4　不同能源的碳排放量占比情况

步骤六：编写如下代码，使用图表显示 1997 年—2019 年不同能源的碳排放量变化趋势。

```
plt.figure(figsize=(10,6))
i = 1
while i <= len(df_detail_grp2.columns) - 1:
   plt.plot(df_detail_grp2['year'],df_detail_grp2[df_detail_grp2.columns[i]], label
            = df_detail_grp2.columns[i],marker = '.' )
   i = i + 1
plt.xlabel('Year')
plt.ylabel('CO2/MT')
plt.legend()
plt.show()
```

运行代码，不同能源的碳排放量变化趋势如图 2.5 所示。

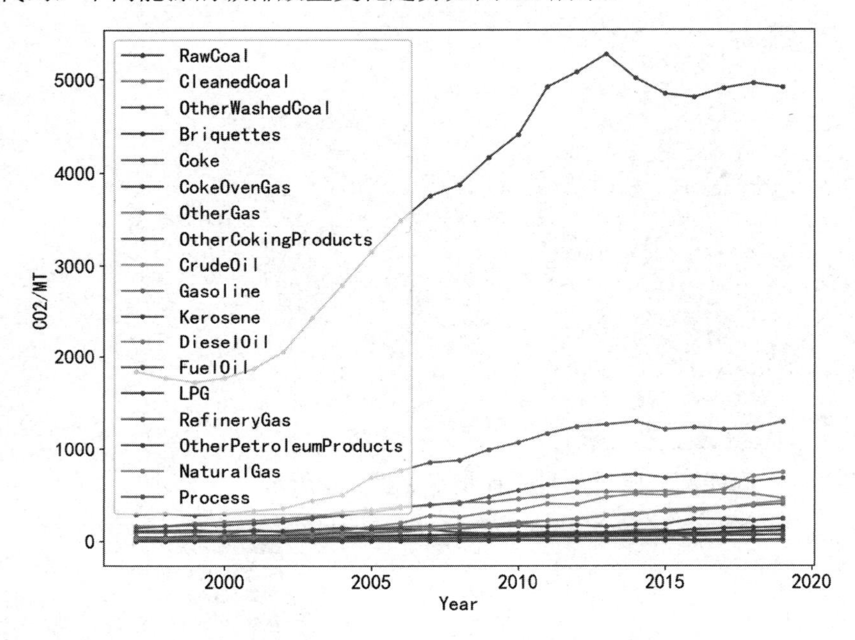

图 2.5　不同能源的碳排放量变化趋势

2.1.1　读取 Excel 文件数据

1）本地 Excel 文件

Microsoft Excel 是 Microsoft 为使用 Windows 和 macOS 操作系统的计算机编写的一款电子表格软件，也是目前十分流行的个人计算机数据处理软件。Excel 文件中基本的 3 个元素分别是 Excel 工作簿、Excel 工作表和 Excel 单元格。工作簿是在 Excel 中用来保存并处理工作数据的文件，它的扩展名是“.xlsx”。一个工作簿中可以包含多张工作表，每张工作表与一个工作标签相对应，如 Sheet1、Sheet2、Sheet3 等。单元格是工作表中最小的单位，可以被拆分或合并，单个数据的输入和修改都是在单元格内进行的。

除了“.xlsx”，Excel 文件还可使用其他扩展名，如“.xls”（Excel 97—2003 版本）和“.xlsm”（带有宏的 Excel 文件）。

2）使用 pandas.read_excel()函数读取 Excel 文件数据

pandas.read_excel()函数可将 Excel 文件数据读取到 Pandas 的 DataFrame 中。该函数支持从本地文件或 URL 中读取扩展名为.xls、.xlsx、.xlsm、.xlsb 和.odf 的文件中的数据，同时支持读取单张工作表或多张工作表。read_excel()函数的语法格式如下。

```
pandas.read_excel(
    io, sheet_name=0, header=0, names=None, index_col=None, usecols=None,
    squeeze=False, dtype=None, engine=None, converters=None, true_values=None,
    false_values=None, skiprows=None, nrows=None, na_values=None,
    keep_default_na=True, verbose=False, parse_dates=False, date_parser=None,
    thousands=None, comment=None, skipfooter=0, convert_float=True,
    mangle_dupe_cols=True, **kwds)
```

可见其参数之多，其中常用的几个参数说明如表 2.2 所示，其余的参数，读者可以参见 Pandas 官方说明文档，此处不再一一列出。

表 2.2　read_excel()函数常用的参数说明

序号	参数名	类型	默认值	说明
1	io	URL	必填参数	用来指定文件路径和文件名，注意扩展名也要写全
2	sheet_name	字符串、整型、列表或 None	0	字符串用来指定工作表名称；整数用来索引工作表位置；字符串/整数列表用来请求多张工作表；设置为 None 类型可获取所有工作表
3	header	整型、列表或 None	0	用来指定哪一行作为列名，默认是第 0 行，接收的参数值可以是整数（指定第几行作为列名）、由整数组成的列表，也可以是 None
4	names	array-like	None	用来指定要使用的列名列表，如果不需要使用列名，则设置 header = None，如果 header = None 和 names 参数都设置了，则依然会显示 names 指定的列名

2.1.2　分组分析基本概念

分组分析是根据分组列，将分析对象划分成不同的部分，以对比分析各组之间的差异性的一种分析方法。分组分析常用的统计指标包括平均值、总和、最值等。

分组分析可把总体数据按对象的不同性质分开，以便用户进一步了解内在的数据关系。因此，分组分析常常和对比分析结合运用。

分组统计函数的语法格式如下。

```
groupby( by = [分组列 1,分组列 2,…] )
          [统计列 1,统计列 2,…]
          .agg({统计列别名 1:统计函数 1,统计列别名 2:统计函数 2,…})
```

2.1.3 描述性统计分析指标

描述性统计分析常用的指标有平均值、总和、最值等。Pandas 中实现的聚合函数包括求平均值、求和、求最值、求计数等。

- 求平均值：df.groupby('key1').mean()。
- 求和：df.groupby('key1').sum()。
- 求最值：df.groupby('key1').max()和 df.groupby('key1').min()。
- 求计数：df.groupby('key1').count()。

通过关联数据库的 SQL 语法，可以更好地理解这部分内容。其他聚合函数不再一一列出。

任务 2　对碳排放数据进行分布分析

微课：项目 2 任务 2-分布分析.mp4

分布分析是指通过分析某一特性值的分布状况来发现问题的一种方法，其比较适用的可视化工具是直方图。接下来，我们将按不同年份、不同行业对碳排放数据进行分布分析。

动一动

按要求对“tpf.xlsx”文件中的数据进行分布分析。

（1）按年份分析天然气的平均碳排放情况，并采用可视化图表进行展现；

（2）分析原煤的碳排放量占比分布情况并采用可视化图表进行展现；

（3）按行业分析天然气的平均碳排放量在不同行业中的分布情况并采用可视化图表进行展现。

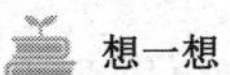

任务单

任务单 2-2　对碳排放数据进行分布分析
学号：__________ 姓名：__________ 完成日期：__________ 检索号：__________
任务说明 分布分析又称直方图法，是指将搜集到的数据进行分组整理，绘制成频率分布直方图。在本项目的碳排放数据中，分组依据可以是年份、行业、能源。基于获得的数据，先使用 cut()函数对数据进行分组，再通过 groupby()函数对分组后的数据进行聚合统计分析。
引导问题 **想一想** （1）什么是分布分析？分布分析与分组分析有何区别？ （2）Pandas 中的 cut()函数主要用来做什么？它包含哪些参数？ （3）Pandas 中的 groupby()函数如何利用 cut()函数得到的分组结果进行统计？ （4）Seaborn 主要用来做什么？Matplotlib 和 Seaborn 中的什么方法可以用来绘制直方图？ （5）如何使用 distplot()函数绘制频率分布直方图？它的主要参数有哪些？

重点笔记区

任务评价

评价内容	评价要素	分值	分数评定	自我评价
1．任务实施	按年份进行分布分析	2 分	能对年份进行正确分组得 1 分，能基于分组结果正确统计碳排放数据得 1 分	
	按原煤的碳排放量占比进行分布分析	4 分	能正确求出原煤的碳排放量占比得 2 分，能对占比进行正确分组得 1 分，能基于分组结果正确统计碳排放数据得 1 分	
2．结果展现	数据可视化	3 分	能展现年份分布分析结果得 1 分，能展现原煤的碳排放量占比分布分析结果得 2 分	
3．任务总结	依据任务实施情况得出结论	1 分	结论切中本任务的重点得 1 分	
合　计		10 分		

任务解决方案关键步骤参考

步骤一：编写如下代码，按年份实现天然气的平均碳排放量分布分析。

```
df_detail_year = df_detail.groupby(['year']).mean()
df_detail_year = pd.DataFrame(df_detail_year).reset_index()
# 每五年为一组，按年份分析天然气的平均碳排放量
year_groups = pd.cut(df_detail_year['year'], bins =[1995, 2000, 2005, 2010, 2015, 2020])
NaturalGas_year = df_detail_year.groupby(year_groups)['NaturalGas'].mean()
NaturalGas_year = pd.DataFrame(NaturalGas_year).reset_index()
NaturalGas_year.head()
```

运行代码，天然气的平均碳排放量情况如图 2.6 所示。从图中可以看到，碳排放量成增长趋势，表明天然气用量在逐步增长。我们也可以使用“df_detail_year.groupby(year_groups)['RawCoal'].mean()”对原煤的碳排放数据进行观察，可以发现，相比“十二五”期间，“十三五”期间原煤的碳排放量在下降。总体上，清洁能源的使用量在增长。

	year	NaturalGas
0	(1995, 2000]	0.737854
1	(2000, 2005]	1.292301
2	(2005, 2010]	3.107542
3	(2010, 2015]	5.788576
4	(2015, 2020]	8.034786

图 2.6　不同时期天然气的平均碳排放量情况（1）

步骤二：为更清晰地展现分析结果，我们使用柱状图表现数据。

```
NaturalGas_year.plot(x = 'year', y = 'NaturalGas', kind = 'bar',
                     figsize=(6,6),width = 1,label = 'Natural Gas')
plt.xlabel('Period')
plt.ylabel('CO2/MT')
```

运行代码，天然气的平均碳排放量情况如图 2.7 所示。

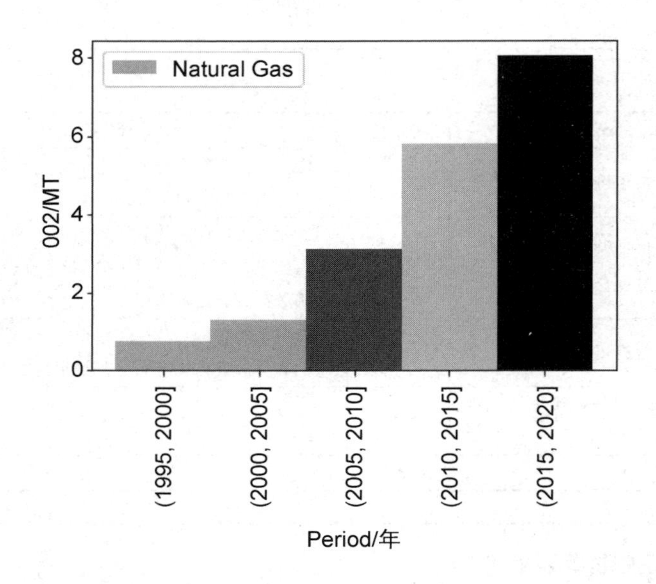

图 2.7　不同时期天然气的平均碳排放量情况（2）

步骤三：编写如下代码，按原煤的碳排放量占比进行分组，实现占比分布分析。

```
df_detail_sum = df_detail.groupby(['year']).sum()
df_detail_sum = pd.DataFrame(df_detail_sum).reset_index()
df_detail_sum['RawCoalPercent'] = df_detail_sum['RawCoal'] *
                                  100/ df_detail_sum['Scope1Total']
# 对数据集中的特征进行分组，对 50%～70%的数据进行细分
percent_groups = pd.cut(df_detail_sum['RawCoalPercent'],
                        bins = [0,40,50,55,60,65,70,100])
percentRawCoal = df_detail_sum.groupby(percent_groups)['year'].count()
percentRawCoal.head()
```

运行代码，原煤的碳排放量占比分布情况如图 2.8 所示。

```
(0, 40]      0
(40, 50]     0
(50, 55]     6
(55, 60]    15
(60, 65]     2
```

图 2.8　不同时期原煤的碳排放量占比分布情况（1）

步骤四：为更清晰地展现分析结果，我们使用 Seaborn 中的 distplot()函数绘制频率分布直方图来表现数据。

```
import seaborn as sns
sns.distplot(df_detail_sum['RawCoalPercent'],bins = [0,40,50,55,60,65,70,100])
plt.xlabel('CO2/%')
```

运行代码，结果如图 2.9 所示。

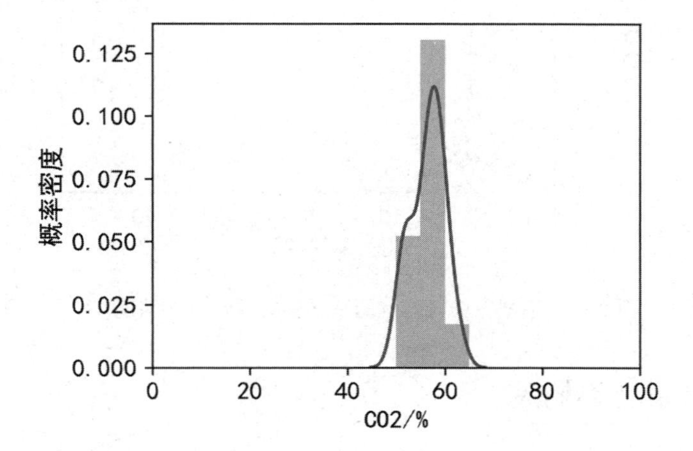

图 2.9　不同时期原煤的碳排放量占比分布情况（2）

练一练

按行业分析碳排放量分布情况：分析天然气的平均碳排放量在不同行业中的分布情况。

（1）统计不同行业年平均碳排放量情况，参考代码如下。

```
df_detail_item = df_detail.groupby(['item']).mean()
df_detail_item = pd.DataFrame(df_detail_item).reset_index()
```

（2）统计天然气的平均碳排放量在不同行业中的分布情况，参考代码如下。

```
gas_groups = pd.cut(df_detail_item['NaturalGas'], bins = [0,1,2,4,6,8])
naturalGas = df_detail_item.groupby(gas_groups)['year'].count()
```

结果数据显示，天然气的平均碳排放量小于 1MT 的行业有 31 个，其中有 1 个行业超过 6MT，如图 2.10 所示。

(0, 1]	31
(1, 2]	5
(2, 4]	0
(4, 6]	4
(6, 8]	1

图 2.10　不同行业天然气的平均碳排放量分布情况（1）

（3）可视化天然气的平均碳排放量分布情况，参考代码如下。

```
sns.distplot(df_detail_item['NaturalGas'],bins = [0,1,2,4,6,8])
plt.xlabel('CO2/MT')
```

运行代码，结果如图 2.11 所示。

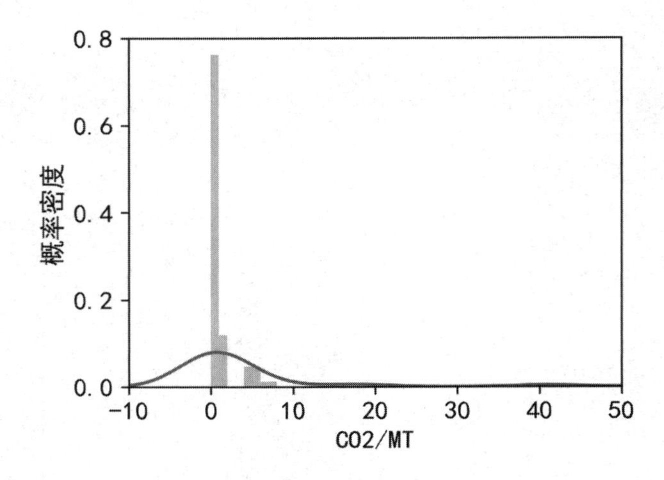

图 2.11　不同行业天然气的平均碳排放量分布情况（2）

2.2.1　分布分析基本概念

分布分析是指根据分析的目的，将定量数据进行等距或不等距的分组，研究各组分布规律的一种分析方法，如学生成绩分布、用户年龄分布、收入状况分布等。分布分析主要分为两种：对定量数据的分布分析和对定性数据的分布分析。对定量数据的分布分析主要包括求极差、决定组距与组数、决定分点、得到频率分布表和绘制频率分布直方图；对定性数据的分布分析根据变量的分类类型来确定分组，使用图形对信息进行显示。

在对定量数据的分布分析中，我们需要确定组距与组数。在 Pandas 中，我们使用 cut()和 qcut()函数可以将连续数据分为不同的区间，以分析数据的分布情况。在对数据进行分组后，可以使用 groupby()函数对数据进行统计，并使用 Matplotlib 中的 hist()函数或 Seaborn 中的 distplot()函数来绘制频率分布直方图。

2.2.2　数据分箱 cut()

pandas.cut()函数用于将一维数据按照给定的区间进行分组，并为每个值分配对应的标签。它的作用是将连续的数值数据转换为离散的分组数据，以方便用户进行分析和统计。

pandas.cut()函数的语法格式如下。

```
pandas.cut(x, bins, labels=None, right=True, include_lowest=False, precision=3)
```

其中，参数 x 用来指定要分组的一维数据，可以是 Series 或类似数组的对象。参数 bins 用来指定分组的区间边界。该参数可以是一个整数，表示将数据分成多少个等宽的区间；也可以是一个列表或数组，表示自定义的区间边界。labels 是可选参数，用于为每个分组分配自定义的标签。如果不指定标签，则返回的结果是每个分组的索引号。precision 是可选参数，用于指定结果标签的小数位数，默认为3。

2.2.3 可视化包 Seaborn

Seaborn 是一个基于 Python 的数据可视化包，它能够创建高度吸引人的可视化图表，它在 Matplotlib 库的基础上，提供了更为简便的 API 和更为丰富的可视化函数，使得数据分析与可视化变得更加容易。Seaborn 与 Python 生态系统高度兼容，可以轻松集成到 Python 数据分析及机器学习的工作流程中。

Seaborn 中的 distplot()函数可以用来绘制频率分布直方图、质量估计图和核密度估计图，用来表述连续数据变量的整体分布情况。其语法格式如下。

```
seaborn.distplot(
    a, bins=None, hist=True, kde=True, rug=False, fit=None,
    hist_kws=None, kde_kws=None, rug_kws=None, fit_kws=None, color=None,
    vertical=False, norm_hist=False, axlabel=None,  label=None, ax=None
    )
```

其中，参数 a 可以是系列、一维数组或列表，用来指定数据源。参数 bins 用来确定频率分布直方图中显示直方的数量，默认值为 None。

微课：项目2任务3-交叉分析.mp4

任务3 对碳排放数据进行交叉分析

交叉分析是将两项及两项以上的指标进行交叉，从而找到变量之间的关系（例如，报纸阅读量和年龄之间的关系），发现数据的特征。接下来，我们将按不同年份、不同行业对碳排放数据进行交叉分析。

动一动

按要求对“tpf.xlsx”文件中的数据进行交叉分析。

（1）使用数据透视表进行分析：按行业、年份分析天然气的平均碳排放量和总碳排放量；

（2）使用交叉表进行分析：按行业、年份分析天然气的平均碳排放量，并采用合适的可视化图表展现分析结果。

任务单

<table>
<tr><td>任务单 2-3　对碳排放数据进行交叉分析
学号：__________ 姓名：__________ 完成日期：__________ 检索号：__________</td></tr>
<tr><td>任务说明
交叉分析以交叉表形式进行变量间关系的对比分析，主要用于分析两个变量之间的关系。本任务将使用数据透视表和交叉表工具，对中国 1997 年—2019 年不同行业的碳排放数据在行业、年份维度上进行交叉分析。</td></tr>
</table>

引导问题

想一想

（1）什么是交叉分析？交叉分析与分组分析和分布分析有何不同？

（2）常用的交叉分析工具有哪些？在 Python 中如何实现交叉分析？

（3）Pandas 中的 pivot_table()函数主要用来做什么？它有哪些参数？如何指定需要分析的维度？

（4）Pandas 中的 crosstab()函数主要用来做什么？它有哪些参数？

（5）如何展现交叉分析结果？在 Matplotlib 或 Seaborn 中如何绘制图表展现分析结果？

重点笔记区

任务评价

评价内容	评价要素	分值	分数评定	自我评价
1. 任务实施	数据透视表分析	2 分	会按行业、年份进行数据透视表分析得 2 分	
	交叉表分析	2 分	会按行业、年份进行交叉表分析得 2 分	
2. 结果展现	数据可视化	4 分	能正确显示数据透视表分析结果得 1 分，能正确显示交叉表分析结果得 1 分，能用图表展现交叉分析结果得 2 分	
3. 任务总结	依据任务实施情况得出结论	2 分	结论切中本任务的重点得 1 分，能比较数据透视表和交叉表分析方法的异同得 1 分	
合　计		10 分		

任务解决方案关键步骤参考

步骤一：编写如下代码，使用数据透视表对天然气的平均碳排放量和总碳排放量进行交叉分析。

```
import numpy as np
pd.pivot_table(df_detail,index=["item","year"],values=["NaturalGas","Scope1Total"],
aggfunc=np.mean)
```

运行代码，显示的部分数据透视表如图 2.12 所示，先按行业分组，再按年份分组。

item	year	NaturalGas	Scope1Total
BeverageProduction	1997	0.002181	11.630997
	1998	0.008643	12.763643
	1999	0.004321	11.693796
	2000	0.006481	11.874319
	2001	0.004321	11.610338
	2002	0.004322	11.843589

图 2.12　碳排放数据交叉分析（数据透视表）

步骤二：编写如下代码，使用交叉表对天然气的平均碳排放量进行交叉分析。

```
crs = pd.crosstab(df_detail['item'],df_detail['year'],
                  values = df_detail['NaturalGas'],aggfunc = np.mean)
crs.head()
```

运行代码，显示的部分交叉表如图 2.13 所示，按行业、年份进行交叉分析。

year	1997	1998	1999	2000
item				
BeverageProduction	0.002181	0.008643	0.004321	0.006481
ChemicalFiber	0.422291	0.269409	0.003742	0.003875
CoalMiningandDressing	0.000000	0.002161	0.023768	0.021605
Construction	0.002161	0.025929	0.146930	0.177180
Cultural,EducationalandSportsArticles	0.000000	0.000000	0.000000	0.000000

图 2.13　碳排放数据交叉分析（交叉表）

步骤三：编写如下代码，使用热力图展现交叉分析结果。

```
sns.heatmap(crs, cmap = 'rocket_r')
plt.xlabel('Year')
plt.ylabel('Item')
```

运行代码，结果如图 2.14 所示，按行业、年份进行交叉分析。

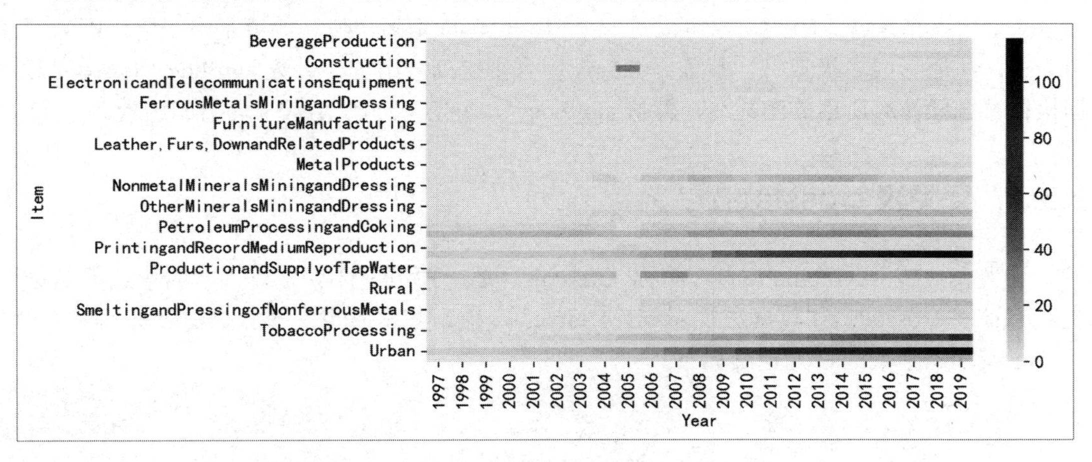

图 2.14　碳排放数据交叉分析（热力图）

2.3.1　交叉分析基本概念

交叉分析又称立体分析，是在纵向分析和横向分析的基础上，从交叉、立体的角度出发，由浅入深、由低级到高级的一种分析方法。交叉分析通常用于分析两个或两个以上分组变量之间的关系，以交叉表形式进行变量间关系的对比分析，即同时将两个有一定联系的变量及其值交叉排列在一张表内，使各变量值成为不同变量的交叉节点，形成交叉表，从而分析交叉表中变量之间的关系。

交叉分析从数据的不同维度，综合进行分组细分，进一步了解数据的构成、分布特征。交叉分析可使用数据透视表和交叉表对数据进行分析。

2.3.2 数据透视表 pivot_table()

数据透视表是一种可以对数据进行动态排布且分类汇总的表格格式。Pandas 中 pivot_table()函数的返回值是数据透视表的结果，该函数的功能相当于 Excel 中的数据透视表功能。

pivot_table()函数的官方定义如下。

```
pandas.pivot_table(
            data, values=None, index=None, columns=None, aggfunc='mean',
            fill_value=None, margins=False, dropna=True, margins_name='All',
            observed=False, sort=True
            )
```

pivot_table()函数中有较多参数，其中有 5 个尤为重要，分别是 data、values、index、columns 和 aggfunc。参数 data 用来指定数据源，也就是要分析的 DataFrame 对象。如果 pivot_table()函数是以 DataFrame 对象中的方法出现的，那么这个数据源就是这个 DataFrame 对象本身，此时可以不指定参数 data。参数 values 用来指定需要的数据列，默认全部为数值型数据。参数 index 用来指定行分组键，它可以是一个值，也可以是多个值。如果是多个值，则需要使用列表，从而形成多级索引。参数 columns 用来指定列分组键。参数 aggfunc 用来指定对数据执行聚合操作时所用的函数名，默认 aggfunc='mean'，表明使用求平均值的函数。

2.3.3 交叉表 crosstab()

交叉表（Cross Tabulation），简称 crosstab，是一种用于计算分组频率的特殊数据透视表。交叉表 crosstab()和数据透视表 pivot_table()一样，其本质也是对数据进行分组和聚合。

crosstab()函数的官方定义如下。

```
pandas.crosstab(
            index, columns, values=None, rownames=None, colnames=None, aggfunc=None,
            margins=False, margins_name='All', dropna=True, normalize=False
            )
```

crosstab()函数在默认情况下，计算一个因子的频率表。参数 index 为数组状、系列或数组/系列的列表，用来指定在行中要分组的值。参数 columns 为数组状、系列或数组/系列的列表，用来指定在列中要分组的值。

2.3.4 热力图 heatmap()

热力图是一种通过对色块进行着色来显示数据的统计图表。热力图通常在二维平面上呈现，其中 x 轴和 y 轴代表数据的两个维度。每个数据点都被映射到对应的坐标位置，并使用不同的颜色来表示数据的密度或数值大小。

在 Seaborn 中使用 heatmap()函数绘制热力图。其官方定义如下。

```
seaborn.heatmap(
        data, vmin=None, vmax=None, cmap=None, center=None, robust=False,annot=None,
        fmt='.2g', annot_kws=None,linewidths=0, linecolor='white',cbar=True,
        cbar_kws=None, cbar_ax=None,square=False, xticklabels='auto',
        yticklabels='auto', mask=None, ax=None, **kwargs
        )
```

参数 data 为矩阵数据集，可以使用 NumPy 的数组，也可以使用 Pandas 的 DataFrame。DataFrame 中的 index 和 column 信息分别对应所绘制热力图的行和列。参数 linewidths 用来指定热力图矩阵之间的间隔大小。参数 vmax、vmin 分别用来指定图例中最大值和最小值的显示值，默认不显示。

任务 4　对碳排放数据进行结构分析

微课：项目 2 任务 4-结构分析.mp4

结构分析是指对各组成部分及其对比关系变动规律的分析，是在统计分组的基础上，计算各组成部分所占比重，进而分析某一总体现象的内部结构特征依时间推移而表现出的变化规律性的统计方法。其组成占比属于相对指标，一般某部分的比例越大，说明其重要程度越高，对总体的影响越大。

动一动

按要求对“tpf.xlsx”文件中的数据进行结构分析。

（1）分行业对碳排放量进行结构分析：分析不同行业的碳排放量占比分别是多少，并找出占比较大的行业，采用可视化图表展现分析结果；

（2）分时期对原煤的碳排放量占比进行结构分析：分析不同时期原煤的碳排放量占比变化情况。

任务单

任务单 2-4　对碳排放数据进行结构分析

学号：____________ 姓名：____________ 完成日期：____________ 检索号：____________

任务说明

基于获得的数据，我们可以结合使用 sum()函数和 div()函数求出不同项目的比重，并用饼图展现数据分析结果。

引导问题

想一想

（1）什么是结构分析？其与分组分析和交叉分析有何不同？

（2）常用的结构分析工具有哪些？在 Python 中如何实现结构分析？

（3）如何展现结构分析的结果？在 Matplotlib 或 Seaborn 中如何绘制展现结构分析结果的图表？

 重点笔记区

任务评价

评价内容	评价要素	分值	分数评定	自我评价
1．任务实施	分组基础上的结构分析	5 分	能得出不同行业的碳排放量占比数据得 2 分，能用图表正确展现碳排放量占比情况得 2 分，能适当减少饼图中的扇形数量得 1 分	
	分布基础上的结构分析	4 分	能按年份对数据进行分段得 2 分，能按时期统计碳排放量占比情况得 1 分，能用图表正确展现分析结果得 1 分	
2．任务总结	依据任务实施情况得出结论	1 分	结论切中本任务的重点得 1 分	
合　计		10 分		

任务解决方案关键步骤参考

步骤一：编写如下代码，实现按行业分析碳排放量占比情况。

```
item_re = df_detail.groupby('item')['Scope1Total'].mean()
item_re = item_re.div(item_re.sum())
item_re = pd.DataFrame(item_re).reset_index()
# 排序，占比高的排在前面
item_re = item_re.sort_values(by =['Scope1Total'], ascending = False )
item_re.head()
```

运行代码，不同行业碳排放量占比部分数据如图 2.15 所示，其中占比最大的是电力、蒸汽和热水的生产和供应行业，约为 42%。

	item	Scope1Total
31	ProductionandSupplyofElectricPower,SteamandHot...	0.420076
38	SmeltingandPressingofFerrousMetals	0.173041
20	NonmetalMineralProducts	0.134162
43	Transportation,Storage,PostandTelecommunicatio...	0.066678
34	RawChemicalMaterialsandChemicalProducts	0.028501

图 2.15　不同行业碳排放量占比部分数据

步骤二：使用饼图展现碳排放量占比分析结果，代码如下。

```
plt.axes(aspect='equal')
plt.pie(item_re['Scope1Total'],labels = item_re['item'],autopct='%.2f%%' )
plt.show()
```

运行代码，结果如图 2.16 所示。由于行业较多，图中多个数据显示重叠。为解决该问题，我们可以将占比较小的行业进行合计，变成“MyOther”项。

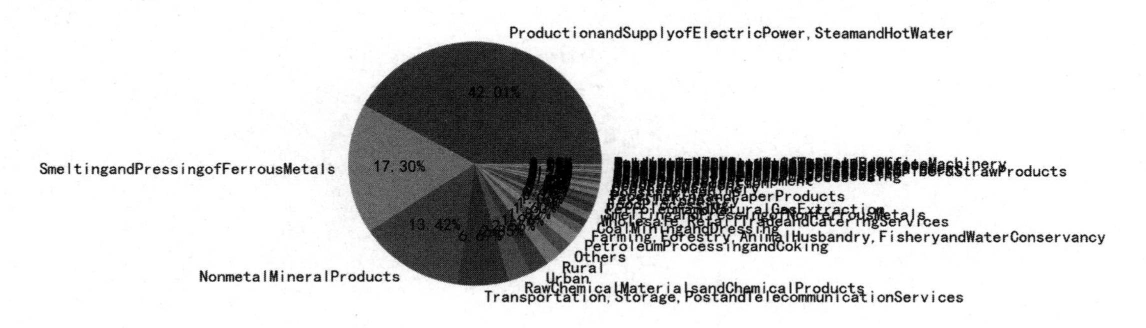

图 2.16　不同行业碳排放量占比分析结果

步骤三：改进饼图展现占比结果，代码如下。

```
item_re = item_re.head(9)
new_row = {"item":"MyOther","Scope1Total": 1-item_re['Scope1Total'].sum()}
item_re = item_re.append(new_row, ignore_index = True)
plt.axes(aspect='equal')
plt.pie(item_re['Scope1Total'],labels = item_re['item'],autopct='%.2f%%' )
plt.show()
```

运行代码，结果如图 2.17 所示。

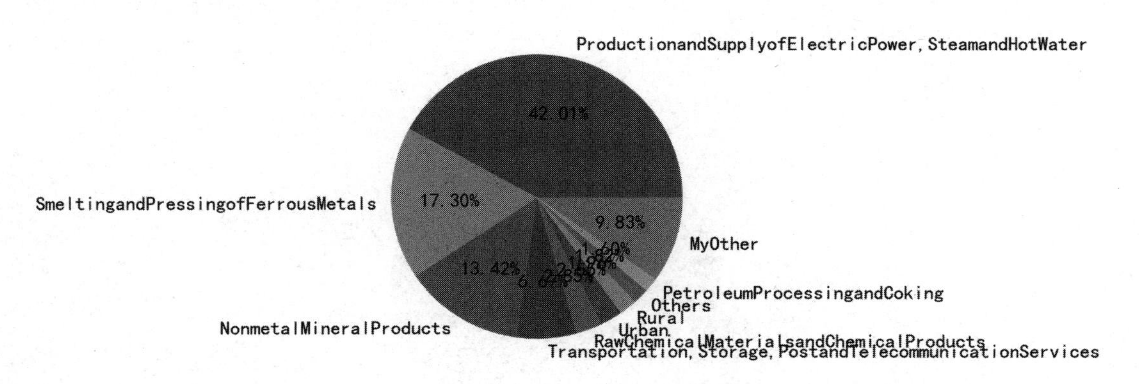

图 2.17　不同行业碳排放量占比分析结果（改进）

练一练

按时期分析碳排放量占比情况：分析原煤的碳排放量在各个时期的占比情况。由于数据缺失，因此我们采用平均值替换总和进行占比分析。

（1）统计不同时期原煤的平均碳排放量，参考代码如下。

```
bins =[1995, 2000, 2005, 2010, 2015, 2020]
labels = ['九五','十五','十一五','十二五','十三五']
df_detail_year['时期'] = pd.cut(df_detail_year['year'], bins, labels = labels)
year_re = df_detail_year.pivot_table(values = ['RawCoal'],
                    index = ['时期'], aggfunc = [np.mean])
```

结果数据如图 2.18 所示。可以看到，原煤的平均碳排放量从“十三五”时期开始下降。

	mean
	RawCoal
时期	
九五	37.727062
十五	52.298599
十一五	83.760102
十二五	106.895128
十三五	104.143213

图 2.18　不同时期原煤的平均碳排放量情况

（2）统计不同时期原煤的碳排放量占比情况，参考代码如下。

```
year_rel = year_re.div(year_re.sum(axis = 0),axis = 1)
year_rel.head()
```

（3）使用饼图展现数据，参考代码如下。

```
plt.rcParams['font.sans-serif']=['SimHei']
plt.rcParams['axes.unicode_minus']=False
year_re.plot(kind = 'pie',y = 'mean',autopct='%.2f%%',figsize = (4,4) )
```

运行代码，结果如图 2.19 所示。

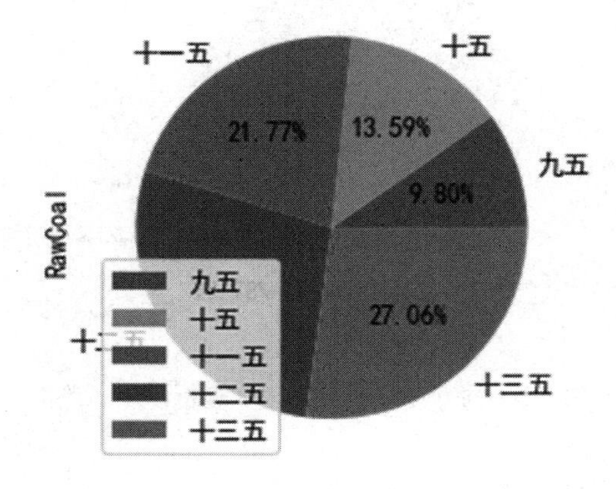

图 2.19　不同时期原煤的平均碳排放量占比情况（饼图）

2.4.1　结构分析基本概念

结构分析也称为“比重分析”，通过计算某项指标各项组成部分占总体的比重，进而分析总体的内部特征和内容构成的变化。采用结构分析可掌握事物的特点和变化趋势。

结构分析是在分组及交叉的基础上计算各组成部分所占的比重，可以先利用 pivot_table()函数进行数据透视表分析，然后通过 axis 参数指定对数据透视表按行或按列进行计算或使用 sum()函数和 div()函数来求出比重。

2.4.2　绘制饼图 plot()

饼图的英文名为 Sector graph，有时也被称为 Pie graph，主要用于表现比例、份额类的数据。数据表中一列或一行的数据均可绘制到饼图中，它使用一个扇形区的大小来表示每一项数据占各项总和的比例。通常，饼图只能表示一个数据系列。当有多个数据系列时，可以进一步考虑使用环形图（Ring diagram）。环形图是由两个及两个以上大小不一的饼图叠在一起，挖去中间部分所构成的图形。

pandas.DataFrame.plot()是 Pandas 库中的绘图函数，它允许用户使用数据帧（DataFrame）中的数据绘制各种类型的图表，以更直观地展现数据的分布、趋势和关系。

pandas.DataFrame.plot()函数的官方定义如下。

```
DataFrame.plot(
            x=None, y=None, kind='line', ax=None, subplots=False,
            sharex=None, sharey=False, layout=None, figsize=None,
            use_index=True, title=None, grid=None, legend=True,
            style=None, logx=False, logy=False, loglog=False,
            xticks=None, yticks=None, xlim=None, ylim=None, rot=None,
            fontsize=None, colormap=None, position=0.5, table=False, yerr=None,
            xerr=None, stacked=True/False, sort_columns=False,
            secondary_y=False, mark_right=True, **kwds
            )
```

kind 是可选参数，用来指定绘制的图表类型，可选值为{'line', 'bar ','scatter ', 'pie '}。其中，“line”表示折线图，“bar”表示柱状图，“scatter”表示散点图，“pie”表示饼图，默认为折线图。参数 x 用来指定 *x* 轴的列名，参数 y 用来指定 *y* 轴的列名。figsize 是可选参数，用来指定图表的大小，该参数使用元组类型指定，如 figsize=(8, 6)。title 是可选参数，用来指定图表的标题。

任务 5　对碳排放数据进行相关分析

微课：项目 2 任务 5-相关分析.mp4

相关分析（Correlation Analysis）是研究两个或两个以上处于同等地位的随机变量之间相关关系的统计分析方法。例如，人的身高与体重之间的相关关系；空气中的相对湿度与降雨量之间的相关关系；云量与降雨概率之间的相关关系。接下来，我们将使用 corr()函数对原煤的碳排放量与总碳排放量之间的相关关系进行分析。

动一动

按要求对“tpf.xlsx”文件的 Sum 工作表中的数据进行相关分析。

（1）查看原煤的碳排放量与总碳排放量之间的相关性，并采用可视化图表展现结果；

（2）计算原煤的碳排放量与总碳排放量之间的相关度；

（3）计算所有数据之间的相关度，并用热力图展现数据之间的相关性。

任务单

任务单 2-5　对碳排放数据进行相关分析

学号：__________ 姓名：__________ 完成日期：__________ 检索号：__________

任务说明

相关系数（Correlation Coefficient）是专门用来衡量两个变量之间的线性相关度的指标。简单相关分析直接计算两个变量之间的相关度。本任务主要使用散点图展现变量之间是否存在相关性，并用 Pandas 中的 corr()函数来计算变量之间的相关度。同时，查看所有数据的相关度。

引导问题

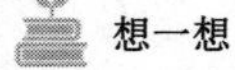

想一想

（1）如何展现数据之间的相关性？可以使用哪些类型的图表来展现？

（2）Pandas 中用来计算相关度的函数有哪些？如何使用它们？

（3）corr()函数的关键参数有哪些？哪些是必填参数？

（4）corr()函数的返回值代表什么含义？值为 0 代表什么含义？

（5）如何计算所有列数据之间的相关度并进行展现？

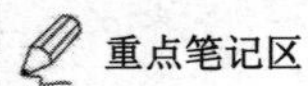

重点笔记区

任务评价

评价内容	评价要素	分值	分数评定	自我评价
1．任务实施	简单相关分析	4 分	能用图表展现数据之间是否相关得 2 分，能正确计算两个变量之间的相关度得 2 分	
	数据相关分析	3 分	会对所有数据进行相关分析得 1 分，会使用热力图展现结果得 2 分	
2．任务总结	依据任务实施情况得出结论	3 分	能对所有数据分析方法进行比较得 1 分，结论切中各方法的特点得 2 分	
合　计		10 分		

任务解决方案关键步骤参考

步骤一：编写如下代码，展现 Raw Coal 和 Scope 1 Total 两列数据之间的相关性。

```
fig, ax = plt.subplots()
ax.scatter(df_sum['RawCoal'], df_sum['Scope1Total'])
plt.xlabel('Raw Coal/MT')
plt.ylabel('Scope 1 Total/MT')
```

运行代码，散点图显示结果如图 2.20 所示。

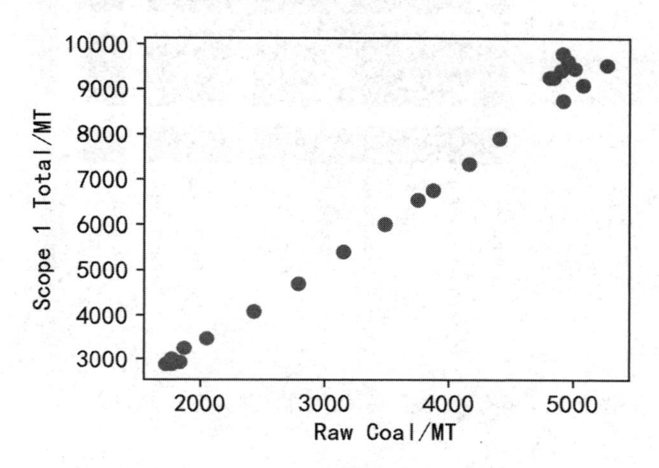

图 2.20　两列数据之间的相关性（散点图）

步骤二：编写如下代码，计算 Raw Coal 和 Scope 1 Total 两列数据之间的相关度。

```
df_sum['Scope1Total'].corr(df_sum['RawCoal'])
```

运行代码，结果显示相关度为 0.994 174 295 572 399，表明这两者之间存在强相关性。

步骤三：编写如下代码，计算所有数据之间的相关度。

```
corr_re = df_sum[df_sum.columns[1:len(df_sum)-1]].corr()
corr_re.head()
```

运行代码，部分结果如图 2.21 所示。

	RawCoal	CleanedCoal	OtherWashedCoal
RawCoal	1.000000	0.400039	0.923123
CleanedCoal	0.400039	1.000000	0.069616
OtherWashedCoal	0.923123	0.069616	1.000000
Briquettes	0.914076	0.319871	0.865608
Coke	0.995806	0.369807	0.940262

图 2.21　所有数据之间的相关度（部分结果）

步骤四：使用热力图展现所有数据之间的相关性，部分结果如图 2.22 所示。

```
sns.heatmap(corr_re, cmap = 'rocket_r')
```

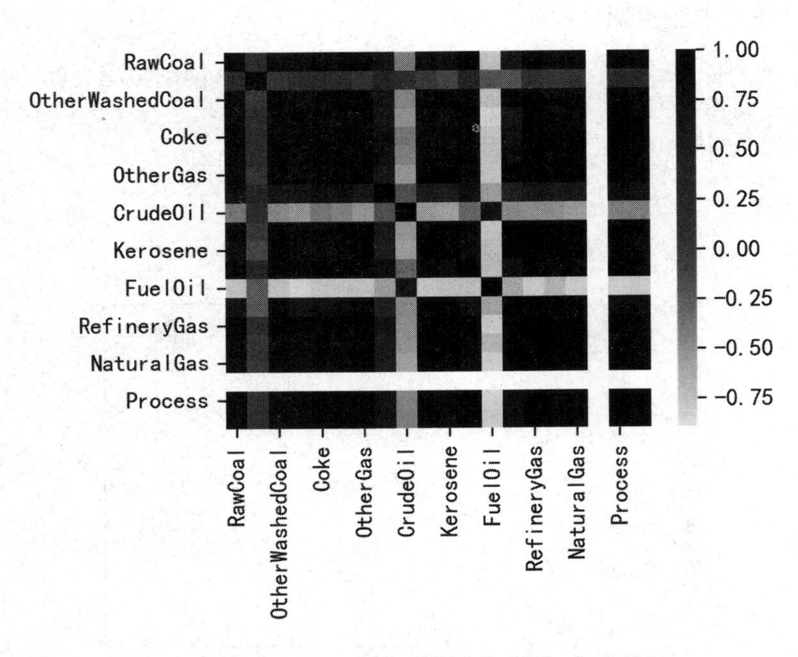

图 2.22　所有数据之间的相关性（热力图，部分结果）

2.5.1　相关分析基本概念

所谓关联，是指事物之间相互影响、相互制约、相互印证的关系。而事物之间这种相互影响、相互制约的关系，在统计学上就叫作相关关系，简称相关性。

相关分析用于研究现象之间是否存在某种依存关系，是研究随机变量之间相关关系的一种统计方法。通过相关分析，我们可以探讨存在依存关系的现象的方向和相关度。例如，当我们想知道 A 和 B 之间的关系时，可以使用相关分析来确定它们之间的相关性。描述两个变量之间是否有相关性，常用的方式有可视化相关图（如散点图和列联表等）、相关系数、统计显著性。常用的方法类别有简单相关分析、偏相关分析、距离相关分析等。

相关分析是一种重要的数据分析方法，可以帮助我们更好地理解和描述现象之间的关系。我们可以使用 pandas.DataFrame.corr()函数和 pandas.Series.corr(other)函数进行简单相关分析。

2.5.2　相关分析 corr()

corr()函数可用于计算 DataFrame 对象中列与列之间，甚至是所有列之间的相关系数，包括皮尔逊（Pearson）相关系数、肯德尔（Kendall）相关系数、斯皮尔曼（spearman）相关系数，默认为 Pearson 相关系数。Pearson 相关系数适用于两个变量的度量水平都是尺度数据，并且两个变量的总体都是正态分布或者近似正态分布的情况。Pearson 相关系数的取值范围为[-1,1]。若系数值大于 0，则表示两个变量之间存在正相关关系；若系数值小于 0，则表示两个变量之间存在负相关关系；系数值越趋于 0，线性相关程度越弱，若值为 0，则表示两个变量之间不存在线性相关关系。

corr()函数在计算时，任何 NaN 值都会被自动排除，任何非数值型数据都会被忽略。其官方定义如下。

```
Pandas.DataFrame.corr(
        self, method='pearson', min_periods=1
            )
```

参数 method 的可选值为{'pearson', 'kendall', 'spearman'}；参数 min_periods 表示样本最少的数据量。该函数的返回值为 DataFrame 数据类型。

拓展实训：数据分析方法应用

【实训目的】

通过本次实训，要求学生进一步掌握数据分析与挖掘的基本流程和常用数据分析方法的应用，并会使用 Pandas、Matplotlib 实现数据分析与可视化。

【实训环境】

PyCharm 或 Anaconda、Python 3.7、Pandas、NumPy、Matplotlib、Seaborn。

【实训内容】

使用已学过的数据分析方法对不同业务数据进行分析，具体方法如下。

- 分组分析。
- 分布分析。
- 交叉分析。
- 结构分析。
- 相关分析。

在接下来的实训中，将按照以上数据分析方法对不同数据进行分析。

应用拓展（1）：电影数据复杂分析

通过 ID 列合并读取给定“movie1.csv”和“movie2.csv”文件中的数据，并输出读取的结果。编写代码，实现数据读取。

（1）对电影数据进行分组分析：分析每月想看电影的总人数。可视化结果如图 2.23 所示。

（2）对电影数据进行分布分析：分析每个季度电影上映的热度。可视化结果如图 2.24 所示。

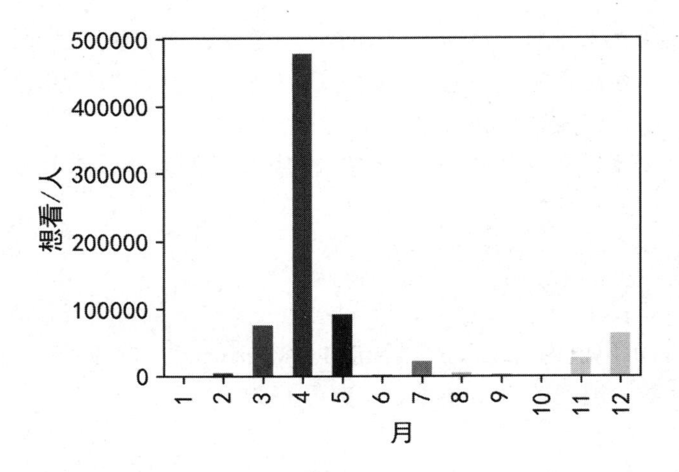

图 2.23　每月想看电影的总人数

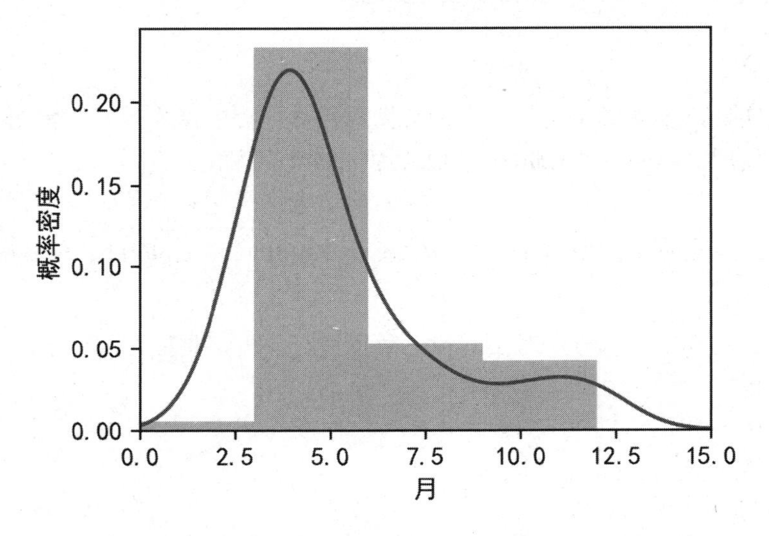

图 2.24　每个季度电影上映的热度

（3）对电影数据进行交叉分析：分析不同地区和不同月份电影上映的热度。

（4）对电影数据进行结构分析：分析不同地区上映电影的占比情况。

（5）对电影数据进行相关分析：分析电影放映月份与想看人数的相关性。

应用拓展（2）：用餐数据复杂分析

读取给定文件“tips.csv”中的数据，并使用不同的数据分析方法对其进行分析。

（1）基于性别对各账单的平均支付金额进行分组分析。

（2）按工作日与非工作日分组后，对各账单支付的总费用进行分布分析。

（3）基于星期对各账单支付的小费占比进行结构分析。

（4）按性别、星期对各账单支付的小费进行交叉分析。

（5）使用图表查看小费与账单总金额之间的相关性，并计算其相关度。
（6）试分析小费与星期的相关性。

项目考核

【选择题】

1．当前，（　　）的人工智能时代已全面开启。

A．科技驱动　　B．信息驱动
C．大数据驱动　　D．理论驱动

2．常用的聚合函数不包括（　　）。

A．max()　　B．count()　　C．sum()　　D．sex()

3．以下（　　）包提供了一个灵活高效的 groupby 功能，它使操作者能以一种自然的方式对数据集进行切片、切块、摘要等操作。

A．Pandas　　B．Matplotlib　　C．NumPy　　D．Sklearn

4．阅读如下代码：

```
import pandas as pd
dt = {'one': [9, 8, 7, 6], 'two': [3, 2, 1, 0]}
a = pd.DataFrame(dt)
```

想要获得['one', 'two']，可使用如下（　　）语句。

A．a.index　　B．a.row　　C．a.values　　D．a.columns

5．在 DataFrame 中，（　　）用来求平均值。

A．average()　　B．median()　　C．mean()　　D．avg()

6．阅读如下代码：

```
import pandas as pd
dt = {'one': [9, 8, 7, 6], 'two': [3, 2, 1, 0]}
a = pd.DataFrame(dt)
```

在以下选项中，关于 a.reindex()的说法正确的是（　　）。

A．a 中部分列的值可能被修改　　B．a 中部分行的值可能被修改
C．a 中部分索引可能被修改　　D．a 的值不改变

7．今日头条的个性化推荐、当当网的图书关联推荐等行为方式，都是通过对消费者的诉求和实际情况做数据统计和分析，挖掘事物之间的某种联系，即（　　），并进行具体应用的例子。

A．样本关系　　B．相关关系　　C．数据关系　　D．因果关系

8．在 Pandas 中，以下（　　）函数用来把一组数据分割成离散的区间。

A．divide()　　B．div()　　C．cut()　　D．groupby()

9．（　　）可用来表现交叉分析的结果。

A．散点图　　B．直方图　　C．交叉图　　D．热力图

10．corr()函数中的 method 参数的可取值为（　　）。[多选题]

A．pearson　　B．kendall　　C．kernel　　D．spearman

【填空题】

1．补全如下代码，调整变量 a 中的第 2 行和第 3 行，使这两行交换。

```
import pandas as pd
dt = {'one': [9, 8, 7, 6], 'two': [3, 2, 1, 0]}
a = pd.DataFrame(dt)
a = a.reindex( _______ = (2, 3))
```

2．补全如下代码，对生成的变量 a 在第 2 列上进行数值升序排列。

```
import pandas as pd
import numpy as np
a = pd.DataFrame(np.arange(20).reshape(4,5), index = ['z', 'w', 'y', 'x'])
a.____________(2)
```

3．补全如下代码，打印其中非 NaN 变量的数量。

```
import pandas as pd
import numpy as np
a = pd.DataFrame(np.arange(20).reshape(4,5))
b = pd.DataFrame(np.arange(16).reshape(4,4))
print((a+b)._______())
```

4．在 Pandas 中，________函数和________函数可用于交叉分析。

【参考答案】

【选择题】

题号	1	2	3	4	5	6	7	8	9	10
答案	D	C	A	D	C	D	B	C	D	ABD

【填空题】

1．index。

2．sort_values。

3．count。

4．pivot_table()；crosstab()。

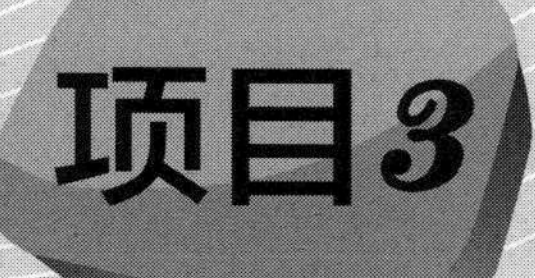

项目3 电影数据回归分析

项目描述

改革开放四十多年来，我国取得了举世瞩目的伟大成就。国内经济不断发展，人们的生活越过越好，生活品质不断提高。2012 年召开的党的十八大着眼于全面建成小康社会、实现社会主义现代化和中华民族伟大复兴。现在，全面建成小康社会的目标已经基本实现。

全面建成小康社会，归根结底是为了实现人民对美好生活的向往，使人民群众拥有更多获得感、幸福感、安全感。自我们党提出小康社会建设目标以来，人民生活又发生了翻天覆地的变化。人民的生活更加有姿有色、更加丰富多彩。人民生活的巨大变化证明了：只有坚持中国共产党的领导，才能让中国经济不断飞速发展。

近年来，得益于国民经济的持续快速增长，以及国家对于文化产业的支持，整个电影文化与产业环境持续改善。作为文化娱乐市场重要组成部分的电影市场已连续多年实现电影票房的快速增长。同时，电影市场还吸引了各类社会资本（国有、民营、外资）积极进军影视行业，从而进一步推动了电影行业的良性快速发展。

随着人们越来越关注电影作品，大家对电影品质的要求也越来越高。常出现，鲜有几部新制作的电影作品能抓住观众的心，到底是观众越来越挑剔，还是电影作品本身吸引力不够？

另外，信息化、智能化浪潮蓬勃兴起，电影行业也纷纷进入数据蓝海。各种应用渠道层出不穷，大量数据涌现。制作者要透过海量的数据，洞察用户的需求，为人们提供更优质的观影服务。如果你有一个电影公司，想制作一部电影作品，有想过拍一部什么样的电影吗？你会选择一名什么样的导演呢？

投拍一部电影，只有进行调查分析，深入了解电影市场的情况，才能提高票房，降低投资风险。为了更好地分析电影市场总体发展状况及投资的可行性，需要对原始电影数据进行采集、清洗、处理、分析和预测。良好的分析和预测方法可以帮助投资者进行更清晰的分析，以期获得更高的收益。电影票房预测能分析和预测不同种类电影的票房价值，是电影产业投/融资重要的参考工具，对电影产品定价及衍生产品开发都具有较强的指导作用。

目前，网络上有多个公开的电影数据集，比如 Movie Database 网站就提供了一个数据集，主要包括 1960 年—2015 年上映的部分电影的数据集。读者可以从上面下载数据集进行分析。电影数据项主要包括电影名称、电影放映日期、导演、电影分类、电影评分数据、票房数据等。

本项目将结合回归分析方法对 2017 年浙江省高职高专院校技能大赛“大数据技术与应用”赛项试题中使用的电影历史数据进行分析，并对未来的日均票房与电影评分进行简单预测。对于初学者而言，我们在内容的呈现上更注重于方法的使用过程与技巧，并不偏重于数据的多样性、复杂性和分析方法应用的准确性、适用性。方法的适用性，需要我们在应用实践、经验积累与总结过程中不断循序渐进，逐步提升。

学习目标

知识目标

- 理解回归分析的基本概念、原理及优劣势①；
- 掌握线性回归分析、多项式回归分析的基本实现方法；（重点）
- 掌握数据预处理的方法，特别是归一化处理、数值化处理；
- 掌握数据集的切分方法，以及训练集、测试集与验证集的基本概念。

能力目标

- 会使用 Sklearn 中的线性模型实现对电影数据的回归分析；（重点）
- 会使用 Sklearn 中的范围缩放实现对电影数据的归一化处理②；
- 会使用 Sklearn 中的标签映射实现对文本数据的数值化处理；
- 会使用 Sklearn 中的数据预处理模块对数据集进行随机切分。

素质目标

- 强化精益求精的品质意识，进一步提升岗位职业素养；
- 善于细致地分析数据，发现不同因素之间的关系，增强使命感与责任感；
- 强化数据驱动的大数据行业价值观和职业精神。

任务分析

回归分析（Regression Analysis）是确定两个或两个以上变量之间相互依赖的定量关系的一种统计分析方法。回归分析按照涉及的变量的多少，分为一元回归分析和多元回归分

① 详细内容可参考《大数据分析与应用开发职业技能等级标准》中级 5.1.2。

② 详细内容可参考《国家职业技术技能标准——大数据工程技术人员（2021 年版）》初级 4.2.4。

析；按照自变量和因变量之间的关系类型，分为线性回归（Linear Regression）分析和非线性回归分析。本项目基于给定的数据文件，利用已有数据做监督学习，输入信息包括上映时间、闭映时间等，输出信息为票房。其核心任务在于训练回归模型，能够根据给定的放映信息，对票房做出预测，主要包含以下明细任务。

（1）票房数据读取与加载：使用 Pandas 工具包从 CSV 文件中读取数据，并使用正确的数据结构进行存储，方便后期的加工与处理。

（2）票房数据查看与检查：显示加载好的数据，并检查相应数据内容。当数据记录较大时，可进行必要的数据清洗、筛选操作，分段读取数据。

（3）数据预处理：本项目提供的“film.txt”文件中的数据已经过初步的预处理，现阶段不需要进行太多的额外清洗工作，主要是结合数据分析任务，完成归一化处理和数据标签映射。这也是《国家职业技术技能标准——大数据工程技术人员（2021 年版）》4.2.4 中的要求。该标准指出该工作岗位人员要能根据数据归一性原则对数据进行单位、数值规约。

（4）票房及评分数据回归分析：使用 Sklearn 中的线性回归分析方法对已有的观影数据进行分析，训练得到相应模型，并利用测试集对模型进行测试和评估。

（5）结果可视化与应用：对模型进行可视化，直观地观察模型的优劣，并将模型应用于预测。

相关知识基础

1）回归分析

从相关分析中可知“质量”和“用户满意度”变量之间的相关性，但是要想知道这两个变量之间到底是哪个变量受哪个变量的影响，影响程度如何，则需要通过回归分析方法来确定。相关分析研究的是现象之间是否相关、相关的方向和密切程度，一般两者之间并不区别自变量或因变量，而回归分析则要分析现象之间相关的具体形式，确定其因果关系，并用数学模型来表现其具体关系，应用十分广泛。

回归分析技术通常用于预测与分析时间序列模型，以及发现变量之间的因果关系。它是一种预测性的建模技术，研究的是因变量（目标）和自变量（预测器）之间的关系。例如，司机的鲁莽驾驶与道路交通事故数量之间的关系，最适合使用的研究方法就是回归分析。从中可以分析出安全驾驶的重要性。

在回归分析中，如果只包括一个自变量和一个因变量，且两者之间的关系可用一条直线近似表示，则这种回归分析称为一元线性回归分析；如果包括两个或两个以上的自变量，且因变量和自变量之间是线性关系，则称为多元线性回归分析。

回归分析主要通过规定因变量和自变量来确定变量之间的因果关系，建立回归模型，并根据实测数据来求解模型的各个参数，然后评价回归模型是否能够很好地拟合实测数据。如果能够很好地拟合，则可以根据自变量做进一步预测。

例如，如果要研究“质量”和“用户满意度”两个变量之间的因果关系，从实践意义上讲，产品质量会影响用户的满意度，因此设“用户满意度”为因变量，记为 Y；设“质量”

为自变量，记为 X，可以建立下面的线性关系：

$$Y = A + BX + C$$

式中，A 和 B 为待定参数，A 为回归直线的截距，B 为回归直线的斜率，表示当 X 变化一个单位时，Y 的平均变化情况，C 为依赖于“用户满意度”的随机误差项。

回归分析具有简单、易用等特点，其在很多领域中都有相关应用。

（1）数学。在数学领域中，线性回归分析有很多实际用途，分为以下两大类。

如果目标是预测或映射，则使用线性回归分析可以对观测数据集 X 拟合出一个预测模型。当拟合出这样一个模型以后，对于一个新增的输入值，在没有给定与它相对应的输出值的情况下，可以用这个拟合过的模型预测出一个输出值。

给定一个因变量 Y 和一些自变量 $X_1, X_2, \dots, X_p$，这些变量有可能与 Y 相关，线性回归分析可以用来量化 Y 与 X_j 之间相关性的强度，评估出与 Y 不相关的 X_j，并识别出哪些 X_j 的子集包含了关于 Y 的冗余信息。

（2）医学。吸烟对死亡率和发病率的影响分析可采用回归分析的观察性研究。为了在分析观测数据时减少伪相关，除了最感兴趣的变量，通常研究者还会在他们的回归模型里包括一些额外的独立变量。例如，假设存在一个回归模型，在这个回归模型中吸烟行为是研究者最感兴趣的独立变量，其相关变量是经数年观察得到的吸烟者寿命。研究者可能将社会经济地位当成一个额外的独立变量。当可控试验不可行时，回归分析的衍生方法（如工具变量回归），可用来估计被观测数据的因果关系。

（3）金融。一条趋势线代表了时间序列数据的长期走势。它告诉了我们一组特定数据（如石油价格、股票价格）是否在一段时期内增长或下降。虽然我们可以用肉眼观察数据点在对应坐标系的位置，大致画出趋势线，但更恰当的方法是利用回归分析计算出趋势线的位置和斜率。

（4）经济学。回归分析也是经济学的主要实证工具。例如，它可以用来预测消费支出、固定投资支出、商品投资、进口支出等。回归分析允许我们比较不同变量之间的相互影响，如价格变动与促销活动数量之间的联系。这些有利于帮助市场研究人员、数据分析人员及数据科学家排除并估计出一组最佳的变量，用来构建预测模型。

2）Sklearn

自 2007 年发布以来，scikit-learn 已然成为 Python 中最重要的机器学习包。scikit-learn 简称 Sklearn，支持分类（Classification）、回归（Regression）、降维（Dimensionality Reduction）和聚类（Clustering）四大机器学习模块，它还包含了特征提取、数据处理和模型评估等。它是 SciPy 的扩展，建立在 NumPy 和 Matplotlib 的基础上，利用特征提取、数据处理和模型评估的优势，可以大大提高机器学习的效率。

此外，Sklearn 有完善的文档、丰富的 API，在学术界颇受欢迎。Sklearn 封装了大量的机器学习方法，包括 LIBSVM 和 LIBINEAR。同时 Sklearn 内置了大量数据集，为用户节省了读取和整理数据集的时间。

3）Sklearn 中 linear_model.LinearRegression 类的使用方法

Sklearn已经对数据挖掘的各类算法进行了较好的封装，用户基本可以使用fit()、score()、predict()函数来训练和评价模型，并使用模型进行预测。LinearRegression 类实现了多元线性回归模型的构建。当然，它也可以用来训练一元线性回归模型。

Sklearn 一直秉承“简洁为美”的思想来设计每一个分析方法。其实例化方式也很简单，只需使用 clf = LinearRegression()就可以完成回归方程的建立，但读者需要注意如下两个参数。

- fit_intercept：是否存在截距，默认存在。
- normalize：标准化开关，默认关闭。

LinearRegression 类中 fit(x, y, sample_weight=None)函数的参数 x 和 y 以矩阵的方式传入，参数 sample_weight 则是每个样本数据的权重，以数组方式传入；predict(x)是预测函数，返回预测值；score(x, y, sample_weight=None)是评分函数，返回一个小于 1 的得分，也可能小于 0。

使用 LinearRegression 类训练结束后，会将回归方程分为两个部分存放。其中，coef_用来存放回归系数，intercept_则用来存放截距。

拓展读一读

回归是由英国著名生物学家兼统计学家高尔顿（Galton）在研究人类遗传问题时提出来的。为了研究父代与子代身高的关系，高尔顿搜集了 1078 对父子的身高数据。他发现这些数据的散点图大致呈直线状态。也就是说，总的趋势是父亲的身高增加时，儿子的身高也倾向于增加。这个发现引起了高尔顿的好奇，他没有就此中断研究。他对实验数据进行了深入的分析，发现了一个很有趣的现象，称之为回归效应。

因为当父亲的身高高于平均身高时，他们的儿子的身高比他们更高的概率要小于比他们更矮的概率；而当父亲的身高矮于平均身高时，他们的儿子的身高比他们更矮的概率要小于比他们更高的概率。回归效应反映了一个规律，即对于这两种身高的父亲，他们的儿子的身高有向他们父辈的平均身高回归的趋势。对于这个一般结论的解释是大自然具有一种约束力，使人类身高的分布相对稳定而不会产生两极分化，这就是所谓的回归效应。

作为新生力量，我们应具备社会责任感，要善于在生活中发现并提出问题，更要敢于出手解决问题。

素质养成

项目相关任务的逐步解决充分反映了技术人员能结合理论知识及长期的工作实践，以扎实的理论功底，结合生活实际，立足本职岗位创造性地开展工作。

在任务实施的过程中，不断地改进模型，挖掘数据之间的深层关系，研究模型的准确率，体现的是大数据时代背景下数据分析人员精益求精的工匠精神。同时，通过动手上机实践来分析数据得到可视化结果，可以获得职业认同感，建立信心，提升自身的专业能力及专业素养。

项目实施

任务 1　使用一元线性回归分析方法对日均票房进行预测

3.1.1　一元线性回归

微课：项目 3 任务 1—一元线性回归分析方法的应用.mp4

在电影数据中，日均票房=累计票房/放映天数。一般地，当日均票房不足 100 万元时，该电影一般将会在接下来的一周左右下档。我们可能会联想推测，日均票房与放映天数之间是否存在一定的相关性？在本节中，我们将使用一元线性回归分析方法对两项数据进行简要的分析，探讨是否可以通过放映天数来预测电影的日均票房。

动一动

根据电影的放映天数，使用一元线性回归分析方法来预测电影的日均票房。

任务单

任务单 3-1　使用一元线性回归分析方法对日均票房进行预测

学号：＿＿＿＿＿＿＿＿**姓名：**＿＿＿＿＿＿＿＿**完成日期：**＿＿＿＿＿＿＿＿**检索号：**＿＿＿＿＿＿＿＿

任务说明

使用 read_csv()函数从文件中读取数据后，在数据转换、数据清洗和数据筛选的基础上，准备好放映天数及日均票房数据。使用数据训练与构建一元线性回归模型，并使用模型来预测电影的日均票房。

引导问题

想一想

（1）查阅相关资料，明确本任务中的数据读取应该选用什么样的工具包？

（2）读取数据后，应该使用什么样的数据类型进行存储？不同字段（列）的数据类型分别是什么？

（3）如何根据已有的数据列获取相应的特征？比如根据“上映时间”和“闭映时间”来生成新的列“放映天数”。

（4）线性回归模型在初始化时需要设置哪些参数，默认参数值分别是什么？

（5）如何获取训练好的模型中的参数？参数的取值有何物理意义？

（6）如何评估训练所得模型的准确性？

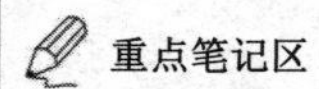

重点笔记区

任务评价

<table>
<tr><th>评价内容</th><th>评价要素</th><th>分值</th><th>分数评定</th><th>自我评价</th></tr>
<tr><td rowspan="3">1. 任务实施</td><td>数据读取与展现</td><td>2 分</td><td>能正确显示数据得 2 分</td><td></td></tr>
<tr><td>模型训练</td><td>1 分</td><td>代码正确且能顺利执行得 1 分</td><td></td></tr>
<tr><td>模型展现</td><td>3 分</td><td>可展现得 1 分，展现完整得 1 分，展现结果清晰得 1 分</td><td></td></tr>
<tr><td>2. 模型评估</td><td>分析模型的准确性，并得出评估报告</td><td>3 分</td><td>能正确展现评估结果得 1 分，模型准确率在 90%以上得 2 分</td><td></td></tr>
<tr><td>3. 任务总结</td><td>依据任务实施情况得出结论</td><td>1 分</td><td>结论切中本任务的重点得 1 分</td><td></td></tr>
<tr><td colspan="2">合　计</td><td>10 分</td><td></td><td></td></tr>
</table>

任务解决方案关键步骤参考

步骤一：读取与整理数据，代码如下。

```
# 用 Pandas 读取文件，并用分号隔开
import pandas as pd
df= pd.read_csv('film.txt', delimiter=';')
# 筛选指定内容
df=df[['上映时间','闭映时间', '票房/万元']]
# 删除带有空值的行
df=df.dropna()
# 将上映时间和闭映时间转换为时间型
df['上映时间'] = pd.to_datetime(df['上映时间'])
df['闭映时间'] = pd.to_datetime(df['闭映时间'])
# 计算电影放映天数
df['放映天数']=(df['闭映时间'] - df['上映时间']).dt.days + 1
# 将票房数据转换为浮点型
df['票房/万元'] = df['票房/万元'].astype(float)
# 计算日均票房
df['日均票房/万元'] = df['票房/万元']/df['放映天数']
# 重置索引，不添加新的列
df = df.reset_index(drop=True)
df.head()
```

步骤二：运行代码获取数据，部分数据结果如图 3.1 所示。

	上映时间	闭映时间	票房/万元	放映天数	日均票房/万元
0	2015-03-27	2015-04-12	192.0	17	11.294118
1	2015-07-10	2015-08-23	37900.8	45	842.240000
2	2015-12-20	2016-01-31	9.8	43	0.227907
3	2015-02-19	2015-04-06	74430.2	47	1583.621277
4	2015-07-03	2015-07-19	21.7	17	1.276471

图 3.1　读取的部分数据结果

步骤三：使用一元线性回归分析方法进行相关分析，代码如下。

```
from sklearn import linear_model
# 设定 x 和 y 的值
x = df[['放映天数']]
y = df[['日均票房/万元']]
# 初始化线性回归模型
regr = linear_model.LinearRegression()
# 拟合
regr.fit(x, y)
```

步骤四：可视化分析结果，代码如下。

```
import matplotlib.pyplot as plt
plt.rcParams['font.sans-serif'] = ['SimHei']
plt.rcParams['axes.unicode_minus'] = False

# 可视化
# 设置图表标题等
plt.title('放映天数与日均票房关系图（一元线性回归）')
plt.xlabel('放映天数')
plt.ylabel('日均票房/万元')
plt.scatter(x, y, color='black')
# 画出预测点，预测点的宽度为 1，颜色为红色
plt.scatter(x, regr.predict(x), color='red',linewidth=1 , marker = '*')
plt.legend(['原始值','预测值'], loc = 2)
plt.show()
```

步骤五：运行代码，结果如图 3.2 所示。

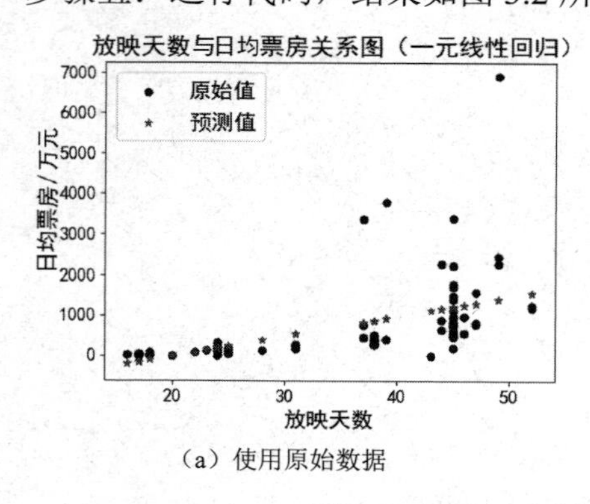

（a）使用原始数据

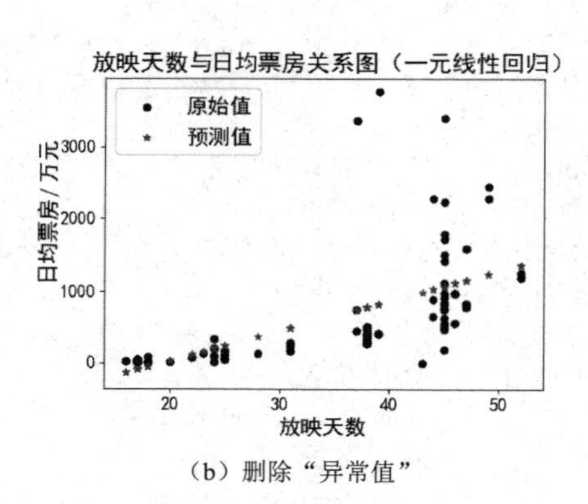

（b）删除“异常值”

图 3.2　使用一元线性回归分析方法进行分析的结果

如上述回归只涉及两个变量的，称为一元回归。一元回归的主要任务是用两个相关变量中的一个变量（放映天数）去估计另一个变量（日均票房），被估计的变量（日均票房）称为因变量，可设为 Y；自变量可设为 X（放映天数）。回归分析就是要找出一个数学模型 $Y=f(X)$，使得根据 X 可以估计 Y。此时，Y 可以用函数计算。当 $Y=f(X)$的形式是一个直线方程时，称为一元线性回归，这个方程一般可表示为 $Y=A+BX$。其中，A 为截距，B 为回归系数。如图 3.3 所示，星点为样本值，直线为回归分析的函数式。那么，对于任何一个新的值，我们可以通过函数式得到想要的预测值。

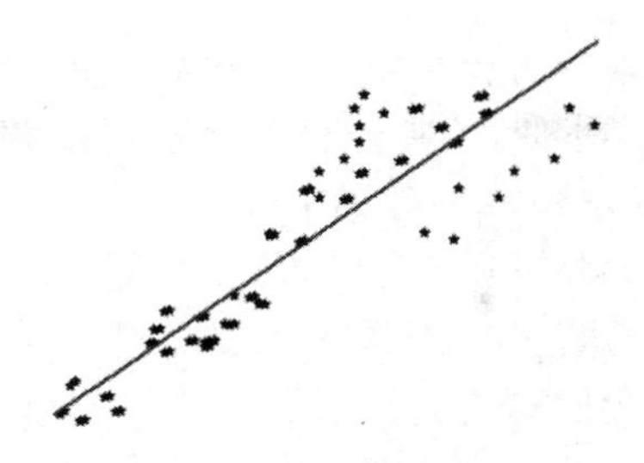

图 3.3　一元线性回归

线性回归是数据挖掘中的基础算法之一，从某种意义上来说，线性回归的思想其实就是通过解一组方程，得到回归函数。不过，在出现误差项之后，方程的解法就需要进行适当改变，一般使用最小二乘法进行计算。

3.1.2　异常值的发现与处理

线性回归的主要问题是对异常值（Outlier）敏感，在现实世界的数据收集过程中，经常会出现错误的度量结果。这些数据集中存在不合理的异常值，又称为离群点、噪声，会导致预测结果不准确或无法收敛。

图 3.2（a）中右上角的数值对于模型来讲可以认为是一个“异常值”或噪声，如图 3.4 所示。我们可以简单地采用数据筛选方法（即让 df = df[df['日均票房/万元'] < 5000]）来删除这个“异常值”，以提高模型的准确率。图 3.2（b）所示为删除“异常值”后的结果。

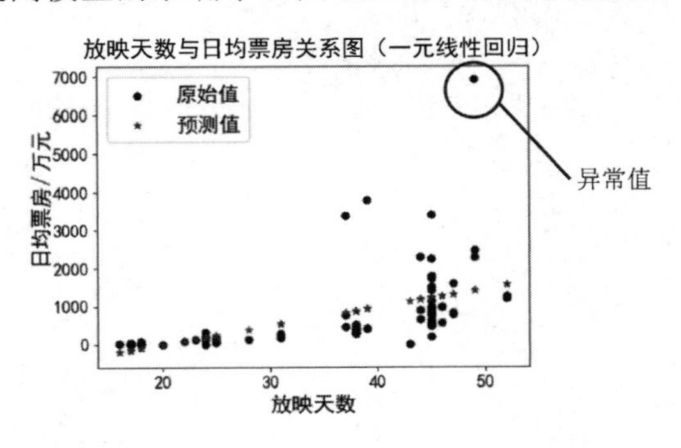

图 3.4　异常值

3.1.3　归一化处理

微课：项目 3 任务 1-归一化处理.mp4

在 3.1.1 节任务的基础上，对数据进行筛选，清除异常数据，使用一元线性回归分析方法对清洗后的数据进行训练以提高电影的日均票房的预测精度。

在机器学习领域中，不同评价指标（即特征向量中的不同特征就是所述的不同评价指标）往往具有不同的量纲和量纲单位，这会影响数据分析的结果，为了消除不同评价指标之间的量纲影响，需要对数据进行归一化处理，以解决数据指标之间的可比性问题。归一化处理是将有量纲的表达式，转换为无量纲的表达式，使其成为标量。

如果不对数据进行归一化处理，则会导致梯度下降复杂度增加或损失函数（Loss Function）只能选择线性，从而导致模型效果不佳。

在给定的观影数据中，不同特征数值的范围变化大，如放映天数、票房和评分等。因此，将特征缩放（Scaling）到合理的范围是非常重要的。范围被缩放后，所有的数据特征值都位于指定范围内。比如，我们可将日均票房、放映天数的范围缩放至[0,1]。

动一动

将日均票房、放映天数的范围缩放至[0,1]，即进行归一化处理，获得标准化的数据（Normalized Data）。

任务单

任务单 3-2　归一化处理

学号：＿＿＿＿＿＿姓名：＿＿＿＿＿＿完成日期：＿＿＿＿＿＿检索号：＿＿＿＿＿＿

任务说明

使用 Sklearn 中的数据预处理模块对放映天数、日均票房进行归一化处理。在数据标准化的基础上，重新训练一元线性回归模型，用来预测电影的日均票房。

引导问题

想一想

（1）为什么需要对数据进行归一化处理？

（2）在什么情况下需要对数据进行归一化处理？

（3）归一化处理的方法有哪些？Sklearn 已经封装哪几种方法？

（4）写出经过归一化处理后的一元线性回归方程，比较与 3.1.1 节任务的结果有何不同？

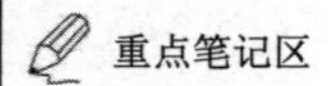

重点笔记区

任务评价

评价内容	评价要素	分值	分数评定	自我评价
1．任务实施	数据归一化处理	2 分	数据能够被正确处理得 2 分，每正确处理 1 列数据得 1 分，共 2 列	
	模型再训练	1 分	代码正确且能顺利执行得 1 分	
	模型可视化	1 分	能正确展现模型可视化结果得 1 分	
2．模型评估	对比不同模型的指标，并得出评估报告	4 分	能正确展现评估结果得 1 分，模型指标有提升得 3 分	
3．任务总结	依据任务实施情况得出结论	2 分	结论切中本任务的重点得 2 分	
合　计		10 分		

任务解决方案关键步骤参考

步骤一：编写如下代码。

```
from sklearn.preprocessing import minmax_scale
df['日均票房/万元'] = minmax_scale(df['日均票房/万元'])
df['放映天数'] = minmax_scale(df['放映天数'])
df.head()
```

步骤二：查看放映天数与日均票房（最后两列）的范围被缩放后的数据，部分数据结果如图 3.5 所示。

	上映时间	闭映时间	票房/万元	放映天数	日均票房/万元
0	2015-03-27	2015-04-12	192.0	0.027778	0.002947
1	2015-07-10	2015-08-23	37900.8	0.805556	0.223090
2	2015-12-20	2016-01-31	9.8	0.750000	0.000015
3	2015-02-19	2015-04-06	74430.2	0.861111	0.419505
4	2015-07-03	2015-07-19	21.7	0.027778	0.000293

图 3.5　范围被缩放后的部分数据结果

步骤三：运行代码，范围被缩放后的一元线性回归分析结果如图 3.6 所示。

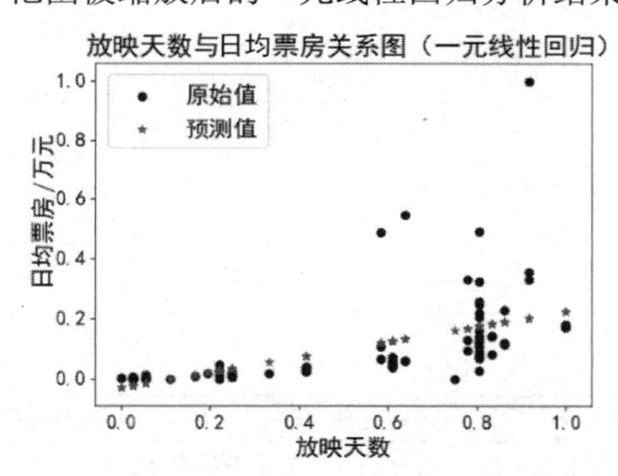

图 3.6　范围被缩放后的一元线性回归分析结果

学一学：必须知道的知识点

1）sklearn.preprocessing

Sklearn 中的 preprocessing 用于数据的预处理。归一化是常用的数据预处理方式之一，是把数据转换为 0～1 或-1～1。

2）归一化的作用

很多时候，如果不对数据进行归一化处理，则会导致梯度下降复杂度增加或损失函数只能选择线性，从而导致模型效果不佳。从经验上来说，对特征值进行归一化处理是让不同维度之间的特征在数值上有一定的比较性，可以大大提高数据分析的准确性并加速收敛。

3）minmax_scale()函数的使用方法

minmax_scale()函数将特征值映射到一定的范围内，使得特征分布在一个给定最小值和最大值的范围内，一般情况下是[0,1]，或者特征中绝对值最大的那个数为 1，其他数以此为标准分布在[−1,1]。minmax_scale()函数可指定明确的最大值与最小值。

动一动

以一条直线的形式显示得到的线性回归模型。

任务单

任务单 3-3　模型可视化进阶

学号：＿＿＿＿＿＿姓名：＿＿＿＿＿＿完成日期：＿＿＿＿＿＿检索号：＿＿＿＿＿＿

任务说明

按照一定步长产生规定范围内的数据序列，并将该序列数据输入模型中进行预测，生成预测值。最后，对输入与输出的数据进行可视化。

引导问题

想一想

（1）可视化结果中呈现出的点与直线之间是什么关系？

（2）如何产生有规律的数据序列？

（3）如何列出本项目的任务单 3-2 中所得的模型的一元线性回归方程。

（4）图 3.7 中的回归线采用了密集点的形式来展现，还有没有其他方式可视化这条线性回归线？是否可以利用已有回归方程实现可视化？

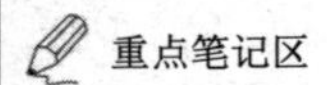

重点笔记区

任务评价

评价内容	评价要素	分值	分数评定	自我评价
1. 任务实施	正确获取两项数据的最值	2 分	两项数据能够被正确获取得 2 分，每 1 项得 1 分	
	正确产生有规律的数据序列	2 分	代码能顺利执行得 1 分，结果正确得 1 分	
	正确展现原始数据	1 分	原始数据结果展现正确得 1 分	
	有效展现一元线性回归模型	2 分	回归模型展现得体得 1 分，有效展现得 1 分	
2. 模型评估	可视化运行结果	2 分	有图形得 1 分，有具体参数得 1 分	
3. 任务总结	依据任务实施情况得出结论	1 分	结论切中本任务的重点得 1 分	
合　计		10 分		

任务解决方案关键步骤参考

图 3.7 中显示了图 3.6 中一元线性回归的另一种可视化结果，参考代码如下。

```
# 定义 x 的最小值
x_min = x.values.min()- 0.1
```

```
# 定义 x 的最大值
x_max = x.values.max()+ 0.1

# 定义一个数据序列，最小值是 x_min，最大值是 x_max，步长是 0.005
step = 0.005
x_new = np.arange(x_min,x_max,step).reshape(-1, 1)
plt.title(u'放映天数与日均票房关系图（一元线性回归）')
plt.xlabel(u'放映天数')
plt.ylabel(u'日均票房/万元')
plt.scatter(x, y, color='black')
plt.scatter(x_new, regr.predict(x_new),s=1, color='red',linewidth=2)
plt.legend(['原始值','预测值'], loc = 2)
plt.show()
```

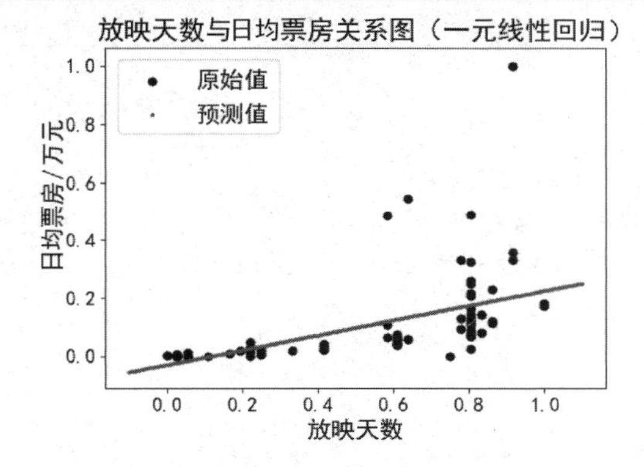

图 3.7　一元线性回归结果的可视化

3.1.4　数据集的切分

微课：项目 3 任务 1-数据集的切分.mp4

想一想

我们应该如何评估训练所得到的模型？

在现实生活中，计算机没办法像人类一样认知事物，所以人类一直致力于这方面的研究，以提高计算机认知事物的能力。举个例子，假如我们需要识别一辆小汽车，那么我们需要提供大量的小汽车图片（训练数据），当有足够多的数据时，就可以进行机器学习了。而我们需要告诉计算机，这些数据都是小汽车。计算机通过算法知道什么是小汽车，其具备哪些特征。学习完成后，我们放入已有的其他图片（测试数据），计算机会把这些图片作为输入数据，通过训练后进行判断，并告诉我们哪些是小汽车，哪些不是小汽车。

在机器学习中，我们一般将样本分成独立的 3 个部分，分别为训练集（Training Set）、验证集（Validation Set）和测试集（Test Set）。其中，训练集用于建立模型，简单来说，就是通过训练集的数据确定拟合曲线的参数。验证集用于辅助模型构建，优化和确定最终的模型，即模型选择（Model Selection）。一般，验证集是可选的。而测试集则用于检验最终选择的模型的性能。那我们又该如何对本项目中的数据集进行切分呢？

在实际应用中，一般只将数据集分成两类，即训练集和测试集。大多数应用并不涉及验证集，而是通过测试集来验证模型的准确性。

动一动

以 8∶2 的比例将本项目中的数据集进行随机切分，其中训练集占 80%、测试集占 20%。

任务单

任务单 3-4　数据集的切分

学号：__________ 姓名：__________ 完成日期：__________ 检索号：__________

任务说明

使用 Sklearn 中的数据预处理模块将数据集按照一定比例进行切分。使用其中的训练集训练一元线性回归模型，使用测试集预测电影的日均票房，并对比预测值与测试值（实际值）的差值。

引导问题

想一想

（1）将训练集与测试集切分为什么样的比例比较合适？

（2）训练集与测试集切分比例的设置原则是什么？

（3）我们为什么使用 8∶2 的比例对数据集进行切分？试分析其中的原因。

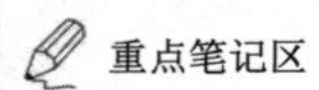
重点笔记区

任务评价

评价内容	评价要素	分值	分数评定	自我评价
1．任务实施	数据集切分处理	4 分	包引入正确得 2 分，方法被正确调用得 2 分	
	模型再训练	1 分	代码正确且能顺利执行得 1 分	
2．模型评估	利用可视化手段得出评估报告	4 分	能展现预测结果得 1 分，能正确对比测试值与预测值的差值得 2 分，不存在预测值与测试值相差较大的情况得 1 分	
3．任务总结	依据任务实施情况得出结论	1 分	结论切中本任务的重点得 1 分	
合　计		10 分		

任务解决方案关键步骤参考

步骤一：编写如下代码，实现电影数据的切分。

```
from sklearn.model_selection import train_test_split
# 切分训练集和测试集
```

```
x_train, x_test,y_train, y_test=train_test_split(df[['放映天数']],df[['日均票房/万元']],train_size=0.8, test_size = 0.2)
```

步骤二：建立模型并进行训练，代码如下。

```
from sklearn import linear_model
# 建立线性回归模型
regr = linear_model.LinearRegression()
# 拟合
regr.fit(x_train, y_train)
```

步骤三：使用训练得到的模型进行预测，代码如下。

```
# 给出测试集的预测结果
y_pred = regr.predict(x_test)
```

步骤四：预测结果的评估与可视化，代码如下。

```
plt.title(u'预测值与测试值比较（一元线性回归）')
plt.ylabel(u'日均票房/万元')
# 画出预测值折线
plt.plot(range(len(y_pred)),y_pred,'red', linewidth=2.5,label="预测值" ,
linestyle='--')
# 画出测试值折线
plt.plot(range(len(y_test)),y_test,'green',label="测试值")
plt.legend(loc=2)
# 显示预测值与测试值折线图
plt.show()
```

步骤五：运行代码，结果如图 3.8 所示，其中，横坐标表示数据项的编号。图 3.8 主要用于数据结果的对比，即预测值与测试值的对比。

如图 3.8（a）、（b）所示，由于使用的测试集是随机抽取的，因此两次的测试数据不同。同样地，训练数据不同，训练出的模型也不同。显然，同样的分析方法，预测结果的准确率也有所不同。我们不禁会想，如何用一个模型来准确地度量现实生活中的数据，又有哪些指标项可以评估一个模型的优劣？这些问题留待后面的项目中慢慢讲述。图 3.8 中两条不同样式线的距离表示预测值与测试值的差值，距离越远，说明预测结果越不准确。

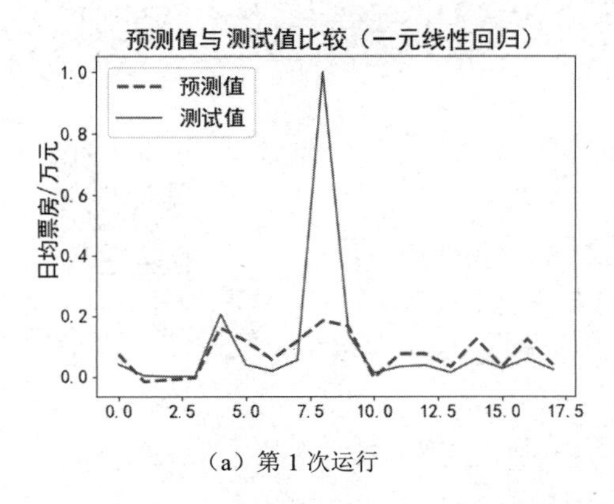

（a）第 1 次运行

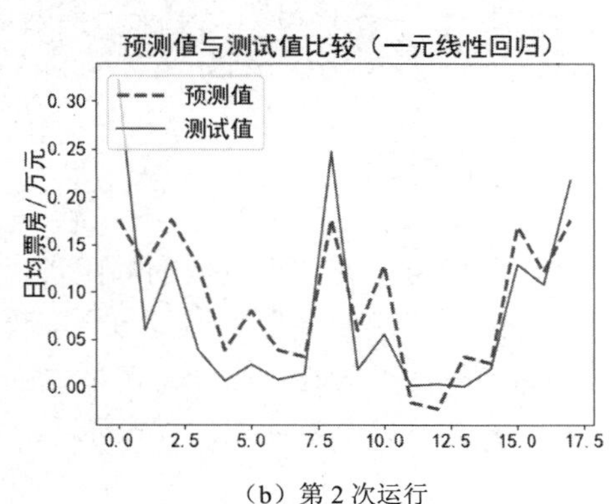

（b）第 2 次运行

图 3.8　训练集对结果的影响

本任务主要使用 Sklearn 中的方法将已有的数据划分为训练集和测试集，并初步评估模型的优劣。我们随机抽取 80%的数据来做训练，20%的数据用来判断模型的准确性，并使用 Sklearn 的数据预处理模块中的函数实现了数据集的切分。

学一学：必须知道的知识点

train_test_split()是在 sklearn.cross_validation 模块中用来随机划分训练集和测试集，并返回划分好的训练集、测试集样本和训练集、测试集标签的函数。train_test_split()是交叉验证中常用的函数，功能是从样本中随机按比例选取训练数据和测试数据，其官方定义如下。

```
sklearn.model_selection.train_test_split
          (*arrays, **options)
```

train_test_split()函数的主要参数说明如表 3.1 所示。

表 3.1　train_test_split()函数的主要参数说明

序号	参数名	类型	默认值	说明
1	test_size	浮点型、整型或 None	None	测试样本占比，当值为整型时，就是样本的数量；当值为 None 时，test_size 自动设置成 0.25
2	train_size	浮点型、整型或 None	None	训练样本占比，当值为整型时，就是样本的数量；当值为 None 时，train_size 自动设置成 0.75
3	random_state	整型、RandomState 实例或 None	None	随机数的种子。当值为 None 时，每次生成的数据都是随机的，可能不一样；当为整型时，每次生成的数据都相同

需要注意 random_state 参数。随机数种子其实就是该组随机数的编号，在需要重复进行试验的时候，用于保证可以得到一组一样的随机数。每次都填 1，在其他参数一样的情况下，得到的随机数是一样的；填 0 或不填，每次得到的随机数都会不一样。随机数的产生取决于种子，随机数和种子之间的关系遵循两个规则：种子不同，产生不同的随机数；种子相同，即使实例不同也会产生相同的随机数，使得结果可以重复出现。

任务 2　使用多项式回归分析方法对日均票房进行预测

3.2.1　多项式回归

微课：项目 3 任务 2-多项式回归分析方法的应用.mp4

线性回归模型有一个主要的局限性：它只能把输入数据拟合成直线。而多项式回归模型可通过拟合多项式方程来解决这个问题，从而提高模型的准确性。在一元多项式回归中，因变量 Y 与自变量 X 的关系可以用一个多项式方程表示：

$$Y = b_0 + b_1X + b_2X^2 + \cdots + b_mX^m$$

从式中可以看出，m 的取值，影响了需要训练的参数个数及模型的复杂度。

动一动

根据放映天数，使用多项式回归分析方法分析和预测电影的日均票房，并用图表的形式展现所得到的模型与任务单 3-1 所得到的模型之间的异同。

任务单

任务单 3-5　使用多项式回归分析方法对日均票房进行预测

学号：______________ 姓名：______________ 完成日期：______________ 检索号：______________

任务说明

基于放映天数构造多项式特征，并使用 Sklearn 中的线性模型实现多项式回归分析。

引导问题

想一想

（1）线性回归与多项式回归的本质区别是什么？

（2）在 Sklearn 中如何实现多项式回归？在实现方法上，多项式回归与线性回归有何不同？

（3）在 Sklearn 中，线性回归与多项式回归的实现方法又有何共通之处？

重点笔记区

任务评价

评价内容	评价要素	分值	分数评定	自我评价
1．任务实施	数据预处理： 记录使用的 degree 参数值_______	4 分	包导入正确得 1 分，能正确构造多项式特征得 2 分，能正确设置 degree 参数值得 1 分	
	模型训练	1 分	代码正确且能顺利执行得 1 分	
	模型展现	3 分	原始数据展现完整得 1 分，结果展现清晰得 1 分，结果展现线性回归模型得 1 分	
2．模型评估	分析模型的准确性，并得出评估报告	1 分	准确率有提升得 1 分	
3．任务总结	依据任务实施情况得出结论	1 分	结论切中本任务的重点得 1 分	
合　计		10 分		

任务解决方案关键步骤参考

步骤一：使用多项式回归分析方法分析和预测电影的日均票房，并比较其与任务单 3-1 中所使用的一元线性回归分析方法的异同，代码如下。

```
from sklearn.preprocessing import PolynomialFeatures
x = df[['放映天数']]
y = df[['日均票房/万元']]
# 初始化线性回归模型
regr = linear_model.LinearRegression()
# 线性回归模型拟合
regr.fit(x, y)

# 初始化线性回归模型
polymodel = linear_model.LinearRegression()
# 构造多项式特征
poly = PolynomialFeatures(degree = 3)
xt = poly.fit_transform(x)
polymodel.fit(xt, y)

plt.title('放映天数与日均票房关系图（线性回归与多项式回归）')
plt.xlabel('放映天数')
plt.ylabel('日均票房/万元')
plt.scatter(x, y, color='black' , label = "原始数据")
plt.scatter(x, regr.predict(x), color='red',linewidth=1,label="线性回归", marker = '*')
plt.scatter(x, polymodel.predict(xt), color='blue',linewidth=1,label="多项式回归",
marker = '^')
plt.legend(loc=2)
plt.show()
```

步骤二：运行代码，结果如图 3.9 所示。

步骤三：从感观上说一说线性回归与多项式回归的优劣。

步骤四：归一化与可视化进阶，结果如图 3.10 所示。

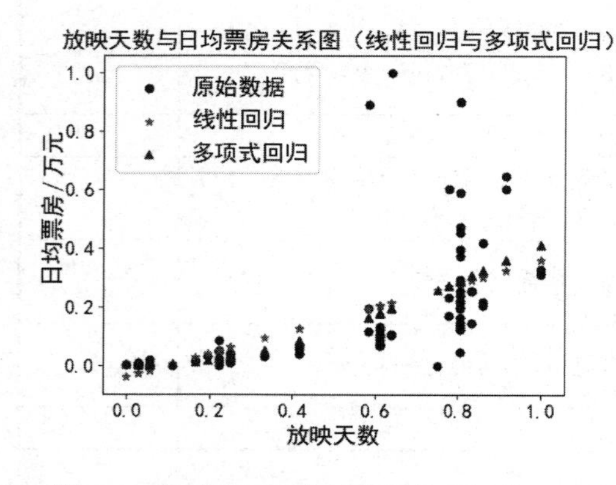

图 3.9　多项式回归分析结果的可视化（1）

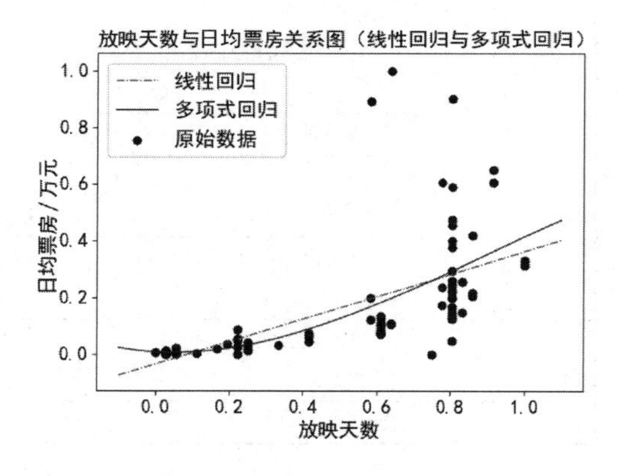

图 3.10　多项式回归分析结果的可视化（2）

可视化进阶的参考代码如下。

```
plt.title('放映天数与日均票房关系图（线性回归与多项式回归）')
plt.xlabel('放映天数')
```

```
plt.ylabel('日均票房/万元')

x_min = x.values.min()- 0.1
x_max = x.values.max()+ 0.1
# 定义一个一列的数组，最小值是 x_min，最大值是 x_max，步长是 0.005
x_new = np.arange(x_min,x_max,0.005).reshape(-1, 1)
xt_new = poly.fit_transform(x_new)
# 画出原始数据
plt.scatter(x, y, color='black', label = "原始数据")
# 线性回归模型结果的可视化
plt.scatter(x_new, regr.predict(x_new), color='red', s=2,linewidth=1,label="线性回归")
# 多项式回归模型结果的可视化
plt.scatter(x_new, polymodel.predict(xt_new),s=2, color='blue',linewidth=1,label=
"多项式回归")
# 在左上角显示图例
plt.legend(loc=2)
plt.show()
```

学一学：必须知道的知识点

1）认识多项式回归

研究一个因变量与一个或多个自变量之间多项式的回归分析方法，称为多项式回归。多项式回归模型也可以是线性回归模型的一种，此时，回归函数关于回归系数是线性的。由于任意函数都可以用多项式逼近，因此多项式回归有着广泛应用。

2）Sklearn 中多项式回归的 PolynomialFeatures()函数

PolynomialFeatures()可以理解为专门用于生成多项式特征的函数。其生成的多项式包含的是相互影响的特征集。比如，一个输入样本是二维的，形式如[a,b]，则由 PolynomialFeatures()函数生成的二阶多项式的特征集为$[1,a,b,a^2,ab,b^2]$。该函数的官方定义如下。

```
PolynomialFeatures(degree=2, interaction_only=False, include_bias=True)
```

其中，参数 degree 的类型是整型，表示多项式阶数，默认值为 2；参数 interaction_only 的类型是布尔型，默认值为 False，如果它的值为 True，则会产生相互影响的特征集；参数 include_bias 的类型是布尔型，表示是否包含偏差列。

3.2.2 degree 参数的设置

在 3.2.1 节任务的代码中，我们将 degree 的值设置成了 3。试想 degree 的取值对预测结果有何影响，应该如何设置？

动一动

修改 degree 的取值，分析模型变化，了解多项式回归分析中 degree 参数的作用。

任务单

任务单 3-6　多项式回归分析中 degree 参数取值分析

学号：________ 姓名：________ 完成日期：________ 检索号：________

任务说明

修改多项式特征的最高幂次，即为 3.2.1 节任务中 degree 参数设置不同的值，分析 degree 的取值对预测结果的影响。

引导问题

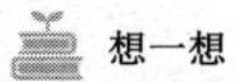
想一想

（1）degree 参数有何意义？应该如何取值？

（2）如何评估 degree 参数对模型的影响？

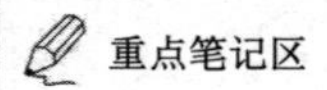
重点笔记区

任务评价

评价内容	评价要素	分值	分数评定	自我评价
1. 任务实施	数据预处理： 记录所使用的 degree 参数值：________	2 分	为 degree 参数分别设置 4 个值，并能较好地区分 degree 的取值对预测结果的影响，每项得 0.5 分	
	模型训练	1 分	代码正确且能顺利执行得 1 分	
	模型展现	4 分	会使用子图展现模型得 1 分；展现结果完整得 1 分；每个子图得 0.5 分，共 4 个子图	
2. 模型评估	分析模型的准确性，并写出最优 degree 参数值：________	2 分	不存在过拟合现象得 2 分	
3. 任务总结	依据任务实施情况得出结论	1 分	结论切中本任务的重点得 1 分	
合　计		10 分		

任务解决方案关键步骤参考

不同取值的 degree 参数的预测结果示例如图 3.11 所示。

步骤一：编写 degree 参数取值为 1 时的代码，参考示例如下。

```
poly1 = PolynomialFeatures(degree = 1)
xt1 = poly1.fit_transform(x)
polymodel1 = linear_model.LinearRegression()
polymodel1.fit(xt1, y)
x_new = np.arange(x_min,x_max,0.005).reshape(-1, 1)
xt_new1 = poly1.fit_transform(x_new)
fig = plt.figure()
```

```
degree1 = fig.add_subplot(2,2,1)
degree1.scatter(x, y, color='black')
degree1.scatter(x_new, polymodel1.predict(xt_new1), s=2, color='green',linewidth=1)
degree1.set_title('degree = 1')
plt.show()
```

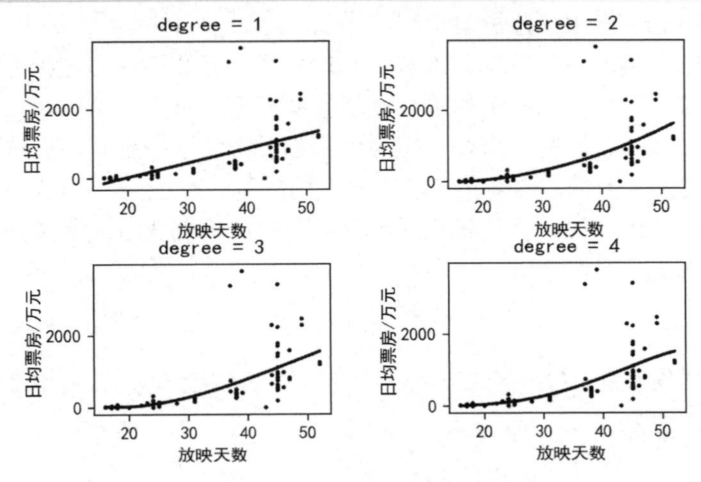

图 3.11　不同取值的 degree 参数的预测结果示例

步骤二：使用循环语句精简代码，通过 4 个子图展现结果，参考代码如下。

```
fig = plt.figure()
for i in range(4):
    poly = PolynomialFeatures(degree = i+1)
    xt = poly.fit_transform(x)
    polymodel = linear_model.LinearRegression()
    polymodel.fit(xt, y)
    x_new = np.arange(x_min,x_max,0.005).reshape(-1, 1)
    xt_new = poly.fit_transform(x_new)
    degree = fig.add_subplot(2, 2, i+1)
    degree.scatter(x, y, color='black')
    degree.scatter(x_new, polymodel.predict(xt_new), s=1, color='blue',linewidth=1)
    degree.set_title('degree = ' + str(i+1))
plt.tight_layout()
plt.show()
```

任务 3　使用多元线性回归分析方法对电影评分进行预测

3.3.1　多元线性回归

微课：项目 3 任务 3-多元线性回归分析方法的应用.mp4

事实上，一种现象常常是与多个因素相联系的，用多个自变量的最优组合来预测或估计因变量，比只用一个自变量进行预测或估计更有效，更符合实际。因此多元线性回归分析方法比一元线性回归分析方法的实用价值更大。在回归分析中，如果有两个或两个以上的自变量，则称为多元回归。

在电影产业中，一部电影的评分可能与多个因素相关。假设评分与电影的日均票房、放映天数、影片类型（此处我们仅关注是否为爱情片）等因素有关，就需要使用多元线性回归分析方法对评分进行相关分析与预测。

多元线性回归分析方法的基本原理和计算过程与一元线性回归分析方法的相同，但由于其自变量个数多，因此不同变量的单位处理就显得尤为重要。例如，在消费水平的关系式中，教育程度、职业、地区、家庭负担等因素都会影响消费水平，而这些影响因素（自变量）的单位显然是不同的，需要将各个自变量的单位进行统一。3.1.3 节学到的归一化处理就有这个功能，具体地说，就是将包括因变量在内的所有变量的单位都先转化到一个范围区间内，再进行线性回归分析。

动一动

根据电影的日均票房、放映天数、影片类型（是否为爱情片），使用多元线性回归模型来分析与预测电影评分。

任务单

任务单 3-7　使用多元线性回归分析方法对电影评分进行预测

学号：______________姓名：______________完成日期：______________检索号：______________

任务说明

分析不同因素对电影评分的影响，将多个元素输入线性回归模型中进行训练，使用模型对电影评分进行分析与预测。

引导问题

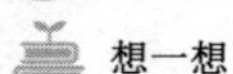

想一想

（1）多元线性回归与一元线性回归的本质区别是什么？

（2）多元线性回归与一元线性回归在具体实现上有何异同？

（3）在电影数据中各个自变量的单位显然是不同的，因此自变量系数的大小并不能说明该因素的重要程度。简单来说，同样为票房，用元作为单位就比用万元作为单位所得的回归系数要小，但是票房水平对电影评分的影响程度并没有变。一般地，会将各个自变量的单位进行归一化处理。那么，自变量数值的单位大小对结果是否有影响？

（4）如何解释各个影响因素回归系数取值的不同？

（5）如何提升预测准确率？从先验知识入手，试想可否从其他维度预测电影评分？

（6）回归模型适用于哪些情境？

（7）如果让你去投拍电影，你会选择投拍什么类型的电影？

（8）当自变量较多时，使用什么样的可视化手段展现并比较不同模型之间的优劣？

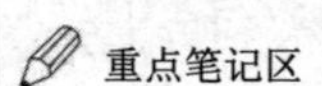

重点笔记区

任务评价

<table>
<tr><th>评价内容</th><th>评价要素</th><th>分值</th><th>分数评定</th><th>自我评价</th></tr>
<tr><td rowspan="3">1．任务实施</td><td>数据读取与预处理</td><td>4 分</td><td>数据读取正确得 1 分，数据类型正确得 1 分，正确处理影片类型得 1 分，数据集被正确切分得 1 分</td><td></td></tr>
<tr><td>模型训练</td><td>1 分</td><td>代码正确且能顺利执行得 1 分</td><td></td></tr>
<tr><td>模型展现</td><td>1 分</td><td>模型参数能正确显示得 1 分</td><td></td></tr>
<tr><td>2．模型评估</td><td>展现模型结果，并得出评估报告</td><td>3 分</td><td>能展现预测结果得 1 分，正确展现评估结果得 1 分，不存在预测值与测试值相差较大的情况得 1 分</td><td></td></tr>
<tr><td>3．任务总结</td><td>依据任务实施情况得出结论</td><td>1 分</td><td>结论切中本任务的重点得 1 分</td><td></td></tr>
<tr><td colspan="2">合　计</td><td>10 分</td><td></td><td></td></tr>
</table>

任务解决方案关键步骤参考

步骤一：数据准备，从文件中读取数据，并整理需要的数据源。示例代码如下。

```
# 读取数据
df = pd.read_csv('film.txt', delimiter=';')
df =df[['影片类型','上映时间','闭映时间', '票房/万元','评分/分']]
# 数据清洗
df = df.dropna()
df = df.drop_duplicates()
# 数据整理
df['上映时间'] = pd.to_datetime(df['上映时间'])
df['闭映时间'] = pd.to_datetime(df['闭映时间'])
df['放映天数'] =(df['闭映时间'] - df['上映时间']).dt.days + 1
df['票房/万元'] = df['票房/万元'].astype(float64)
df['日均票房/万元'] = df['票房/万元']/df['放映天数']
df['评分/分'] = df['评分/分'].astype(float64)
df['是否为爱情片']= df['影片类型'].str.contains('爱情').astype(str)
name_to_type = {'True':'1','False':'0'};
df['影片类型（爱情）']=df['是否为爱情片'].map(name_to_type);
df.head()
```

多元线性回归模型的数据源如图 3.12 所示。

	影片类型	上映时间	闭映时间	票房/万元	评分/分	放映天数	日均票房/万元	是否为爱情片	影片类型（爱情）
1	爱情/动作/喜剧	2015-03-27	2015-04-12	192.0	4.5	17	11.294118	True	1
2	青春/校园/爱情	2015-07-10	2015-08-23	37900.8	4.0	45	842.240000	True	1
3	爱情/励志/喜剧	2015-12-20	2016-01-31	9.8	2.5	43	0.227907	True	1
4	动作/古装/剧情/历史	2015-02-19	2015-04-06	74430.2	5.9	47	1583.621277	False	0
5	都市/浪漫/爱情/喜剧	2015-07-03	2015-07-19	21.7	2.9	17	1.276471	True	1

图 3.12　多元线性回归模型的数据源

步骤二：编写如下代码，实现多元线性回归分析。

```
# 切分训练集和测试集
x_train, x_test,y_train, y_test=train_test_split(df[['影片类型（爱情）','放映天数','
日均票房/万元']],df[['评分/分']],train_size=0.8, test_size=0.2)
# 建立线性回归模型
regr = linear_model.LinearRegression()
# 数据拟合
regr.fit(x_train, y_train)
# 系数、截距
print('系数:',regr.coef_)
print('截距:',regr.intercept_)
# 用 regr 对 x_test 数据集进行预测，并将返回的结果赋给 y_pred
y_pred = regr.predict(x_test)
plt.plot(range(len(y_pred)),y_pred,'red', linewidth=2.5,label=u"预测值",linestyle=
'--')
plt.plot(range(len(y_test)),y_test,'green',label=u"测试值")
plt.legend(loc=2)
plt.ylabel('评分/分')
# 显示预测值与测试值曲线
plt.show()
```

步骤三：运行代码，结果如图 3.13 所示，其中，横坐标表示数据项的编号。

```
系数: [[-1.93644687e+00 -1.29725765e-02 4.03645528e-04]]
截距: [6.50362603]
```

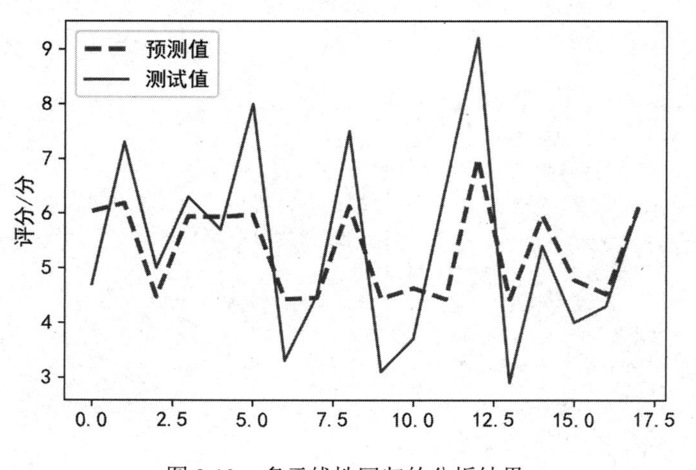

图 3.13 多元线性回归的分析结果

3.3.2 标签映射

微课：项目 3 任务 3-标签映射.mp4

在数据分析中，经常需要处理各种各样的标签。这些标签可能是数字，也可能是有意义的单词、文字等。如果是数字，那么算法可以直接使用它们。但是，在多数情况下，标签通常会以有意义、人们可以理解的形式存在于原始数据集中。比如，影片类型的数据为爱情、动作等。标签映射的作用是把这些文字转换成数值形式，让算法懂得如何操作标签。

sklearn.preprocessing.LabelEncoder()函数用于对不连续的数字或文字进行编号，将标签值统一转换为从 0 到标签值个数减 1 范围内的数值。那么，可以对任务单 3-7 中映射的复杂代码进行简化。LabelEncoder()标签编码转换的使用代码如下。

```
from sklearn import preprocessing

# 对影片类型进行数值化处理
le = preprocessing.LabelEncoder()
new_df['影片类型（爱情）'] = le.fit_transform(new_df['是否为爱情片'])
```

拓展实训：回归分析应用

【实训目的】

通过本次实训，要求学生进一步掌握数据分析与挖掘流程和 Python 数据分析常用包（Pandas、NumPy、Matplotlib）的使用方法，并掌握 Sklearn 中对于数据集切分、数据预处理、回归分析方法的使用。

【实训环境】

Python 3.7、Pandas、NumPy、Matplotlib、Sklearn。

【实训内容】

一个完整、充分的数据分析与挖掘流程主要包括以下步骤。

- 收集/观察数据。
- 探索和准备数据。
- 基于数据训练模型。
- 评估模型的性能。
- 提高模型的性能。

在接下来的实训中，将按照以上步骤对数据进行分析与预测。

应用拓展：薪资数据相关性分析

（1）已知“salary.csv”文件中存储了工龄与平均工资数据，使用一元线性回归分析方法实现平均工资预测，如图 3.14 所示。

（2）使用多项式回归分析方法实现平均工资预测，令参数 degree =3，结果如图 3.15 所示。

（3）数据集切分：将平均工资数据集切分为训练集与测试集，比例为 7∶3。试比较线性回归与多项式回归的预测准确率。结果如图 3.16 所示。

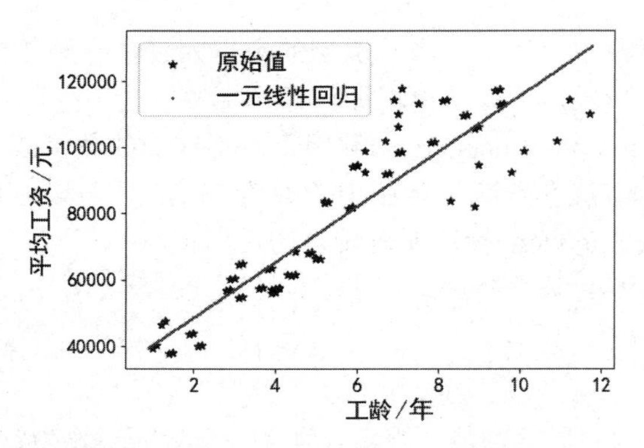

图 3.14　工龄与平均工资的一元线性回归分析

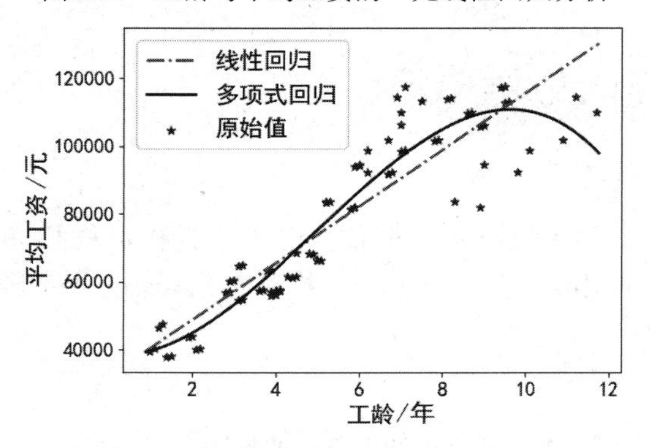

图 3.15　工龄与平均工资的多项式回归分析

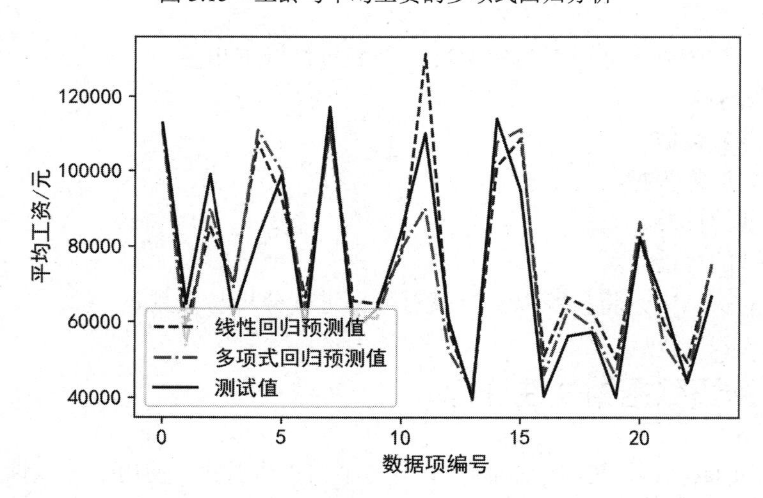

图 3.16　线性回归与多项式回归的预测准确率对比

（4）使用多项式回归分析方法进行分析，当给 degree 参数赋予不同的值时，试比较结果有何区别。查一查并回答什么是过拟合。

（5）根据性能、结果的准确率进行评估并比较线性回归分析方法与多项式回归分析方法的优劣。

（6）观察训练集对预测结果准确率的影响程度，谈谈数据集大小对结果的影响。

（7）生活中的哪些场景还可以使用线性回归分析方法进行分析与预测？

进阶拓展：电影数据回归分析

1）多项式回归进阶分析

针对任务单 3-6 中的结果，对参数进行调整，提高预测结果准确率。

2）多元线性回归进阶分析

在任务 3 中使用多元线性回归时，主要分析了电影的日均票房、放映天数、影片类型（是否为爱情片）与电影评分的相关性。读者可以尝试分析导演、演员等因素对电影评分的影响，看能否找到更合适的评分预测模型。

项目考核

【选择题】

1．读取 CSV 文件中的数据用（　　）包。

A．Sklearn　　B．Matplotlib　　C．Pandas　　D．pylab

2．在进行一元线性回归分析时，可以引入（　　）包来实现。

A．Pandas　　B．matplotlib.pyplot

C．pylab　　D．Sklearn

3．LinearRegression 类在 Sklearn 的（　　）模块中。

A．line_model　　B．linear_model

C．linear_regression　　D．preporcessing

4．matplotlib.pyplot 中的 legend(loc=2)用于画图例，其中，参数 loc 用于指定图例的位置，2 表示图例的位置在（　　）。

A．左上角　　B．右上角　　C．左下角　　D．右下角

5．在 matplotlib.pyplot 中，scatter()函数的（　　）参数用来定义标记样式。

A．alpha　　B．cmap　　C．marker　　D．shape

6．在 Sklearn 中，LinearRegression、minmax_scale、train_test_split 类分别属于（　　）模块。

① linear_model　② preprocessing　③ model_selection　④ datasets

A．①、②、③　　B．①、③、②

C．③、①、②　　D．①、②、④

7．变量之间的关系可以分为（　　）两大类。

A．函数关系与相关关系　　B．线性相关关系和非线性相关关系

C．正相关关系和负相关关系　　D．简单相关关系和复杂相关关系

8．相关关系是指（　　）。

A．变量之间的非独立关系　　B．变量之间的因果关系

C．变量之间的函数关系　　D．变量之间不确定性的依存关系

9．minmax_scale()函数用于对数据范围进行缩放，它属于 Sklearn 中的（　　）模块。

A．linear_model　　B．model_selection

C．preprocessing　　D．dataprocessing

10．机器学习方法分为（　　）。[多选题]

A．监督学习　　B．无监督学习　　C．半监督学习　　D．强化学习

E．深度学习　　F．神经网络

11．在训练模型时，需要对数据集进行切分，一般可以切分为（　　）。[多选题]

A．训练集　　B．测试集　　C．验证集　　D．修正集

【填空题】

1．LinearRegression 类将训练好的模型分为________个部分进行存放，分别是________________和__________________。（填写对应的属性名）

2．Sklearn 中的 preprocessing 类主要用于__________________。（作用）

3．LinearRegression 类中的调用函数为 fit(x, y, sample_weight=None)，传入的参数 x、y 和 sample_weight 分别是___________、__________和______________类型。

4．本项目使用的机器学习包的全名是___________。在导入该机器学习包时，使用___________。

5．查找并写出对应的英文名称：

机器学习___________、监督学习___________、分类___________、回归___________、聚类___________、降维___________、线性回归___________。

6．Sklearn 支持___________、___________、___________、___________等模块的应用。

7．在 Sklearn 中，机器学习方法在训练模型时，常调用___________函数，在预测时调用___________函数。

8．使用 Sklearn 中的 LinearRegression 类训练好的线性模型，系数存于___________属性中，截距存于___________属性中。

9．在 Sklearn 中，构造多项式特征 PolynomialFeatures 类属于___________模块。

10．___________是将有量纲的表达式转换为无量纲的表达式，使其成为标量。

11．在数据集中，___________集用来检验最终选择的模型的性能；___________集用来做模型选择，即模型的最终优化及确定，用来辅助模型构建，是可选的。

【代码填空题】

1．为已有的 df 二维数据表（DataFrame）产生如图 3.17 所示的用线框框住的新数据列。

	影片类型	上映时间	闭映时间	票房/万元	评分/分	放映天数	日均票房/万元	是否为爱情片	影片类型（爱情）	爱情
1	爱情/动作/喜剧	2015-03-27	2015-04-12	192.0	4.5	17	11.294118	True	1	1
2	青春/校园/爱情	2015-07-10	2015-08-23	37900.8	4.0	45	842.240000	True	1	1
3	爱情/励志/喜剧	2015-12-20	2016-01-31	9.8	2.5	43	0.227907	True	1	1
4	动作/古装/剧情/历史	2015-02-19	2015-04-06	74430.2	5.9	47	1583.621277	False	0	0
5	都市/浪漫/爱情/喜剧	2015-07-03	2015-07-19	21.7	2.9	17	1.276471	True	1	1

图 3.17　产生新数据列

补全下述代码，实现上述功能：

```
df['是否为爱情片']= df['影片类型'].str._______('爱情').astype(str)
name_to_type = {'_______':'1','_______':'0’ };
df['影片类型（爱情）']=df['是否为爱情片']._______(name_to_type);
```

2．补全以下代码：

```
from sklearn import preprocessing
# 对影片类型进行数值化处理
le = preprocessing._______()
new_df['影片类型（爱情）'] = le._______(new_df['是否为爱情片'])
```

3．补全以下代码：

```
from sklearn._______ import _______
#切分训练集和测试集
x_train, x_test, y_train, y_test = train_test_split(df[['放映天数']], df[['日均票房/万元']], _______=0.8, test_size = 0.2)
```

【判断题】

1．多元线性回归使用 Sklearn 中的 LinearRegression 类训练出的模型，其系数是多维的，截距也是多维的。（　　）

2．DataFrame 中的两列数据分别为 datetime 类型，相减后得到的值为数值型。（　　）

3．任何一种数据标准化的方法放在任意一个模型中，都能提高算法精度和加速收敛。（　　）

4．Sklearn 中的 minmax_scale()函数将使用线性化的方法将数据转换到[0,1]的范围，归一化公式如下：

$$X_{\text{norm}} = \frac{X - X_{\min}}{X_{\max} - X_{\min}}$$

式中，X_{norm} 为归一化后的数据，X 为原始数据，$X_{\max}$、$X_{\min}$ 分别为原始数据集中的最大值和最小值。（　　）

5．任意一个函数在一个较小的范围内都可以用多项式去任意逼近，因此多项式回归常用在比较复杂的实际问题中。（　　）

6．多项式回归是在线性回归基础上进行改进的，相当于为样本再添加特征项。从这个角度上讲，多项式回归模型是线性回归模型的一种。（　　）

7．线性回归实际上对多项式回归来说，在表示上是 degree=0 的一种特殊情况。（　　）

8．多元线性回归是指有多个自变量，自变量之间可以不独立。（　　）

【简答题】

1．在多项式回归中，degree 参数有什么作用？

2．mpl.rcParams['font.sans-serif'] = ['SimHei']有什么作用？

3．为什么需要对输入数据进行归一化处理，或者说，进行归一化处理有什么好处？

4．谈一谈多项式回归分析中的过拟合现象。

【参考答案】

【选择题】

题号	1	2	3	4	5	6	7	8	9	10	11
答案	C	D	B	A	C	A	A	D	C	ABCD	ABC

【填空题】

1．两/2/二；coef_/系数；intercept_/截距。

2．数据预处理。

3．矩阵；矩阵；数组。

4．scikit-learn；import sklearn。

5．Machine Learning；Supervised Learning；Classification；Regression；Clustering；Dimensionality Reduction；Linear Regression。

6．分类；回归；聚类；降维。

7．fit()；predict()。

8．coef_；intercept_。

9．preprocessing。

10．归一化处理。

11．测试；验证。

【代码填空题】

1．contains；True；False；map。

2．LabelEncoder；fit_transform。

3．model_selection；train_test_split；train_size。

【判断题】

题号	1	2	3	4	5	6	7	8
答案	错	错	错	对	对	对	错	错

【简答题】

1．答：degree 参数是多项式的最高幂次，degree 参数值越大，拟合度越高，但复杂度也越高。

2．答：设置图表中文显示的字体。

3．答：机器学习的本质就是学习数据分布，一旦训练数据与测试数据的分布不同，模型的泛化能力就会大大降低，所以需要对输入数据进行归一化处理，从而使训练数据与测试数据的分布相同。

4．答：多项式方程的次方数越大，对数据的拟合度越高，但增加多项式方程的次方数也会增加模型的复杂度。如果模型的载荷过高可能会导致过拟合。在这种情况下，模型会变得非常复杂，与训练数据拟合得很好，但是，在新的样本数据上表现很差。而机器学习的目标不仅仅是创建一个在训练数据上表现强劲的模型，还期望模型在新的样本数据上同样表现出色。degree 参数的取值，需要根据情况进行选择，以防止过拟合现象的产生。

项目4

性别与肥胖程度分类分析

项目描述

性别是一个涵盖了生物、社会、心理等学科的综合概念，包括两个方面：一是由染色体决定的生物解剖学性征差异，即生理性别；二是由社会的性别角色划分、身体规范等产生的性别差异，即社会性别。

一个人的性别身份指人们对自己性别的认知。性别身份包括一个人所拥有的与性别相关的统一、持续、一贯的特征，涵盖全面的人格范畴。我们不仅需要认识到性别平等的重要性，还需要了解如何看待性别不平等、性别刻板印象和偏见带来的负面影响，以及如何建立基于性别平等的关系。

同时，我们也要正视因性别不同所引起的差异。就身高和体重而言，可以说，女性在20岁臻于成熟，而男性在20岁时却正处于发展阶段。所以，男性和女性的标准身高、体重也是有所不同的，一般正常发育的成年男性要比同龄同条件的成年女性高约10%。

基于以上认知，本项目将基于采集的年龄、身高、体重和性别等数据进行性别判定，并进一步完成肥胖程度分析。

学习目标

知识目标

- 掌握机器学习、监督学习、分类的基本概念[①]；
- 掌握逻辑回归、朴素贝叶斯、决策树、支持向量机等分类分析方法及相关参数的意义[②]；
- 进一步掌握数据分析与挖掘的流程，加深对模型建立与分析过程的理解；

---

① 详细内容可参考《大数据分析与应用开发职业技能等级标准》中级5.1.1/5.1.2。

② 难点：详细内容可参考《国家职业技术技能标准——大数据工程技术人员（2021年版）》高级6.2.2。

- 进一步掌握数据分析与挖掘常用包（如 NumPy、Pandas、Sklearn、Matplotlib 等）的使用方法；（重点）
- 掌握模型评估报告的生成方法并理解各项具体指标的含义。

能力目标

- 会使用 Sklearn 中的 LogisticRegression、GaussianNB、DecisionTreeClassifier、SVC 等算法实现分类分析①；
- 会调整分类模型的参数实现分类效果的优化②；
- 会使用散点图、折线图展现不同因素之间的关系。

素质目标

- 尊重两性差异，结合“三观”教育促进个体自由、全面发展；
- 帮助学生建立性别自信和完善人格，提供更宽广的社会角色发展方向和职业规划；
- 引入行业名人的事迹，通过榜样力量激发学生的科技报国之心。

任务分析

分类是一种基本的数据分析方式，根据数据对象的特点，可将其划分为不同的部分和类型，从而进一步分析能够挖掘事物的本质。本项目基于给定的数据文件，利用有标签的数据进行监督学习，即输入身高、体重数据，输出性别。其核心任务在于训练模型，使其能够根据给定的身高、体重数据，做出性别的判定，主要包含以下明细任务。

（1）数据读取与加载：使用 Pandas 工具包从 CSV 文件中读取数据，并使用正确的数据结构进行存储，以方便后期的加工与处理。

（2）数据预处理：显示加载好的数据，并检查各列数据的完整性和正确性。如果有“脏数据”，则需要做好清洗工作。同时，结合分析需要，利用 Sklearn 的数据预处理模块，进行身高、体重数据的归一化处理，以及性别标签映射等准备工作。

（3）使用不同的分类方法做性别分类：分类有许多种方法，包括监督学习与无监督学习。我们可以利用监督学习方法将给定的训练数据（带有性别标签）作为输入来训练模型，以便对新输入数据进行正确分类。常见的监督学习方法包括逻辑回归、朴素贝叶斯、决策树、支持向量机等。Sklearn 中的 linear_model、naive_bayes、tree、svm 等模块均已实现相应的分类方法。这些模块的调用形式基本一致，训练使用 fit()函数，预测使用 predict()函数。

（4）模型评估：基于得到的分类模型，利用测试集对各模型进行评估。在 Sklearn 的 metrics 模块下，函数 classification_report()可以生成分类评估报告帮助用户分析不同方法的优劣。

（5）拓展应用：基于原有的数据和方法，对肥胖程度进行分类分析。

---

① 重点：详细内容可参考《大数据分析与应用开发职业技能等级标准》中级 5.3.2。

② 难点：详细内容可参考《国家职业技术技能标准——大数据工程技术人员（2021 年版）》中级 6.3.3。

相关知识基础

微课：项目4相关知识基础-机器学习.mp4

1）机器学习

机器学习（Machine Learning）是对研究问题进行模型假设，利用计算机从训练数据中学习得到模型参数，并最终对数据进行预测和分析的一门学科。项目3中的回归分析就是其中一种机器学习方法的应用。常用的机器学习方法包括监督学习（Supervised Learning）、无监督学习（Unsupervised Learning）、半监督学习（Semi-supervised Learning）和强化学习（Reinforcement Learning）4种，如图4.1所示。传统机器学习方法中的监督学习又分为分类和回归。分类和回归几乎涵盖了现实生活中所有的数据分析情况，两者的区别主要在于我们关心的预测值是离散的还是连续的。分类针对的是离散的数据，而回归针对的是连续的数据。

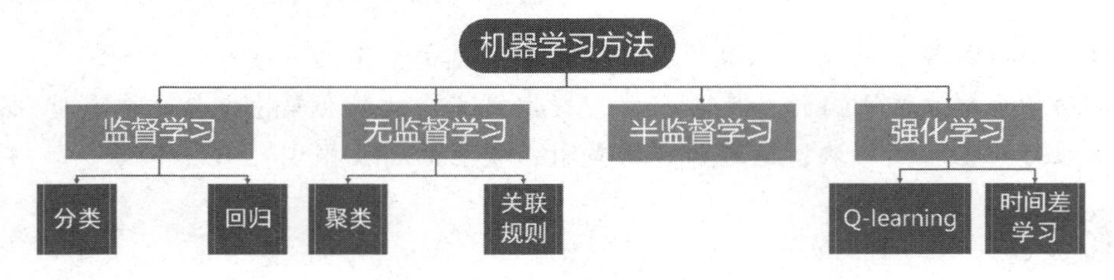

图4.1　常用的机器学习方法

例如，预测明天是否下雨就是一个分类问题，因为预测结果只有两个值：下雨和不下雨（离散的）；预测中国未来的国内生产总值（GDP）就是一个回归问题，因为预测结果是一个连续的数据。在某些情况下，通过把连续的数据进行离散化处理，回归问题就可以转化为分类问题。

2）监督学习

监督学习是指使用已知正确答案的示例来训练模型。假设我们需要训练一个模型，让其从照片库中（其中包含自己的照片）识别出自己的照片，那么图4.2显示了在这个假设场景中所要采取的监督学习的应用步骤。

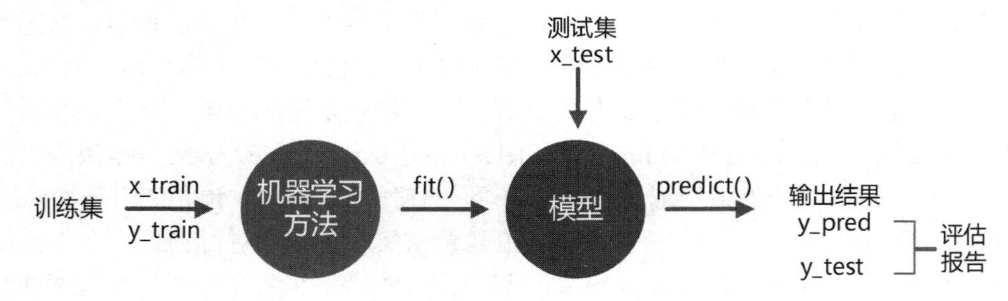

图4.2　监督学习的应用步骤

步骤一：数据集的创建和分类。

首先我们要浏览所有的照片（数据集），确定其中包含自己的照片，并对其进行标记。然后把所有照片分成两个部分。使用第一部分（训练集）来训练模型，使用第二部分（验证集、测试集）来查看训练好的模型在选择照片操作上的准确度。

数据集准备就绪后，将照片提供给模型。在数学上，我们的目标就是在模型中找到一个函数，这个函数的输入是一张照片，而当自己的照片不在照片库中时，其输出为 0，否则输出为 1。

此步骤通常称为分类任务（Categorization Task）。在这种情况下，我们进行的通常是一个结果为是或否的训练。当然，监督学习也可以用于输出一组值，而不仅仅是 0 或 1。例如，我们可以用它来输出一个人偿还信用卡贷款的概率，在这种情况下，输出值就是 0～100 的任意值。我们将这些任务称为回归。

步骤二：训练。

既然我们已经知道哪些照片是包含自己的，那么可以告诉模型它的预测是对还是错的，并将这些信息反馈（Feed Back）给模型。

监督学习使用的这种反馈，就是一个量化“真实答案与模型预测有多少偏差”结果的函数。这个函数称为成本函数（Cost Function），也称为目标函数（Objective Function）、效用函数（Utility Function）或适应度函数（Fitness Function）。该函数的结果可用于修改一个反向传播（Backpropagation）过程中节点之间的连接强度和偏差，因为信息从结果节点“向后”传播。每张照片都重复此操作。在训练过程中，算法都在尽量地最小化偏差。

步骤三：验证。

模型训练好后，就可以测试该模型了。我们应充分利用好第二部分照片，使用它们来验证训练出的模型是否可以准确地挑选出包含自己在内的照片。

步骤四：使用。

有了一个准确的模型后，就可以将模型部署到应用程序中。可以将模型定义为 API 调用，从软件中调用该模型，使用模型进行推理并给出相应的结果。针对不同的应用（回归和分类），常用的监督学习如图 4.3 所示。

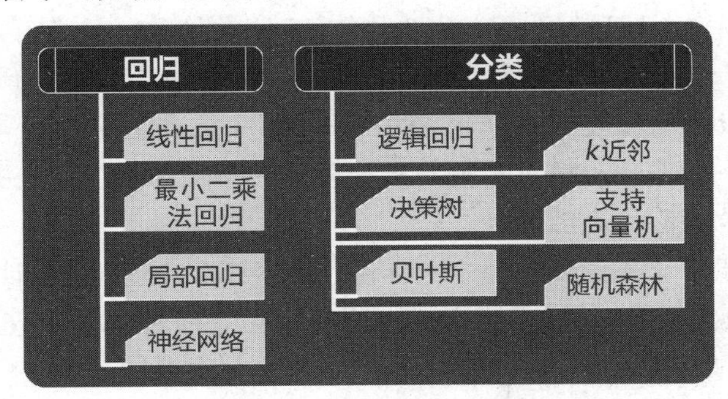

图 4.3 常用的监督学习

然而，有时要得到一个标记好的数据集可能需要付出很高的代价。因此，只有确保预测的价值能够超过获得标记数据的成本才是值得的。例如，获得可能患有癌症的人的标签需要使用 X 射线，这种代价是非常高的。因此，当数据标记变得不可行或代价昂贵时，我们可以使用无监督学习。

无监督学习适用于有数据集但无标签的情况。无监督学习包括自编码（Auto Encoding）、主成分分析（Principal Components Analysis）、k 均值（k-Means）等。

3）分类器

分类是在已有数据的基础上学会一个分类函数或构造出一个分类模型，即我们通常所说的分类器（Classifier）。该函数或模型能够把数据库中的数据记录映射到给定类别中的某一个，从而应用于数据预测。分类器就是先用带标记的训练数据建立一个模型，然后对未知数据进行分类。

本项目通过对身高、体重、性别数据的分析来介绍监督学习中的分类方法。

素质养成

分类器的常规任务是利用给定的类别、已知的训练数据来学习分类规则，并对未知数据进行分类（或预测）。假如我们需要做贷款风险预测，分类器的任务就是把高风险的贷款申请者找出来，那么重要的类别就是“高风险申请者”。本项目基于身高、体重数据，围绕“性别与肥胖程度判定”问题，学习不同的分类方法的应用。在实现过程中，有机融入机器学习方法的简介及使用，提升学生专业素养，使其把握职业方向。

项目相关任务的逐步解决充分反映了技术人员能通过任务引导有计划、有意识地提升职业技能和实践动手能力，能利用新技术解决生产、生活中的实际问题。同时，在实训过程中融入性别教育，尊重两性差异，引导学生树立正确的人生观、价值观和世界观，通过榜样示例提前做好职业规划。

拓展读一读

大家可能都知道艾伦·图灵（Alan Turing）提出了图灵测试，它也是人工智能之父，冯·诺依曼提出了程序控制原理，但是世界首位程序员并不被大家熟知。今天我们来认识一位传奇女性，以及了解她的故事如何影响了百年来的计算机发展。

阿达·洛芙莱斯（Ada Lovelace）出生于1815年的伦敦。她没有遵循父亲作为大文豪的足迹，而是继承了母亲的数学基因踏足了科学领域，在很小的时候便表现出了数学天赋。成年之后，Ada对数学的兴趣不减，于1842年编写了历史上首款计算机程序，并于1843年公布了世界上第一套算法。同时，她提出了超前的子循环、子系统等概念，而这些概念在今天的计算机科学中已经运用娴熟。

这位伟大的女性为计算机程序拟定“算法”，完成第一份“程序设计流程图”，被珍视为“第一位给计算机写程序的人”。在当时以男性为主导的科学界，Ada无疑是一位最为耀眼的明星。

当今互联网技术快速发展，但我们甚少听到女性在科技圈的发声。然而翻开科技界的历史，会发现女性在其中的地位和能力从来不亚于男性。女程序员们能够充分认识到自己在职场中的优势和劣势，扬长避短，既不妄自菲薄，也不自卑退让。

项目实施

男性的平均身高和体重与女性的不同，那么可否从身高、体重数据上找出其与性别的关联呢？如果能够找出关联，我们就可以根据身高、体重数据来初步判定性别。

任务 1　使用逻辑回归实现性别判定

微课：项目 4 任务 1-逻辑回归分类器的应用.mp4

线性回归分析方法一般用于回归分析、预测连续值等，那么当要进行分类时又该如何处理呢？比如，根据身高、体重数据来判定性别，结果要么是男性要么是女性。此时，线性回归分析方法就不适用了。

下面，我们来学习一种最基本的分类方法，即逻辑回归（Logistic Regression）。虽然它也是线性回归分析方法，但是与其他线性回归分析方法有所不同。尽管逻辑回归的名字包含回归，但它是一个可用于分类的线性模型。

因为逻辑回归只有两种预测结果，所以通常我们会把数据结果拟合后映射到 1 和 0 上，这时就需要构造一个函数，使得该函数的结果只有 0 和 1。

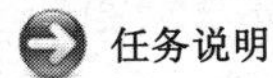

动一动

基于“hw.csv”文件中的身高、体重数据，使用逻辑回归进行性别判定。

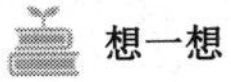

任务单

任务单 4-1　使用逻辑回归实现性别判定

学号：__________ 姓名：__________ 完成日期：__________ 检索号：__________

任务说明

本项目中使用的“hw.csv”文件中的数据，包含性别、年龄、身高、体重等数据项。文件中性别列的值为字符串类型，F 代表女性，M 代表男性。为实现分析预测应用，需要先将性别判定结果（即男性和女性）映射为数据类型为数值型的 1 和 0，再进行逻辑回归分类。

引导问题

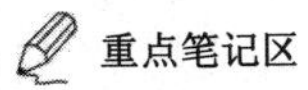

想一想

（1）性别与人的哪些特征是密切相关的？

（2）男性和女性的映射值不同会不会对训练结果造成影响？

（3）逻辑回归的原理是什么？其主要应用在哪些方面？

（4）Sklearn 是如何调用逻辑回归的？写出关键函数与实现步骤。

（5）性别判定模型的输入与输出分别是什么？

重点笔记区

任务评价

评价内容	评价要素	分值	分数评定	自我评价
1. 任务实施	数据准备	2 分	数据被正确读取得 1 分，数据标签映射正确得 1 分	
	模型训练	2 分	模型初始化正确得 1 分，模型训练能顺利执行得 1 分	
	模型预测	2 分	模型可应用得 1 分，模型预测结果可展现得 1 分	
2. 模型评估	可视化模型并评估结果	3 分	能正确展现模型得 2 分，模型准确率在 90%以上得 1 分	
3. 任务总结	依据任务实施情况得出结论	1 分	结论切中本任务的重点得 1 分	
合　计		10 分		

任务解决方案关键步骤参考

步骤一：读取“hw.csv”文件中的数据，主要代码如下。

```
#coding:utf-8
import pandas as pd
df= pd.read_csv('hw.csv', delimiter=',')
df.head()
```

读取的部分数据如图 4.4 所示，其中 Age 列为年龄（单位：岁），Height 列为身高（单位：厘米），Weight 列为体重（单位：千克）。

	Gender	Age	Height	Weight
0	M	21	163	60
1	M	22	164	56
2	M	21	165	60
3	M	23	168	55
4	M	21	169	60

图 4.4　读取的部分数据

步骤二：数据预处理。使用标签映射，对性别进行数值化处理，代码如下。

```
from sklearn import preprocessing
# 类型转换
df['Weight'] = df['Weight'].astype(float)
df['Height'] = df['Height'].astype(float)
# 对性别进行数值化处理
le = preprocessing.LabelEncoder()
df['Gender_2'] = le.fit_transform(df['Gender'])
df.head()
```

运行代码，结果如图 4.5 所示。

	Gender	Age	Height	Weight	Gender_2
0	M	21	163.0	60.0	1
1	M	22	164.0	56.0	1
2	M	21	165.0	60.0	1
3	M	23	168.0	55.0	1
4	M	21	169.0	60.0	1

图 4.5　标签映射结果

步骤三：对原始数据进行可视化，主要代码如下。

```
import matplotlib.pyplot as plt
plt.rcParams['font.sans-serif'] = ['SimHei']
plt.rcParams['axes.unicode_minus'] = False

X = df[['Height', 'Weight']]
Y = df[['Gender_2']]

plt.figure()
plt.scatter(df[['Height']],df[['Weight']],c=Y,s=80,edgecolors='black',linewidths=
1,cmap=plt.cm.Paired)
plt.title('性别判定（测试值）')
plt.xlabel('身高/厘米')
plt.ylabel('体重/千克')
plt.show()
```

“hw.csv”文件中的原始数据较少。我们用散点图展现数据以观察分布情况。结果如图 4.6 所示。

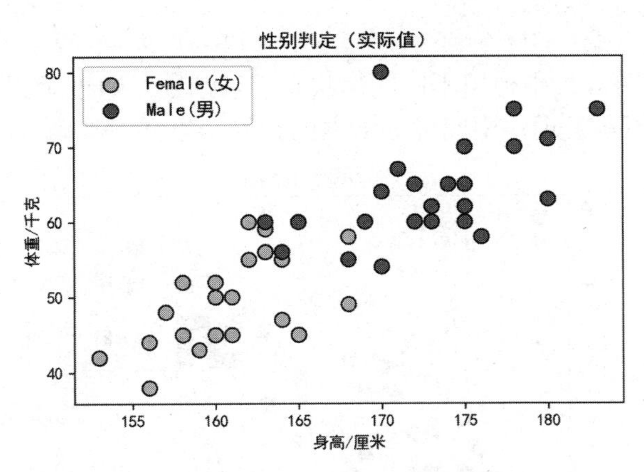

图 4.6　身高、体重数据的可视化结果（1）

步骤四：可视化进阶，使用不同的形状和颜色代表不同的性别。示例结果如图 4.7 所示，其中，正方形标记代表男性，圆形标记代表女性。易得出，男性的身高、体重普遍比女性的高和重。显然，性别与身高、体重存在一定的关联。

获取数据之后，可尝试使用逻辑回归对数据进行训练（由于数据量较少，因此暂时使用所有历史数据进行训练，不区分训练集与测试集）。其中，输入为身高、体重，输出为性别。

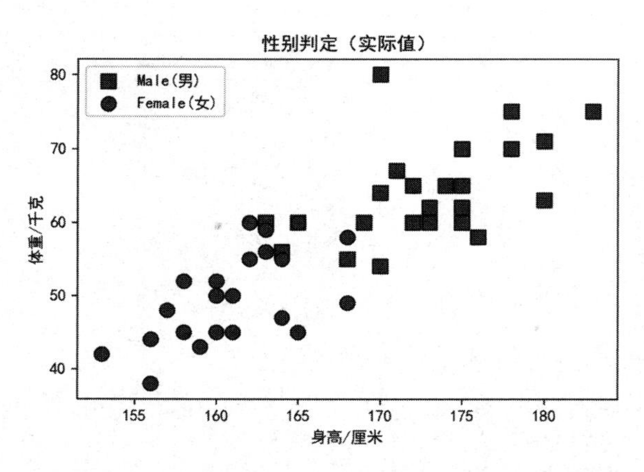

图 4.7　身高、体重数据的可视化结果（2）

步骤五：调用 Sklearn 中的逻辑回归对训练数据进行建模与预测，具体代码如下。

```
from sklearn import linear_model
# 初始化回归模型
classifier = linear_model.LogisticRegression(solver='liblinear', C=100)
# 拟合
classifier.fit(X, Y.values.ravel())
# 给出待预测的一个特征
output = classifier.predict(X)
output = output.reshape(len(output),1)
```

步骤六：对原始数据进行预测，可视化关键代码如下。

```
plt.figure()
plt.scatter(df[['Height']],df[['Weight']],c=output,s=80,edgecolors='black',
linewidths=1,cmap=plt.cm.Paired)
plt.title('性别判定（预测值）')
```

为了显示方便，图 4.8 中使用不同的形状来表示性别。通过对比图 4.8 中的预测值和图 4.7 中的测试值，不难发现，中间部分数据的预测结果并不准确。

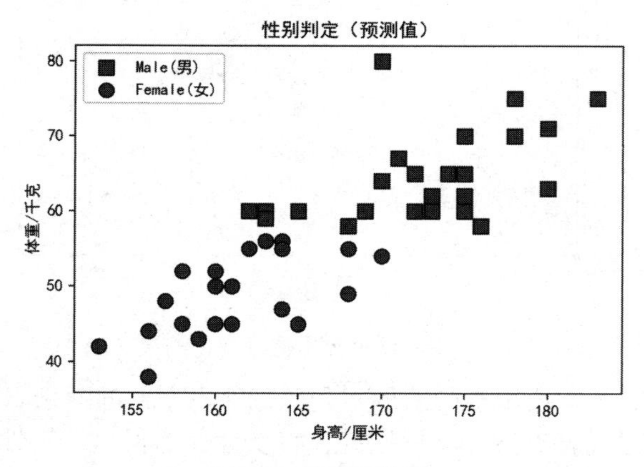

图 4.8　性别预测值

步骤七：模型可视化。在实现过程中，我们将对范围内的所有可能数据进行预测，让模型的判定结果更具直观性，主要代码如下。

```
plt.figure()
x_min, x_max = df[['Height']].values.min()- 1.0, df[['Height']].values.max()+ 1.0
y_min, y_max = df[['Weight']].values.min()- 1.0, df[['Weight']].values.max()+ 1.0
step_size = 0.2
x_values, y_values = np.meshgrid(np.arange(x_min,x_max,step_size),
                                  np.arange(y_min,y_max,step_size))
mesh_output = classifier.predict(np.c_[x_values.ravel(),y_values.ravel()])
mesh_output = mesh_output.reshape(x_values.shape)
plt.pcolormesh(x_values,y_values,mesh_output,cmap=plt.cm.gray)
plt.scatter(df[['Height']],df[['Weight']],c=Y,s=80,edgecolors='black',linewidths
=1,cmap=plt.cm.Paired)
plt.title('性别判定-逻辑回归')
```

上述代码对坐标系中的数据做了细分，同时进行了预测，结果如图 4.9 所示。其中，白色部分的数据被判定为男性，黑色部分的数据被判定为女性。从图 4.9 中更容易看出，黑白交界处的部分数据的预测结果是不准确的。

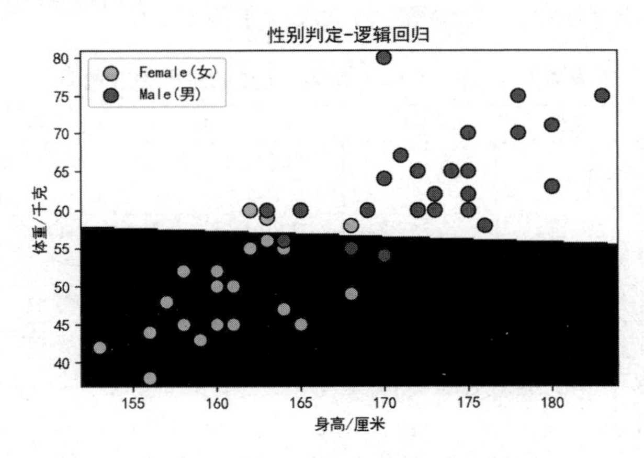

图 4.9　逻辑回归分类模型的可视化结果

4.1.1　逻辑回归

如图 4.10 所示，逻辑回归的原理是找到一条线，但不是用这条线去拟合每个数据点，而是把不同类别的样本区分开。

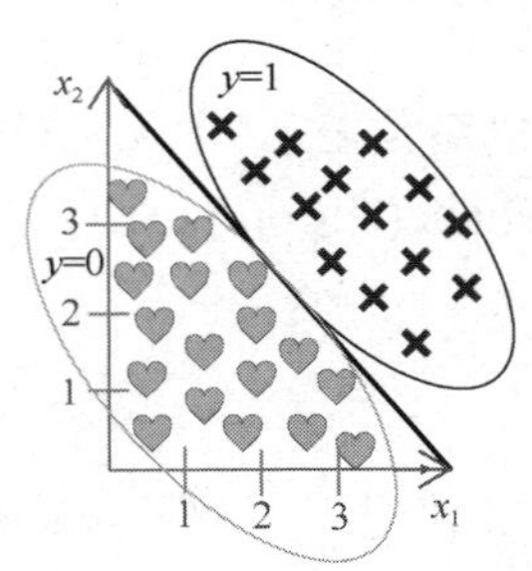

图 4.10　逻辑回归的原理

逻辑回归的优点在于速度快、简单、可解释性好（可以直接看到各个特征的权重）、易扩展（能容易地更新模型吸收新的数据）。如果需要得到一个概率框架，则只需动态调整分类阈值即可。它的缺点在于特征处理复杂，需要进行归一化处理和创建较多的特征工程。

在现实生活中，逻辑回归常常用于数据挖掘、疾病自动诊断、经济预测等领域。

4.1.2 Sklearn 中的 LogisticRegression()

逻辑回归 LogisticRegression 属于 Sklearn 中的线性模型，调用格式如下。

```
class sklearn.linear_model.LogisticRegression
                (penalty='l2', dual=False, tol=0.0001, C=1.0, fit_intercept=True,
                intercept_scaling=1, class_weight=None, random_state=None, solver=
                'liblinear',                max_iter=100, multi_class='ovr',
                verbose=0, warm_start=False, n_jobs=None)
```

LogisticRegression 类中的主要参数说明如表 4.1 所示。

表 4.1　LogisticRegression 类中的主要参数说明

序号	参数名	类型	默认值	说明
1	solver	字符串	liblinear	用来指定优化算法。对于小的数据集可使用 liblinear，而对于大的数据集，则使用 sag、saga，其速度比 liblinear 更快
2	C	浮点型	1.0	惩罚因子，正则化系数 λ 的倒数，必须是正浮点型。越小的数值表示越强的正则化，用于防止过拟合
3	max_iter	整型	100	用来指定 solver 的最大迭代次数
4	n_jobs	整型	None	用来指定在进行并行运算时使用的 CPU 核心数

参数 solver 对优化算法进行选择，决定了对逻辑回归损失函数的优化方法，可选的参数值有 newton-cg、lbfgs、liblinear、sag、saga，默认值为 liblinear，liblinear 使用了开源的 liblinear 包实现，通过坐标轴下降法来迭代优化损失函数。lbfgs 是拟牛顿法的一种，利用损失函数的二阶导数矩阵，即海森矩阵来迭代优化损失函数。newton-cg 是牛顿法的一种。sag 是随机平均梯度下降算法，是梯度下降算法的变种，与梯度下降算法的区别在于，其每次迭代仅仅用一部分的样本来计算梯度。saga 则是线性收敛的随机优化算法的变种。

4.1.3 数组与向量的操作

（1）ravel()函数：y.values.ravel()函数表示将 y 的值转化为一维向量。

（2）reshape()函数：output.reshape(len(output),1)中的 reshape()函数用于改变数组的形状。

想一想

LogisticRegression()函数中的 C 值对模型和预测结果有何影响？试找出本任务中合适的 C 值。

练一练

（1）改进本任务中的可视化代码，要求显示为如图 4.11 所示的结果。

（2）扩充数据集，将样本数据切分为训练集与测试集，并用准确率等指标评估模型的优劣。

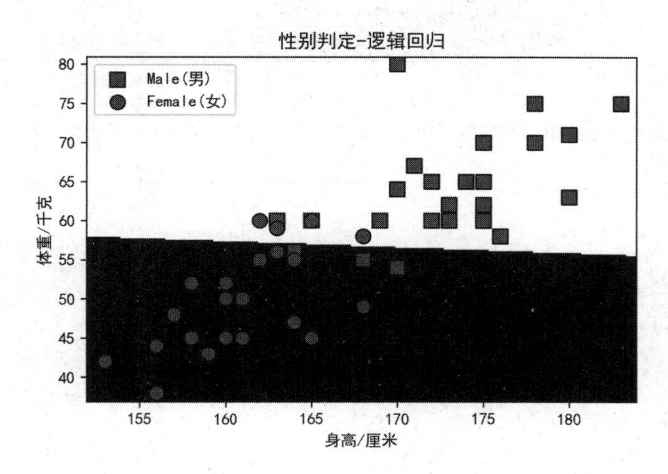

图 4.11　逻辑回归分类模型的可视化结果

任务 2　使用朴素贝叶斯实现性别判定

微课：项目 4 任务 2-朴素贝叶斯分类器的应用.mp4

贝叶斯分类方法以样本可能属于某类的概率作为分类依据。其中，朴素贝叶斯（Naive Bayes）是贝叶斯分类方法中最简单的一种。它会单独考量每一维特征被分类的条件概率，进而综合这些概率对其所在的特征向量做出分类预测。它的思想为如果一个事物在一些属性条件发生的情况下，事物属于 A 的概率大于属于 B 的概率，则判定事物属于 A。通俗来说，在街上看到一个黑色皮肤的人，如果让你猜这个人是从哪里来的，你十有八九会猜非洲，为什么呢？

我们一般会有这样的判断流程：①这个人的肤色是黑色的，即肤色是指定的特征；②黑色皮肤的人是非洲人的概率最高，此时，使用了条件概率，即当肤色是黑色的条件下，这个人是非洲人的概率最高；③在没有其他辅助信息的情况下，最好的判断就是这个人来自非洲。这就是朴素贝叶斯思想。

再扩展一下，假如在街上看到一个黑色皮肤的人讲英语，那么我们是怎么去判断他来自哪里的呢？这时，提取的特征是二维的，其中，一维特征是肤色，其对应的值是黑色；另一维特征是语言，其对应的值是英语。假设黑色皮肤的人来自非洲的概率是 80%，来自北美洲的概率是 20%；讲英语的人来自非洲的概率是 10%，来自北美洲的概率是 90%。

在我们的思维方式中，就会这样判断：这个人（讲英语的黑色皮肤的人）来自非洲的概率是 80%×10%＝0.08，来自北美洲的概率是 20%×90%＝0.18。因此，我们判断此人应该来自北美洲。

动一动

根据“hw.csv”文件中的身高、体重数据，使用朴素贝叶斯进行性别判定。

任务单

任务单 4-2　使用朴素贝叶斯实现性别判定

学号：____________姓名：____________完成日期：____________检索号：____________

任务说明

朴素贝叶斯基于条件概率的思想，用来做分类决策。现基于任务 1 得到的数据，使用朴素贝叶斯实现性别判定，并比较逻辑回归与朴素贝叶斯的异同与优劣。

引导问题

想一想

（1）朴素贝叶斯可以用来做性别判定吗？试结合本任务说明其中的原理。

（2）朴素贝叶斯在 Sklearn 中是如何实现的？有哪些实现方法？

（3）试比较不同朴素贝叶斯实现方法的异同，说明 GaussianNB 的适用范围。

（4）假设所使用的身高和体重数据的数值区间小、精确度低，那么用哪种方法更合适？

（5）如何比较两种不同分类方法的优劣？

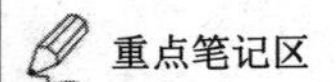

重点笔记区

任务评价

评价内容	评价要素	分值	分数评定	自我评价
1．任务实施	模型初始化	3 分	第三方包导入正确得 1 分，模型选用正确得 1 分，模型构建正确得 1 分	
	模型训练	1 分	模型训练能顺利执行得 1 分	
	模型预测	1 分	历史数据及预测结果可展现得 1 分	
2．模型评估	可视化模型并评估结果	3 分	能正确展现模型得 2 分，模型准确率在 90%以上得 1 分	
3．任务总结	依据任务实施情况得出结论	2 分	结论切中本任务的重点得 1 分，能有效比较不同分类方法的异同与优劣得 1 分	
合　计		10 分		

任务解决方案关键步骤参考

根据相关资料信息，现实中的很多现象都属于正态分布的范畴，例如，人的身高和体重。当输入的特征是连续的且符合高斯分布时，我们可使用高斯朴素贝叶斯实现分类。

接下来，我们将使用高斯朴素贝叶斯，根据身高和体重数据对性别进行判定。其数据读取与可视化部分与任务 1 相同，此处不再详述。以下代码实现供参考。

```
from sklearn.naive_bayes import GaussianNB
# 建立朴素贝叶斯模型
classifier = GaussianNB()
# 拟合
classifier.fit(X, Y.values.ravel())
# 给出待预测的一个特征
output = classifier.predict(X)
output = output.reshape(len(output),1)
```

补充可视化代码后，朴素贝叶斯分类模型的可视化结果如图 4.12 所示。

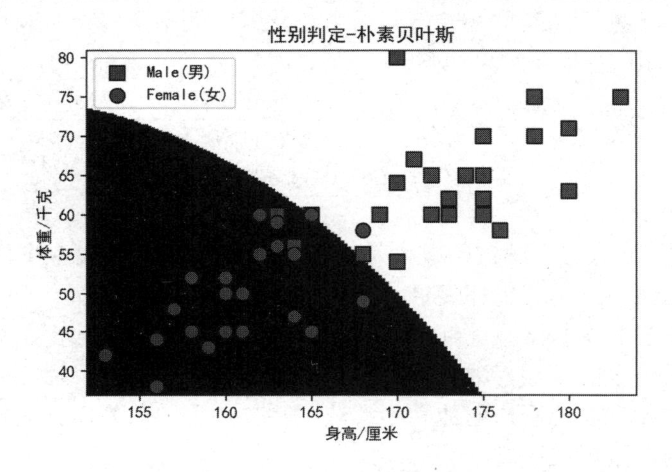

图 4.12　朴素贝叶斯分类模型的可视化结果

4.2.1　朴素贝叶斯的原理

贝叶斯分类方法是基于贝叶斯定理的统计学分类方法。朴素贝叶斯假定一个属性值在给定类上的概率独立于其他属性值，这一假定称为类条件独立性。它通过预测一个给定的元素属于一个特定类的概率来进行分类。朴素贝叶斯的原理如图 4.13 所示。

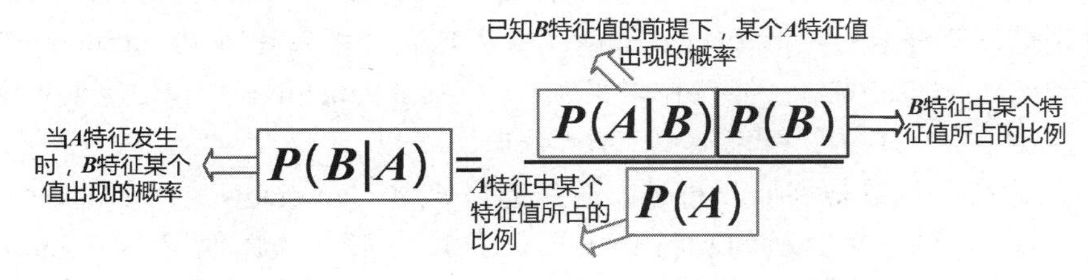

图 4.13　朴素贝叶斯的原理

在统计资料的基础上，依据某些特征，计算各个类别的概率，从而实现分类。比如，某医院早上收了 6 个门诊病人，现在又来了第 7 个病人，是 1 个打喷嚏的建筑工人。请问他患上感冒的概率有多大？

从上述内容中可提取出 3 个特征：职业、症状、诊断结果（即疾病类型）。这些特征值出现的历史数据如表 4.2 所示。

表 4.2　疾病诊断历史数据

序号	症状	职业	疾病类型
1	打喷嚏	护士	感冒
2	打喷嚏	农夫	过敏
3	头痛	建筑工人	脑震荡
4	头痛	建筑工人	感冒
5	打喷嚏	教师	感冒
6	头痛	教师	脑震荡

现在根据新的数据，判断这个建筑工人患上感冒的概率是多少。利用条件概率，依据表 4.2 中的数据，计算过程及结果如下：

$$P(\text{感冒}|\text{打喷嚏\&建筑工人})=\frac{P(\text{打喷嚏}|\text{感冒})P(\text{建筑工人}|\text{感冒})P(\text{感冒})}{P(\text{打喷嚏})P(\text{建筑工人})}$$

$$=\frac{0.66\times0.33\times0.5}{0.5\times0.33}=0.66$$

因此，这个建筑工人患上感冒的概率是 0.66。显然，感冒是大概率事件。在仅有如表 4.2 所示的历史数据的条件下，利用朴素贝叶斯就可以将其诊断为感冒。

基于条件概率思想的朴素贝叶斯的优点在于，所需估计的参数少，对于缺失数据不敏感。但它假设了属性之间是相互独立的。然而，这个假设在现实中往往并不成立。例如，一个人分别喜欢吃番茄、鸡蛋，但他并不喜欢吃番茄炒蛋。另外，它的缺点还在于需要知道先验概率，分类决策错误率高。

在现实应用中，朴素贝叶斯被广泛应用于互联网新闻的分类、垃圾电子邮件的筛选、病人的分类等领域。很多时候，该方法因为在训练时没有考虑各个特征之间的联系，所以对于数据特征关联性较强的分类任务表现得并不好。

4.2.2　Sklearn 中朴素贝叶斯的实现

根据特征数据先验分布的不同，Sklearn 的 naive_bayes 模块提供了 5 种朴素贝叶斯分类方法，分别是高斯朴素贝叶斯（GaussianNB）、多项式朴素贝叶斯（MultinomialNB）、类朴素贝叶斯（CategoricalNB）、补充朴素贝叶斯（ComplementNB）和伯努利朴素贝叶斯（BernoulliNB）。

当特征是连续的且符合高斯分布时，通常选择使用 GaussianNB，比如人体的身高、物体的长度等；当特征是离散的且符合多项分布时，则可选择使用 MultinomialNB；ComplementNB 是 MultinomialNB 的一个变种，实现了补码朴素贝叶斯算法，比较适用于不平衡数据集；CategoricalNB 对分类分布的数据实现了类别朴素贝叶斯算法，专用于离散数据集，它假设由索引描述的每个特征都有自己的分类分布；BernoulliNB 适用于多元伯努利分布，即每个特征都是二值变量。如果特征不是二值变量，则使用该模型前可先对变量进行二值化。

4.2.3　Sklearn 中的 GaussianNB()

Sklearn 中的 GaussianNB()朴素贝叶斯分类器的主要参数如下。

```
class sklearn.naive_bayes.GaussianNB
                         (priors=None, var_smoothing=1e-09)
```

其中，参数 priors 表示类的先验概率，如果参数 prior 中指定了先验概率，则分类器不会根据样本数据调整先验概率；如果不指定，则分类器会自行根据样本数据计算先验概率。为追求方差估计的稳定性，朴素贝叶斯分类器 GaussianNB()将所有特征的方差中最大的方差以一定的比例添加到估计的方差中。var_smoothing 参数则用来控制这个比例。

4.2.4　Sklearn 中的 MultinomialNB()

Sklearn 中的 MultinomialNB()朴素贝叶斯分类器的主要参数如下。

```
class sklearn.naive_bayes.MultinomialNB
                         (alpha=1.0, fit_prior=True, class_prior=None)
```

关于 MultinomialNB()朴素贝叶斯分类器具体的参数说明、方法及使用实例，读者可参考 Sklearn 官方网站。这里不再详述。

想一想

（1）在性别判定任务 1、任务 2 中训练了两个不同的模型，试比较朴素贝叶斯与逻辑回归的不同与优劣。

（2）朴素贝叶斯是线性分类器吗？朴素贝叶斯一定是二元分类器吗？

练一练

将性别判定任务 1、任务 2 中使用的数据集分为训练集与测试集，并调用 Sklearn 中的函数 classification_ report(y_predict, y_test)来分析模型的精确率等。

任务 3　使用决策树实现性别判定

微课：项目 4 任务 3-决策树分类器的应用.mp4

决策树呈树形结构，其中每个内部节点表示一个属性上的判断，每个分支代表一个判断结果的输出，每个叶节点代表一种分类结果。通过学习样本得到一棵决策树，这棵决策树能够对新的数据给出正确的分类。决策树的生成算法有 ID3、C4.5、C5.0 等。

以下是决策树的一般学习过程。

（1）特征选择：从训练集的众多特征中选择一个特征作为当前节点的分裂标准（特征选择的标准不同会产生不同的特征决策树）。

（2）决策树生成：根据所选特征评估标准，从上至下递归地生成子节点，直到数据集不可分为止，则停止决策树生成。

（3）剪枝：因为决策树容易过拟合，所以需要通过剪枝（包括预剪枝和后剪枝）来缩小树的结构和规模。

动一动

基于“hw.csv”文件中的身高、体重数据，使用决策树进行性别判定。

任务单

任务单 4-3　使用决策树实现性别判定

学号：__________姓名：__________完成日期：__________检索号：__________

任务说明

决策树能够从一系列有特征、有标签的数据中总结出决策规则，并用树形结构来呈现这些规则，以解决分类和回归问题。现基于本项目的任务 1、任务 2 得到的数据，使用决策树实现性别判定，并比较逻辑回归、朴素贝叶斯、决策树的不同与优劣。

引导问题

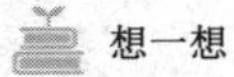
想一想

（1）如何使用决策树进行性别判定？结合其中的原理，试画出一种简单的决策树结构。

（2）决策树在 Sklearn 中是如何实现分类的？与决策树有关的模块有哪些？

（3）试比较不同决策树实现方法的异同，说明 DecisionTreeClassifier 的适用范围。

（4）DecisionTreeClassifier 有何用处？它可以解决什么问题？

（5）比较决策树与逻辑回归和朴素贝叶斯的优劣，说明其优势体现在哪里。

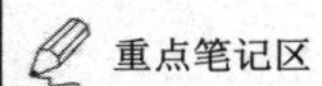
重点笔记区

任务评价

评价内容	评价要素	分值	分数评定	自我评价
1．任务实施	模型初始化	3 分	第三方包导入正确得 1 分，模型选用正确得 1 分，模型构建正确得 1 分	
	模型训练	2 分	数据有切分训练得 1 分，模型训练能顺利执行得 1 分	
	模型可视化	1 分	能正确展现模型得 1 分	
2．模型评估	模型评估报告展现	3 分	能得出模型评估报告得 1 分，能准确解释各个指标的含义得 1 分，模型准确率在 90%以上得 1 分	
3．任务总结	依据任务实施情况得出结论	1 分	结论切中本任务的重点得 1 分，能有效比较逻辑回归、朴素贝叶斯、决策树的不同与优劣得 1 分	
合　计		10 分		

任务解决方案关键步骤参考

调用 Sklearn 中的决策树方法，训练模型，主要代码如下。

```
from sklearn.tree import DecisionTreeClassifier
# 建立决策树模型
classifier = DecisionTreeClassifier()
# 数据训练
classifier.fit(X, Y.values.ravel())
```

决策树分类模型的可视化结果如图 4.14 所示。

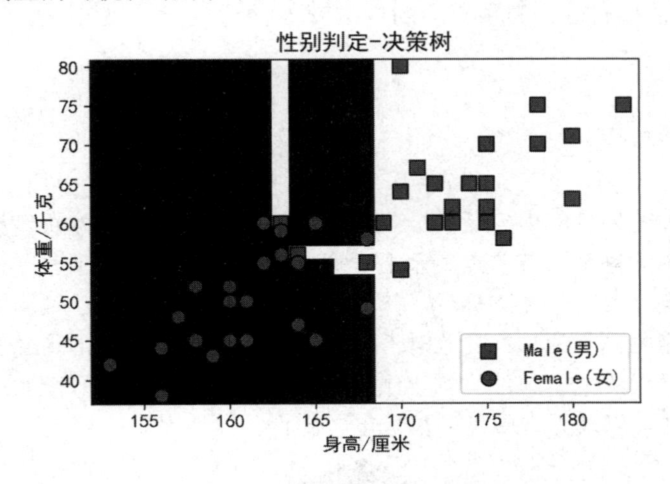

图 4.14 决策树分类模型的可视化结果

下面，使用分类报告来评估模型的优劣。在评估模型时，需要将原始数据集切分为训练集与测试集，并用 Sklearn 中的 classification_report(y_predict, y_test)函数来计算评估结果。

对数据集进行切分，代码如下。

```
from sklearn.model_selection import train_test_split
from sklearn.metrics import classification_report
# 切分数据集
x_train, x_test,y_train, y_test=train_test_split(X,Y,train_size=0.7,test_size = 0.3)
# 建立决策树模型
classifier = DecisionTreeClassifier()
# 拟合
classifier.fit(x_train, y_train.values.ravel())
# 给出待预测的一个特征
y_predict = classifier.predict(x_test)
print(classification_report(y_predict,y_test))
```

上述代码中调用的 classification_report()函数用来显示分类模型的评估指标。运行结果显示的评估报告如图 4.15 所示。

	precision	recall	f1-score	support
0	1.00	0.80	0.89	10
1	0.75	1.00	0.86	6
avg / total	0.91	0.88	0.88	16

图 4.15　决策树分类模型的评估报告

在 Sklearn 的 classification_report()函数的评估报告中显示了每个类的精确率、召回率、F1 分数等信息。F1 分数是精确率和召回率的调和值。当精确率和召回率都高时，F1 分数也会高。F1 分数为 1 时达到最佳值（完美的精确率和召回率），最差值则为 0。在图 4.15 显示的评估报告中，类别 0 中的样本有 10 个，精确率为 1.00，召回率为 0.80，F1 分数为 0.89。

4.3.1　决策树的原理

决策树是一种简单且使用广泛的分类器，它通过训练数据构建决策树，对未知的数据进行分类。决策树的每个内部节点表示在一个属性上的测试，每个分支代表测试的一个输出，而每个叶节点存放着一个类标号。下面以电子邮件分类为例，说明决策树的原理，如图 4.16 所示。判定规则有两项：发送电子邮件的域名地址是否为 myEmployer.com、是否为包含单词“曲棍球”的电子邮件。判定结果有三项：无聊时需要阅读的电子邮件、需要及时处理的电子邮件，以及无须阅读的垃圾电子邮件。

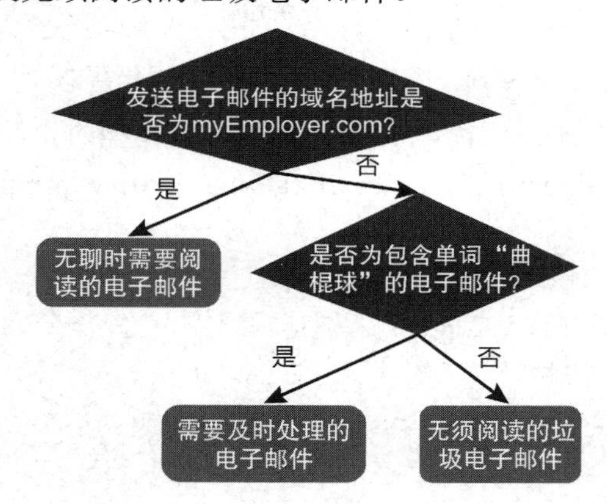

图 4.16　决策树的原理

决策树学习的本质是从训练集中归纳出一组分类规则，或者由训练集估计条件概率模型。决策树可以使用不熟悉的数据集合，从中提取一系列特征，从而确定哪个特征在划分数据分类时起决定性作用，或者使用哪个特征分类能实现最好的分类效果，即机器学习的过程。

决策树的优点在于，它不需要掌握任何领域的知识或参数假设，适合高维数据，简单且易于理解，在短时间内可处理大量不相关的数据，能够得到可行且效果较好的结果。它的主要缺点是对各类别样本数量不一致的数据不适用；信息增益偏向于那些具有更多数值的特征；易于产生过拟合、忽略属性之间的相关性、不支持在线学习。目前，决策树主要应用于经济领域中的期权定价、市场和商业发展的评估。

4.3.2　Sklearn 中的 DecisionTreeClassifier()分类器

Sklearn 中 DecisionTreeClassifier()分类器的主要参数如下。

```
sklearn.tree.DecisionTreeClassifier(
    criterion='gini', splitter='best', max_depth=None, min_samples_split=2,
    min_samples_leaf=1,min_weight_fraction_leaf=0.0, max_features=None,
    random_state=None, max_leaf_nodes=None, min_impurity_decrease=0.0,
    min_impurity_split=None, class_weight=None, presort=False
    )
```

其中，参数 criterion 是特征选择的标准，有信息增益和基尼系数两种，使用信息增益的是 ID3 和 C4.5 算法（使用信息增益比），使用基尼系数的是 CART 算法，默认是基尼系数。参数 splitter 用来指定特征切分点的选择标准。决策树是递归地选择最优切分点的，参数 splitter 是用来指明在哪个集合上进行递归的，可选值有“best”和“random”，“best”表示在所有特征上进行递归，适用于数据集较小的情况；“random”表示随机选择一部分特征进行递归，适用于数据集较大的情况。参数 max_depth 指定了决策树的最大深度，决策树模型先对所有数据集进行切分，再在子数据集上继续循环这个切分过程，参数 max_depth 可以理解成是用来限制循环次数的。

4.3.3　分类模型常用评估指标

机器学习方法不分优劣，只有是否适合。如何评价方法的适合度呢？一般通过定义以下 4 个概念来进行评价。

（1）TP（True Positive）：表示正样本被识别为正样本。

（2）TN（True Negative）：表示负样本被识别为负样本。

（3）FP（False Positive）：表示负样本被识别为正样本。

（4）FN（False Negative）：表示正样本被识别为负样本。

其对应的常用评价指标有以下 4 种。

（1）精确率（Precision），定义如下。

$$\text{Precision}=\frac{\text{TP}}{\text{TP}+\text{FP}}$$

（2）召回率（Recall），定义如下。

$$\text{Recall}=\frac{\text{TP}}{\text{TP}+\text{FN}}$$

（3）准确率（Accuracy），定义如下。

$$\text{Accuracy}=\frac{\text{TP}+\text{TN}}{\text{ALL}}$$

式中，All 代表所有样本。

（4）F1 分数（F1-Score）可以看作模型精确率和召回率的一种加权平均，定义如下。

$$\text{F1-Score} = 2 \times \frac{\text{Precision} \times \text{Recall}}{\text{Precision} + \text{Recall}}$$

4.3.4 Sklearn 中的模型评估方法

Sklearn 中 classification_report()函数的主要参数如下。

```
sklearn.metrics.classification_report(
        y_true, y_pred, labels=None, target_names=None, sample_weight=None,
        digits=2, output_dict=False
        )
```

其中，参数 y_true 是一维数组，用于指定真实数据的分类标签；参数 y_pred 用于指定对应模型预测的分类标签；参数 labels 是列表，用于指定需要评估的标签名称；参数 target_names 用于指定标签名称；参数 sample_weight 用于设定不同数据点在评估结果中所占的权重；参数 digits 用于指定评估报告中小数点的保留位数，如果 output_dict=False，则此参数不起作用，对返回的数值不做处理；如果 output_dict=True，则评估结果以字典形式返回。

想一想

（1）决策树是线性分类器吗？决策树可以是多元分类器吗？

（2）试比较决策器与逻辑回归的不同及优劣。

（3）决策树可以用来做回归分析吗？

4.3.5 欠拟合与过拟合

为了表述分类过程与回归过程中的欠拟合（Under Fitting）、正常拟合（Appropriate Fitting）、过拟合（Over Fitting）的概念，本节针对离散数据集和连续数据集分别给出了如图 4.17 和图 4.18 所示的图形。其中，对应的图（a）是欠拟合，一条直线用于拟合样本，样本分布比较分散，直线难以拟合全部训练集样本，所以模型拟合能力不足。对应的图（b）的曲线就很好地拟合了样本，虽然并没有完全与这些样本重合，但是曲线比较贴近样本分布轨迹。对应的图（c）是过拟合，曲线很好地拟合了样本，与样本非常重叠，但同时样本中的噪声数据也被拟合了，噪声数据影响了模型训练。

过拟合会使模型变得复杂。此外，为尽可能拟合训练集，过拟合会造成在训练集上的精确率特别高，但训练集中可能存在“脏数据”，这些“脏数据”会成为负样本而造成模型训练出现误差。模型在训练的时候并不清楚哪些是“脏数据”，它只会不停地去拟合这些数据。所以，过拟合的模型在训练集上的精确率特别高。

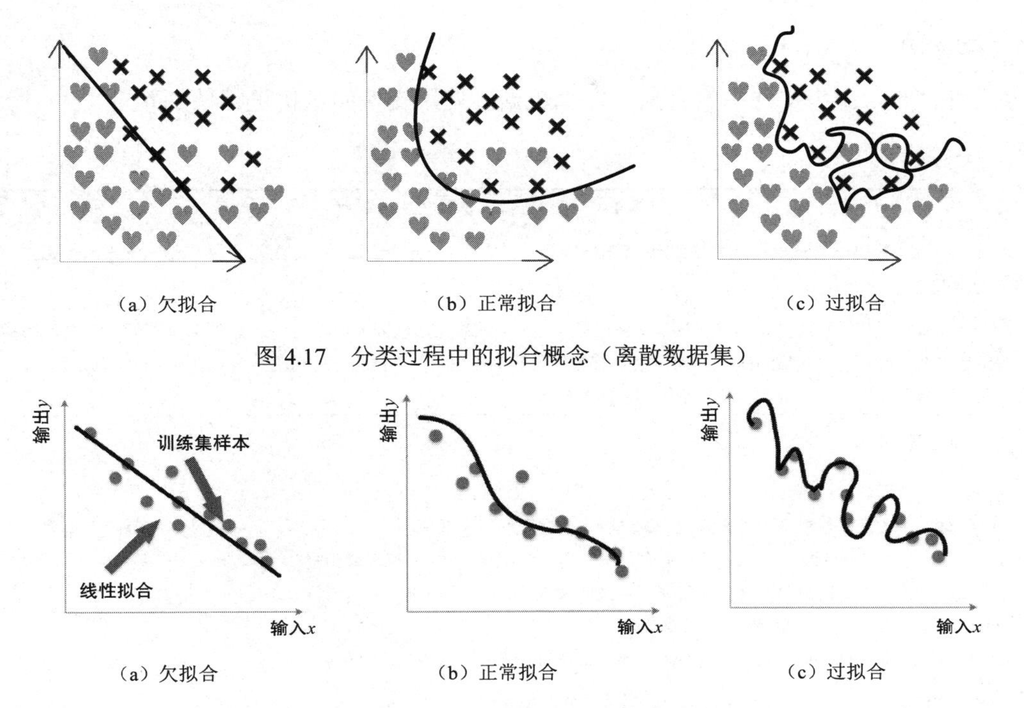

图 4.18　回归过程中的拟合概念（连续数据集）

欠拟合比较好理解，就是模型简单或数据集偏少、特征太多，在训练集上的精确率不高，同时在测试集上的精确率也不高，这样无论如何训练都无法训练出有意义的参数，模型也得不到较好的效果。

任务 4　使用支持向量机实现性别判定

微课：项目 4 任务 4-支持向量机两类分类器的应用.mp4

支持向量机和线性分类器是分不开的。因为支持向量机的核心是在高维空间中和在线性可分的数据集中寻找一个最优的超平面将数据集分割开。如果样本数据线性不可分，那么在支持向量机中可使用核函数将样本数据转换到更高维的空间，从而将样本数据变得线性可分。它的目的是寻找一个超平面来对样本数据进行分割，分割的原则是间隔最大化，最终转换为一个凸二次规划问题进行求解。对应的决策边界是求解学习样本的最大边距超平面（Maximum-margin Hyperplane）。

要理解支持向量机，首先要明白线性可分和线性分类器的含义。在二维空间中，如果能找到一条直线把两类样本数据分开，那么样本数据就是线性可分的。而这条直线其实就是线性分类器，也就是支持向量机中所说的超平面。支持向量机在二维空间中是一条直线，在三维空间中则是一个平面，以此类推，如果不考虑空间维数，则这样的线性函数被统称为超平面。

动一动

基于“hw.csv”文件中的身高、体重数据，使用支持向量机进行性别判定。

任务单

任务单 4-4　使用支持向量机实现性别判定

学号：__________姓名：__________完成日期：__________检索号：__________

任务说明

支持向量机是一种按照监督学习方法对数据进行二元分类的广义线性分类器，其决策边界是对学习样本进行求解的最大边距超平面。现基于本项目的任务 1、任务 2、任务 3 得到的数据及分类结果，使用支持向量机进行性别判定，并比较逻辑回归、朴素贝叶斯、决策树、支持向量机的不同与优劣。

引导问题

想一想

（1）如何使用支持向量机进行性别判定？试结合本任务说明其中的原理。

（2）支持向量机在 Sklearn 中是如何实现分类的？与支持向量机有关的模块有哪些？

（3）试比较不同支持向量机实现方法的异同，说明 SVC 与 SVR 的不同。

（4）SVR 有何用处？它可以解决什么问题？

（5）比较支持向量机与逻辑回归、朴素贝叶斯、决策树的优劣，说明其优势体现在哪里。

重点笔记区

任务评价

评价内容	评价要素	分值	分数评定	自我评价
1．任务实施	模型初始化	4 分	第三方包导入正确得 1 分，模型选用正确得 1 分，模型构建正确得 1 分，会修改模型参数得 1 分	
	模型训练	1 分	模型训练能顺利执行得 1 分	
	模型可视化	1 分	能正确展现模型得 1 分	
2．模型评估	模型评估报告展现	2 分	能准确解释各个指标的含义得 1 分，模型准确率在 90%以上得 1 分	
3．任务总结	依据任务实施情况得出结论	2 分	结论切中本任务的重点得 1 分，能有效比较逻辑回归、朴素贝叶斯、决策树、支持向量机的不同与优劣得 1 分	
合　计		10 分		

任务解决方案关键步骤参考

步骤一：使用支持向量机进行数据分类分析，代码如下。

```
from sklearn.svm import SVC
# 建立支持向量机线性分类器模型
params = {'kernel':'linear'}
classifier = SVC(**params)
# 拟合
X = df[['Height', 'Weight']]
Y = df[['Gender']]
classifier.fit(X, Y)
```

支持向量机分类模型的可视化结果如图 4.19 所示。

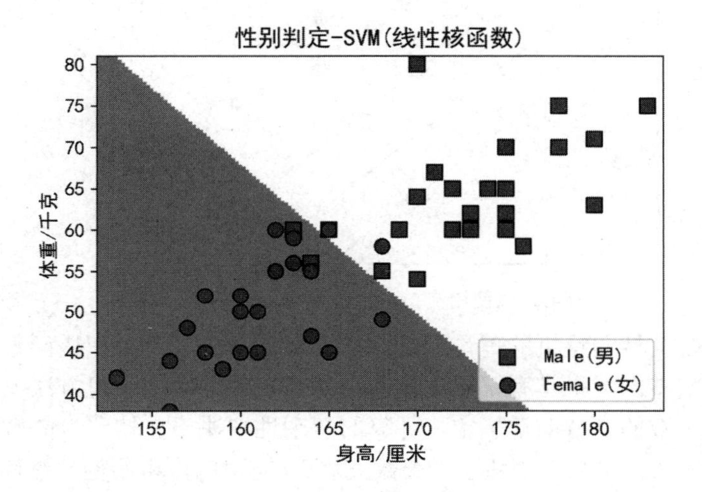

图 4.19　支持向量机分类模型的可视化结果

步骤二：显示模型评估报告。

```
#评估报告
from sklearn.metrics import classification_report
print("\n" + "#"*30)
print("\nClassifier performance on training dataset\n")
print(classification_report(Y, classifier.predict(X)))
print("#"*30 + "\n")
```

对支持向量机得到的分类模型进行分析，得出评估报告，如图 4.20 所示。

```
##############################
Classifier performance on training dataset
            precision    recall    f1-score    support
        0      0.92       0.92      0.92        25
        1      0.92       0.92      0.92        26
avg / total    0.92       0.92      0.92        51
##############################
```

图 4.20　支持向量机分类模型的评估报告

4.4.1 支持向量机的原理

支持向量机把分类问题转化为寻找分类平面的问题，如图 4.21 所示。它通过最大化分类边界与分类平面的距离来实现分类。支持向量机的目标是找到特征空间划分的最优超平面，而最大化分类边界（Margin）的思想是支持向量机的核心。

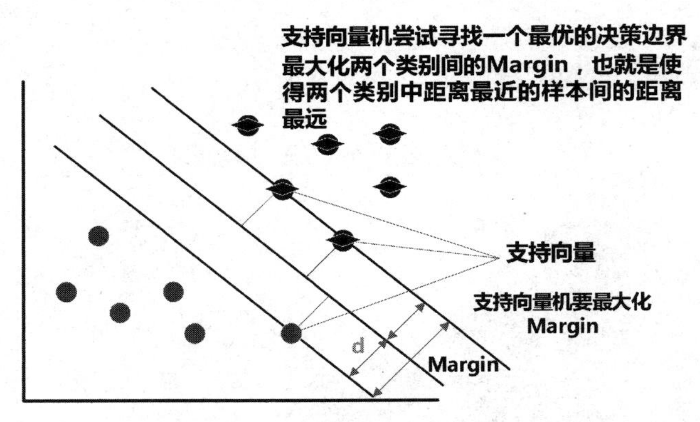

图 4.21　使用支持向量机进行分类的基本思想

非线性映射是支持向量机的理论基础，而支持向量机利用内积核函数来代替高维空间的非线性映射。支持向量机是有坚实理论基础的新颖的小样本学习方法；支持向量机的最终决策函数只由少数的支持向量确定，计算的复杂性取决于支持向量的数目，而不是样本空间的维数，这在某种意义上避免了“维数灾难”；支持向量机不但算法简单，而且具有较好的健壮性。然而，支持向量机对大规模训练样本难以实施。目前，支持向量机主要的应用领域有客户分类、电子邮件系统中的垃圾电子邮件筛选、入侵检测系统中的网络行为判定等。

4.4.2 Sklearn 中支持向量机的实现

Sklearn 的 svm 模块封装了支持向量机的实现，主要分为分类和回归两类。其中，用于分类的有 SVC、NuSVC 和 LinearSVC；用于回归的有 SVR、NuSVR 和 LinearSVR。

SVC（Support Vector Classification）支持向量机用于分类，目的是找出分类的超平面；SVR（Support Vector Regression）支持向量机用于回归，目的是拟合样本数据得到曲线，用于预测。

4.4.3 Sklearn 中的 SVC()分类器

SVC()是基于 LIBSVM 实现的，所以在参数设置上与 LIBSVM 相似，具体使用如下。

```
sklearn.svm.SVC
      (C=1.0, kernel='rbf', degree=3, gamma='auto', coef0=0.0, shrinking=True,
```

```
  probability=False,tol=0.001, cache_size=200, class_weight=None,
 verbose= False, max_iter=-1, decision_function_shape=None,random_state=None)
```

其中，C 是 SVC()的惩罚参数，默认值是 1.0，C 值越大，表示对分类样本的惩罚增大，趋向于让训练集的结果呈现高精确率，在这种情况下，对训练集的预测精确率很高，但泛化能力弱；C 值越小，则对误分类结果的惩罚将会减小，允许容错，算法会将这些点处理成噪声，因此泛化能力较强。对于训练样本中带有噪声的情况，一般采用后者，即把训练样本集中错误分类的样本作为噪声。参数 kernel 表示所使用的核函数，默认值是'rbf'，其取值可以是'linear'、'poly'、'rbf'、'sigmoid'或'precomputed'。参数 degree 表示核函数为多项式'poly'时的维度，默认值是 3，当选择其他核函数时它会被忽略。gamma 则是'rbf'、'poly'和'sigmoid'核函数的参数，默认值是'auto'，表示核函数的参数为 1/n_features。参数 coef0 是核函数的常数项，仅对'poly'和'sigmoid'核函数起作用。关于其他参数的说明，读者可以参考相应的帮助手册。

任务 5　使用支持向量机实现肥胖程度分类

微课：项目 4 任务 5-支持向量机多类分类器的应用.mp4

标准体重是反映和衡量一个人健康状况的重要指标之一。过胖和过瘦都不利于健康，也不会给人以健美感。不同体型的大量统计材料表明，反映正常体重较理想和简单的指标，可用身高与体重的关系来表示。也就是说，我们可以通过身高和体重数据对人的肥胖程度进行分类。

动一动

基于身高和体重数据，使用支持向量机对人的肥胖程度进行分类（4 类）。

任务单

任务单 4-5　使用支持向量机实现肥胖程度分类

学号：＿＿＿＿＿＿姓名：＿＿＿＿＿＿完成日期：＿＿＿＿＿＿检索号：＿＿＿＿＿＿

任务说明

肥胖不仅影响身材，还会对身体健康造成危害，易诱发高血压、高血脂、糖尿病、代谢综合征及心脑血管等疾病。肥胖主要和身高、体重数据有关。现基于“hw3.csv”中的数据，使用支持向量机实现肥胖程度的判定，读者也可以输入自己的身高、体重等数据对自身的肥胖程度做出判断。

引导问题

想一想

（1）如何使用支持向量机进行多分类应用？试结合本任务说明其中的原理。

（2）支持向量机在 Sklearn 中是如何实现对线性不可分问题的应用的？

（3）试比较不同核函数的用途，说明多项式核函数主要应用在什么情况下。

（4）在本任务中，使用哪一种核函数可以获得更高的准确率？

（5）样本数据量对算法有何影响？本任务中的样本数据存在什么样的问题？

重点笔记区

任务评价

评价内容	评价要素	分值	分数评定	自我评价
1．任务实施	数据准备	2 分	数据被正确读取得 1 分，数据标签映射正确得 1 分	
	模型训练	3 分	数据集有切分得 1 分，模型核函数有设置得 1 分，模型训练能顺利执行得 1 分	
	模型预测	1 分	模型可应用于预测得 1 分	
2．模型评估	可视化模型并评估结果	3 分	能正确展现模型得 1 分，能得出模型评估报告得 1 分，模型准确率在 90%以上得 1 分	
3．任务总结	依据任务实施情况得出结论	1 分	结论切中本任务的重点得 1 分	
合　计		10 分		

任务解决方案关键步骤参考

图 4.22 给定了肥胖程度（过轻、正常、过重、肥胖）的部分样本数据。下面需要结合样本数据训练模型来判定肥胖程度。

	Gender	Age	Height	Weight	Class
0	M	21	163.0	60.0	过重
1	M	22	164.0	56.0	正常
2	M	21	165.0	60.0	过重
3	M	23	168.0	55.0	正常
4	M	21	169.0	60.0	正常

图 4.22　肥胖程度的部分样本数据

步骤一：数据准备，从“hw3.csv”文件中读取数据，并准备好要进行训练的数据，示例代码如下。

```
df= pd.read_csv('hw3.csv', delimiter=',')
df['Weight'] = df['Weight'].astype(float64)
df['Height'] = df['Height'].astype(float64)
# 对肥胖程度数据列进行数值化处理
le = preprocessing.LabelEncoder()
df['Class_2'] = le.fit_transform(df['Class'])
```

```
df.head()
X = df[['Height', 'Weight']]
Y = df[['Class_2']]
x_train, x_test,y_train, y_test=train_test_split(X,Y,train_size=0.7,test_size=0.3)
```

标签映射结果如图 4.23 所示。

	Gender	Age	Height	Weight	Class	Class_2
0	M	21	163.0	60.0	过重	3
1	M	22	164.0	56.0	正常	0
2	M	21	165.0	60.0	过重	3
3	M	23	168.0	55.0	正常	0
4	M	21	169.0	60.0	正常	0

图 4.23　标签映射结果

步骤二：使用支持向量机构建模型并进行训练，代码如下。

```
# 建立支持向量机模型，设置核函数为'linear'（线性核函数）
params = {'kernel':'linear'}
classifier = SVC(**params)
classifier.fit(x_train, y_train.values.ravel())
x_train, x_test,y_train, y_test=train_test_split(X,Y,train_size=0.7,test_size=0.3)
classifier.fit(x_train, y_train.values.ravel())
```

步骤三：产生数据序列，使用训练好的模型对数据进行预测，并进行可视化。

```
x_min, x_max = df[['Height']].values.min()- 1.0, df[['Height']].values.max()+ 1.0
y_min, y_max = df[['Weight']].values.min()- 1.0, df[['Weight']].values.max()+ 1.0
step_size = 0.1
x_values, y_values = np.meshgrid(np.arange(x_min,x_max,step_size),
                    np.arange(y_min,y_max,step_size))
mesh_output = classifier.predict(np.c_[x_values.ravel(),y_values.ravel()])
mesh_output = mesh_output.reshape(x_values.shape)
plt.figure()
plt.pcolormesh(x_values,y_values,mesh_output,cmap=plt.cm.Paired, alpha=0.5)# 预测值
plt.scatter(df[['Height']],df[['Weight']], c=df[['Class_2']], s=80, edgecolors=
'black', linewidths=1, marker='o')# 原始数据
plt.title('肥胖程度判定-SVM(线性核函数) ')
plt.xlabel('身高/厘米')
plt.ylabel('体重/千克')
```

运行以上代码，可视化结果如图 4.24 所示。

步骤四：使用原始数据对训练好的模型进行评估，并显示评估报告，参考代码如下。

```
# 评估报告
from sklearn.metrics import classification_report
print(classification_report(y_test, classifier.predict(x_test)))
```

得到的分类模型评估报告如图 4.25 所示。

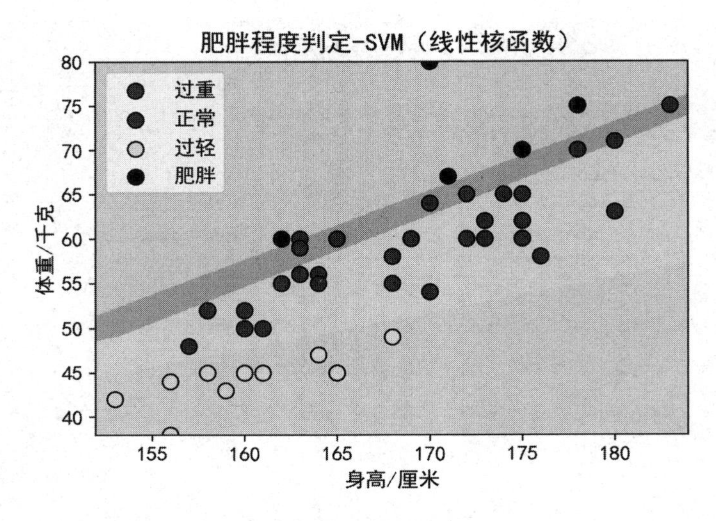

图 4.24　肥胖程度分类模型的可视化结果

##############################

	precision	recall	f1-score	support
0	1.00	1.00	1.00	13
2	1.00	1.00	1.00	2
3	1.00	1.00	1.00	1
avg / total	1.00	1.00	1.00	16

图 4.25　肥胖程度分类模型评估报告

4.5.1　核函数的基本概念

想一想

支持向量机是定义在特征空间上使间隔最大化的线性分类器。支持向量机还包括核技巧，这使得它成为实质上的非线性分类器。若样本数据是线性可分的，支持向量机则可以使用 linear 核函数。

此外，支持向量机为建立非线性分类器提供了许多选项，用户可以使用不同的核函数建立非线性分类器。Sklearn 中的 SVC 分类器可使用多种核函数。SVC(kernel = 'ploy')表示算法使用多项式核函数（Polynomial Function）；SVC(kernel = 'rbf')则表示使用高斯核函数（Radial Basis Function，RBF），又称为径向基函数。

多项式核函数的基本原理是通过升维将原本线性不可分的样本数据变得线性可分。比如，一维特征的样本数据有两种类型，分布如图 4.26 所示，显然，它们是线性不可分的。

图 4.26　线性不可分（变换前）

为样本数据添加一个特征：x^2。使得样本在二维平面内分布，此时样本在 x 轴上的分布位置不变，结果如图 4.27 所示，此时，样本数据是线性可分的。

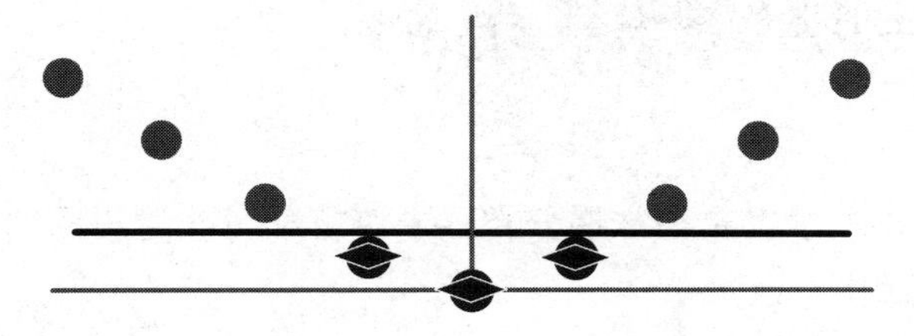

图 4.27　线性可分（变换后）

4.5.2　多项式核函数的使用

接下来，我们将使用多项式核函数进行肥胖程度分类。

在任务单 4-5 的支持向量机实例中，使用的代码为 params = {'kernel': 'linear'}，可将其替换为 params = {'kernel': 'poly', 'degree': 3}，表示使用了 3 次多项式核函数。可视化结果如图 4.28 所示。

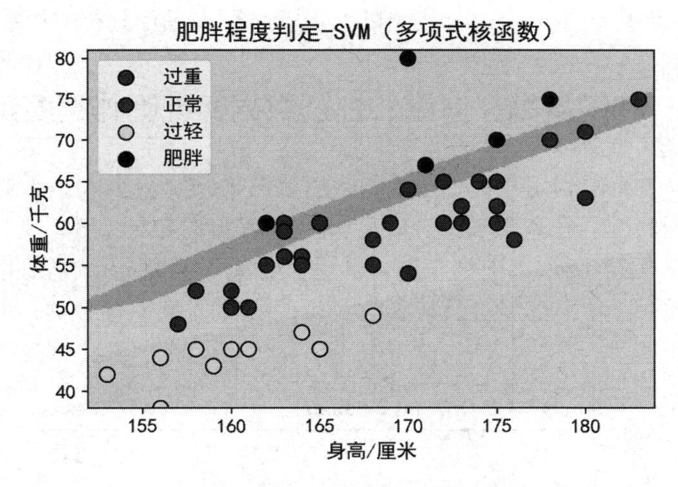

图 4.28　肥胖程度分类模型的可视化结果（多项式核函数）

肥胖程度分类模型评估报告如图 4.29 所示。

	precision	recall	f1-score	support
0	1.00	1.00	1.00	8
1	1.00	1.00	1.00	2
2	1.00	1.00	1.00	2
3	1.00	1.00	1.00	4
avg / total	1.00	1.00	1.00	16

图 4.29　肥胖程度分类模型评估报告

拓展实训：肥胖程度分类分析

【实训目的】

通过本次实训，要求学生熟练掌握分类器中监督学习（逻辑回归、朴素贝叶斯、决策树、支持向量机）的应用。

【实训环境】

PyCharm 或 Anaconda、Python 3.7、Pandas、NumPy、Matplotlib、Sklearn。

【实训内容】

本次数据分析与挖掘实训主要包括以下步骤。

- 收集/观察数据。
- 探索和准备数据。
- 基于数据训练模型。
- 评估模型的性能。

在接下来的应用拓展实训中，将按照以上步骤对数据进行分析与挖掘。

应用拓展（1）：利用身高、体重、性别数据实现肥胖程度判定

在生活中，我们经常利用身高、体重、性别数据来判定一个人是否肥胖，若超过一定阈值则认为其是肥胖的。在本次实训中，已知数据来自给定的 CSV 文件（hws31.csv），原始数据结构如图 4.30 所示，根据身高、体重、性别数据判定一个人的肥胖程度。通过选择合适的特征项、监督学习方法及其参数对人的肥胖程度进行分类，并评估不同方法的优劣。

	Gender	Age	Height	Weight	BMI	FAT	Class
0	M	21	163	60	22.582709	Y	过重
1	M	22	164	56	20.820940	N	正常
2	M	21	165	60	22.038567	Y	过重
3	M	23	168	55	19.486961	N	正常
4	M	21	169	60	21.007668	N	正常

图 4.30　原始数据结构（部分）

提示：首先需要对数据进行预处理，预处理结果如图 4.31 所示。再使用不同的机器学习方法训练模型，并使用适当的图表展现四维数据。

	Gender	Age	Height	Weight	BMI	FAT	Class	Weight_2	Height_2	Gender_2	FAT_2
0	M	21	163.0	60.0	22.582709	Y	过重	0.523810	0.333333	1	1
1	M	22	164.0	56.0	20.820940	N	正常	0.428571	0.366667	1	0
2	M	21	165.0	60.0	22.038567	Y	过重	0.523810	0.400000	1	1
3	M	23	168.0	55.0	19.486961	N	正常	0.404762	0.500000	1	0
4	M	21	169.0	60.0	21.007668	N	正常	0.523810	0.533333	1	0

图4.31　数据预处理结果

应用拓展（2）：利用BMI实现肥胖程度分类

BMI，即身体质量指数，简称体质指数或体重，英文为Body Mass Index，是用体重千克数除以身高米数的平方得出的，是目前国际上常用的衡量人体肥胖程度及是否健康的一个标准。BMI主要用于统计，当我们需要比较及分析一个人的体重对于不同高度的人所带来的健康影响时，BMI值是一个中立而可靠的指标。hws31.csv文件中包含身高、体重、性别、BMI和肥胖程度数据（见图4.30）。根据BMI等数据，使用不同的机器学习方法判定人体肥胖程度（过轻、正常、过重、肥胖），并对模型进行评估。实现过程与本项目的任务单4-5类似，不再详述。

项目考核

【选择题】

1．下列属于监督学习的有（　　）。[多选题]

A．聚类　　B．分类　　C．回归　　D．降维

2．在下列选项中，关于朴素贝叶斯的描述正确的是（　　）。

A．它假设属性之间相互独立

B．根据先验概率计算后验概率

C．对于给定的待分类项 $X=\{a_1,a_2,...,a_n\}$，求解在此项出现的条件下各个类别 y_i 出现的概率，哪个 $P(y_i|X)$ 最大，就把此待分类项归属于哪个类别

D．它包括最小错误率判断规则和最小风险判断规则

3．在下列选项中，关于决策树的描述错误的是（　　）。

A．冗余属性不会对决策树的精确率造成不利影响

B．子树可能在决策树中重复多次

C．决策树对于噪声的干扰非常敏感

D．寻找最佳决策树是多项式复杂程度的非确定性完全问题

4．在 Sklearn 中，对于朴素贝叶斯的实现，（　　）适合于连续的特征值。

A．GaussianNB　　B．MultinomialNB

C．BernoulliNB　　D．以上都不是

5．以下（　　）指标可以用来评价不同模型之间的优劣。

A．精确率　　B．召回率　　C．准确率　　D．F1 分数

E．以上都是

【判断题】

1．决策树是一种基本的分类和回归方法。决策树呈星形结构，在分类问题中，表示基于特征对实例进行分类的过程。（　　）

2．分类和回归都可用于预测，分类的输出是离散的类别值，而回归的输出是连续数值。（　　）

3．对于支持向量机，待分类样本集中的大部分样本不是支持向量，移去或者减少这些样本对分类结果没有影响。（　　）

4．朴素贝叶斯是一种在已知后验概率与类条件概率情况下的模式分类方法，待分类样本的分类结果取决于各类域中样本的全体。（　　）

5．分类模型的误差大致分为两种：训练误差（Training Error）和泛化误差（Generalization Error）。（　　）

6．在决策树中，树中节点数变大，虽然模型的训练误差还在继续降低，但是检验误差开始增大，这是出现了模型欠拟合的问题。（　　）

7．支持向量机是一种寻找具有最小边缘的超平面的分类器。因此，它也经常被称为最小边缘分类器（Minimal Margin Classifier）。（　　）

【简答题】

1．回归与分类的联系与区别是什么？

2．什么是过学习、过拟合？

3．说一说逻辑回归与支持向量机的联系与区别。

【参考答案】

【选择题】

1．BC。

2．A。根据贝叶斯定理，由先验概率和条件概率计算后验概率。

3．C。

4．A。

5．E。

【判断题】

1．错。决策树是一种基本的分类和回归方法。决策树呈树形结构，在分类问题中，表

示基于特征对实例进行分类的过程。决策树的学习过程通常包括特征选择、决策树生成和剪枝。

2．对。 3．对。 4．错。 5．对。 6．错。 7．错。

【简答题】

1．答：分类要求先向模型中输入数据的训练样本，然后从训练样本中提取描述该类数据的一个函数或模型，通过该模型对其他数据进行预测和归类。分类是一种对离散型随机变量进行建模或预测的监督学习，同时产生离散的结果。比如在医疗诊断中判断一个人是否患有癌症，在放贷过程中进行客户评级等。回归与分类一样都是监督学习，因此也需要先向模型中输入数据的训练样本，但是与分类的区别是，回归是一种对连续型随机变量进行预测和建模的监督学习，产生的结果一般也是连续的。

2．答：过学习也称为过拟合。在机器学习中，由于学习机器过于复杂，尽管保证了分类的精确率很高（经验风险很小），但由于 VC（Vapnik-Chervonenkis）太大，因此期望风险仍然很高。也就是说，在某些情况下，训练误差小反而可能导致对测试样本的学习性能不佳。

3．答：联系：两者都是监督学习的分类方法，都是线性分类方法（在不考虑核函数时，都是判别模型）。区别：两者的损失函数不同，支持向量机是 hinge 损失函数，逻辑回归是对数损失函数；支持向量机不能产生概率，逻辑回归可以产生概率；支持向量机自带结构风险最小化，逻辑回归则是经验风险最小化；支持向量机可以用核函数而逻辑回归一般不用核函数；根据经验来看，对于小规模数据集，支持向量机的分类应用效果要好于逻辑回归，但是在大规模数据集中，支持向量机的计算复杂度受到限制，而逻辑回归因为训练简单，可以在线训练，所以经常被大量采用。

项目5

鸢尾花分类分析

项目描述

中国是花的故乡，自古就有赏花、种花、用花的历史，许多文人墨客留下了大量赞美花的诗句和文章，给人们留下了深刻的印象。在古代诗词中，鸢尾花总是被赞美为美丽、高贵的象征，它的花色丰富、形态婀娜，让人为之倾倒。明代孙继皋曾这样赞美鸢尾花：“蝴蝶梦为花，花开幻蝴蝶。紫艳双纷翻，香心不可拾。”乾隆皇帝看到鸢尾花，也写了多首诗词来表达对鸢尾花的喜爱之情。例如：“扁舒翠叶挺抽茎，翅尾翩翾举若轻。栩栩春驹飞不去，似从石畔认三生。”这些古诗词用华美的语言来描写鸢尾花的美丽，更是让人对鸢尾花的喜爱倍增。

人们对鸢尾花的欣赏，从古至今不仅停留在外表，还会透过现象看本质，以获得更大的精神享受。于是，人们借助于各种文学形式赋予鸢尾花一定的感情色彩。这种赋予使花朵拥有了人的性格，有了自己的思想情感，从而也就产生了所谓的“花语”。鸢尾花寓意繁多，不同的历史文化，为鸢尾花赋予了不同的思想内涵。

每到传统节日，我们都有送花的习俗，以表达对亲人、朋友的不同情感。鸢尾花因花瓣形如鸢鸟尾巴而得名，如图 5.1 所示，在我国常用来象征友谊、爱情，代表前途无量、鹏程万里、明察秋毫。

杂色鸢尾

山鸢尾

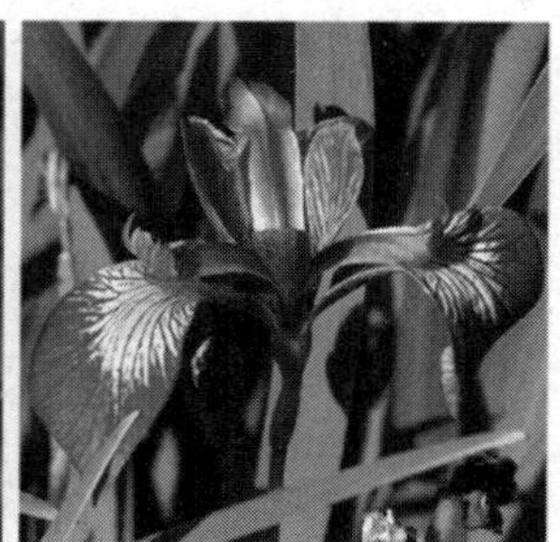

维吉尼亚鸢尾

图 5.1　多样的鸢尾花

植物学家埃德加·安德森收集了一些鸢尾花测量数据，包括花萼长度（Sepal Length）、花萼宽度（Sepal Width）、花瓣长度（Petal Length）和花瓣宽度（Petal Width）这 4 个特征。已采集的这些鸢尾花被植物学家鉴定为属于 versicolor、setosa 或 virginica 3 个品种之一。因此，基于这 4 个特征数据，我们可以确定每朵鸢尾花所属的品种。本项目的目标是构建一个机器学习模型，使其能从这些已知品种的鸢尾花测量数据中学习，从而预测未知鸢尾花的品种。

学习目标

知识目标

- 理解 k 近邻、随机森林、多层感知机、神经网络的基本原理和基本概念；
- 进一步掌握数据分析与挖掘的流程，加深对模型建立与分析过程的理解；
- 进一步掌握数据分析与挖掘常用包（如 NumPy、Pandas、Sklearn、Matplotlib 等的使用）；（重点）
- 初步掌握 KNeighborsClassifier、RandomForestClassifier 和 MLPClassifier 类的应用、相关参数的含义及调参方法①。

能力目标

- 会使用 Sklearn 中的 KNeighborsClassifier、RandomForestClassifier 和 MLPClassifier 类实现分类应用②；
- 会使用 Tensorflow 设计和训练简单的神经网络模型；
- 会调整分类模型的参数，实现分类效果的优化③。

素质目标

- 厚植“中国特色”的传统文化根脉，坚定文化自信；
- 善于观察，增强对大自然及生活的热爱；
- 精准分类，细心改进模型的参数，尽心完成模型的部署，培养精益求精的品质意识。

任务分析

山鸢尾（Setosa）、杂色鸢尾（Versicolor）和维吉尼亚鸢尾（Virginica）是有名的鸢尾花。这 3 种不同的鸢尾花长得很相似，但人们可根据花萼长度、花萼宽度、花瓣长度和花瓣宽度这 4 个特征对鸢尾花进行分类。

---

① 详细内容可参考《大数据分析与应用开发职业技能等级标准》中级 5.3.2。

② 重点：详细内容可参考《国家职业技术技能标准——大数据工程技术人员（2021 年版）》中级 6.3.2。

③ 难点：详细内容可参考《国家职业技术技能标准——大数据工程技术人员（2021 年版）》中级 6.3.3。

本项目使用的数据集中包含 150 个数据，根据鸢尾花的上述 4 个特征将数据集分为 3 个品种。每个品种均有 50 个数据。本项目将基于给定的数据集文件“iris.csv”中采集的样本数据来预测鸢尾花属于 3 个品种中的哪一个，主要包含以下明细任务。

（1）数据读取与加载：使用 Pandas 工具包从 CSV 文件中读取数据，并使用正确的数据结构进行存储，以方便后期的加工与处理。

（2）数据预处理：显示加载好的数据，并检查各列数据的完整性和正确性。同时，结合分析需要，利用 Sklearn 的数据预处理模块，做好 4 个特征数据的归一化处理，以及鸢尾花类别的标签映射工作。

（3）数据分析：对不同类别的鸢尾花进行特征分析和可视化，判定是否可以使用 4 个特征实现精准分类。

（4）使用不同的分类方法对鸢尾花进行分类：分类有许多种方法，本项目分别使用 k 近邻、随机森林、多层感知机、神经网络等监督学习方法实现鸢尾花的分类。

（5）模型评估：使用随机划分的测试集对得到的模型进行评估和对比。

相关知识基础

机器学习中常用的分类方法包括逻辑回归、朴素贝叶斯、决策树、支持向量机、k 近邻（k-Nearest Neighbor，k-NN）、随机森林（Random Forest）、人工神经网络（Artificial Neural Network，ANN）等。通过项目 4 的学习与实践，我们对前 4 种方法有了初步的了解，本项目主要使用 k 近邻、随机森林、人工神经网络等方法解决分类问题。

1）k 近邻

k 近邻的核心思想是：在特征空间中，如果一个样本的 k 个最相似的样本中的大多数属于某一个类别，则该样本也属于这个类别，并具有这个类别上样本的特性。该方法在确定分类决策上只依据最邻近的一个或者几个样本的类别来确定待分类样本所属的类别。在 k 近邻中，所选择的邻居都是已经正确分类的对象。

2）随机森林

在项目 4 中，我们学习了决策树，那么很容易理解什么是随机森林。随机森林就是通过集成学习的思想将多棵决策树集成的一种方法。随机森林的基本单元是决策树，而它的本质属于机器学习的一大分支——集成学习。在分类问题中，每棵决策树从直观上讲都是一个分类器，对于一个输入样本，n 棵决策树会有 n 个分类结果。而随机森林集成了所有的分类投票结果，将投票次数最多的类别指定为最终的输出结果，这是一种十分简单的并行思想。

3）人工神经网络

人工神经网络是指通过对人脑的基本单元——神经元（Neuron）的建模和连接，探索模拟人脑神经系统功能的模型，并研制一种具有学习、联想、记忆和模式识别等智能信息处理功能的人工系统。人工神经网络在工程与学术界简称为神经网络或类神经网络。神经网络的一个重要特性是它能够从环境中学习，并把学习的结果分布存储于网络的突触连接中。

神经网络的学习是一个过程，在其所处环境的激励下，相继给网络输入一些样本模式，并按照一定的规则（学习算法）调整网络各层的权值矩阵，待网络各层的权值矩阵都收敛到一定值时，学习过程结束。之后我们就可以用生成的神经网络来对真实数据进行分类。

拓展读一读

追根溯源，人工神经网络诞生于人类对于人脑和智能的追问。

意大利细胞学家卡米洛·高尔基徒手将脑组织切成薄片，用重铬酸钾_硝酸银浸染法染色，第一次在显微镜下观察到了神经细胞和神经胶质细胞。这为神经科学的研究提供了最为基本的组织学方法。

西班牙神经组织学家拉蒙·伊·卡哈尔在掌握了高尔基的染色法后，又进一步对其做了改良，并发明了独创的银染法，显示了神经纤维的微细结构。他发现神经细胞之间没有原生质的联系。他提出神经细胞是整个神经活动最基本的单位（所以称为神经元），从而使复杂的神经系统有了进一步研究的切入口。他对于大脑的微观结构研究是开创性的，被许多人认为是现代神经科学之父。此后，卡哈尔经过大量精细的实验，创立了“神经元学说”。该学说的创立为神经科学的进一步发展开创了新纪元。另外，卡哈尔的绘图技能也非常出众，他绘制的脑细胞插图至今用于教学。

对智能机器的探索和计算机的历史一样古老。尽管中文“电脑”从一开始就拥有了“脑”的头衔，但事实上它与真正的智能相差甚远。艾伦·图灵提出了几个标准来评估一台机器是否可以被认为是智能的，其被称为“图灵测试”。神经元及其连接中也许藏着智能的隐喻，沿着这条路线前进的人被称为连接主义。

1943年，沃伦·麦卡洛克（Warren McCulloch）和沃尔特·皮茨（Walter Pitts）发表题为 *A logical calculus of the ideas immanent in nervous activity* 的论文，首次提出神经元的M-P（Warren McCulloch-Walter Pitts）模型。该模型借鉴了已知的神经细胞生物过程原理，是第一个神经元数学模型，是人类历史上第一次对大脑工作原理进行描述的尝试。

人工神经网络是成功的仿生算法之一，是人们受自然（生物界）规律的启迪，根据神经元工作原理，模仿求解问题的算法；它是从自然界得到启迪，模仿其结构进行的发明创造。此外，至今仍活跃在计算机领域中的仿生算法还包括遗传算法、粒子群算法、蚁群算法等。

素质养成

分类是数据挖掘中一种非常重要的方法。分类是在已有数据的基础上学会一个分类函数或构造出一个分类模型。该函数或模型能够把数据库中的数据记录映射到给定类别中的某一个，从而应用于数据预测。常用的分类方法除了项目4中提到的逻辑回归、朴素贝叶斯、决策树、支持向量机，还有随机森林、人工神经网络等。

本项目基于经典的鸢尾花数据，围绕“鸢尾花的类别”问题，学习不同分类方法的应用。在实现过程中，有机融入经典机器学习方法，提升学生的素养，使其可以把握机器学习相关岗位的职业方向。

项目任务的不断深入，充分反映了技术人员能通过不同的方法和路径实现分类应用，以及能利用机器学习技术解决生产、生活中的实际分类问题。学生通过此次的项目实践可有效提升自身的职业技能和实践动手能力。同时，通过对本案例的背景业务进行解析和实训，可让学生深刻认识大自然的美妙和生物的内在奥秘，树立正确的人生观、世界观。通过拓展实训的应用实践，可进一步拓宽思维，强化创新精神。

项目实施

山鸢尾、杂色鸢尾和维吉尼亚鸢尾在花萼长度、花萼宽度、花瓣长度和花瓣宽度上显现出了不同的特征，我们可以根据这 4 个特征数据来判定鸢尾花的品种。

任务 1　使用 *k* 近邻实现鸢尾花的分类

微课：项目 5 任务 1-*k* 近邻分类器的应用.mp4

k 近邻是基于实例的分类，属于惰性学习（Lazy Learning）。*k* 近邻是通过测量不同特征值之间的距离进行分类的。在特征空间中，如果一个样本的 *k* 个最相似（即在特征空间中最邻近）的样本中的大多数属于某一个类别，则该样本也属于这个类别，其中 *k* 通常是小于或等于 20 的整数。不同 *k* 的选择会对 *k* 近邻的结果造成重大影响。*k* 近邻的结果在很大程度上取决于 *k* 的选择，其方法的训练过程描述如下。

（1）计算测试数据与各个训练数据之间的距离。

（2）按照距离的递增关系进行排序。

（3）选取距离最小的 *k* 个点。

（4）确定前 *k* 个点所属类别的出现频率。

（5）将返回前 *k* 个点中出现频率最高的分类结果作为测试数据的预测分类结果。

k 近邻可以应用到很多情景中，比如，如果要预测某一套房子的单价，就可以参考与其最相似的 *k* 套房子的价格，这些相似特征可以是距离最近、户型最相似等。

动一动

基于鸢尾花的公开数据集“iris.csv”，使用 Sklearn 中的 *k* 近邻实现鸢尾花的分类。

任务单

任务单 5-1　使用 *k* 近邻实现鸢尾花的分类
学号：__________ 姓名：__________ 完成日期：__________ 检索号：__________
任务说明 本项目使用的“iris.csv”文件中的数据，包含花萼长度、花萼宽度、花瓣长度、花瓣宽度和鸢尾花类别等数据项。类别项的值为字符串类型。为分析数据，我们需要先将类别分别映射为 0、1、2 后再进行分类。同时，我们需要基于输入数据做出分析，判断基于这 4 个特征能否区分出鸢尾花的品种。

 引导问题

 想一想

（1）花萼长度、花萼宽度、花瓣长度、花瓣宽度数据服从什么样的分布？它们之间是否相关？

（2）鸢尾花类别的映射值会不会对训练结果造成影响？

（3）*k* 近邻的原理是什么？它主要应用在哪些方面？

（4）如何度量两个样本之间的距离？有哪些度量方法？

（5）在 Sklearn 中是如何实现 *k* 近邻方法的？写出关键函数与实现步骤。

 重点笔记区

 任务评价

评价内容	评价要素	分值	分数评定	自我评价
1．任务实施	数据预处理	4 分	数据读取正确得 1 分，数据分析完备得 1 分，标签映射正确得 1 分，数据集有切分得 1 分	
	模型训练	2 分	模型构建正确得 1 分，模型训练能顺利执行得 1 分	
	模型预测	1 分	能得出预测结果得 1 分	
2．模型评估	可视化模型并评估结果	2 分	评估结果详细得 1 分，模型准确率在 95%以上得 1 分	
3．任务总结	依据任务实施情况得出结论	1 分	结论切中本任务的重点得 1 分	
合　计		10 分		

任务解决方案关键步骤参考

“iris.csv”文件中的部分数据如图 5.2 所示，其中 SepalLengthCm、SepalWidthCm、PetalLengthCm 和 PetalWidthCm 的单位均为厘米。

	Id	SepalLengthCm	SepalWidthCm	PetalLengthCm	PetalWidthCm	Species
0	1	5.1	3.5	1.4	0.2	Iris-setosa
1	2	4.9	3.0	1.4	0.2	Iris-setosa
2	3	4.7	3.2	1.3	0.2	Iris-setosa
3	4	4.6	3.1	1.5	0.2	Iris-setosa
4	5	5.0	3.6	1.4	0.2	Iris-setosa

图 5.2　“iris.csv”文件中的部分数据

要求以“iris.csv”文件中的数据为分析对象，根据已知的花萼长度、花萼宽度、花瓣长

度和花瓣宽度，使用 k 近邻预测对应的鸢尾花品种。下面按照数据读取、数据预处理、数据可视化等步骤来说明 Sklearn 中 k 近邻的使用过程。

步骤一：数据读取，代码如下。

```
#coding:utf-8
import pandas as pd
df= pd.read_csv('iris.csv', delimiter=',')
df.head()
```

步骤二：数据预处理，代码如下。

```
from sklearn import preprocessing
# 对类别进行数值化处理
le = preprocessing.LabelEncoder()
df['Cluster'] = le.fit_transform(df['Species'])
df.head()
```

鸢尾花数据预处理结果如图 5.3 所示。

	Id	SepalLengthCm	SepalWidthCm	PetalLengthCm	PetalWidthCm	Species	Cluster
0	1	5.1	3.5	1.4	0.2	Iris-setosa	0
1	2	4.9	3.0	1.4	0.2	Iris-setosa	0
2	3	4.7	3.2	1.3	0.2	Iris-setosa	0
3	4	4.6	3.1	1.5	0.2	Iris-setosa	0
4	5	5.0	3.6	1.4	0.2	Iris-setosa	0

图 5.3　鸢尾花数据预处理结果

步骤三：数据可视化，代码如下。

```
import numpy as np
import matplotlib.pyplot as plt
plt.rcParams['font.sans-serif'] = ['SimHei']
plt.rcParams['axes.unicode_minus'] = False
X = df[['SepalLengthCm','SepalWidthCm','PetalLengthCm','PetalWidthCm']]
Y = df[['Cluster','Species']]
# 可视化
grr=pd.plotting.scatter_matrix(X,c=np.squeeze(Y[['Cluster']]),figsize=(8,8),marker=
"o",hist_kwds={'bins':20},s=60,alpha=.8,cmap=plt.cm.Paired)
plt.show()
```

可视化结果如图 5.4 所示，图中各坐标单位均为厘米。从图 5.4 中可以看出，可根据 4 个特征较好地区分出鸢尾花的品种。

步骤四：数据集切分，代码如下。

```
from sklearn.model_selection import train_test_split
x_train, x_test,y_train, y_test=train_test_split(X,Y)
```

步骤五：使用 k 近邻建立模型并进行训练，代码如下。

```
from sklearn.neighbors import KNeighborsClassifier
# k 近邻分类预测
knn = KNeighborsClassifier(n_neighbors=5)
```

```
knn.fit(x_train,np.squeeze(y_train[['Cluster']]))
y_pred=knn.predict(x_test)
```

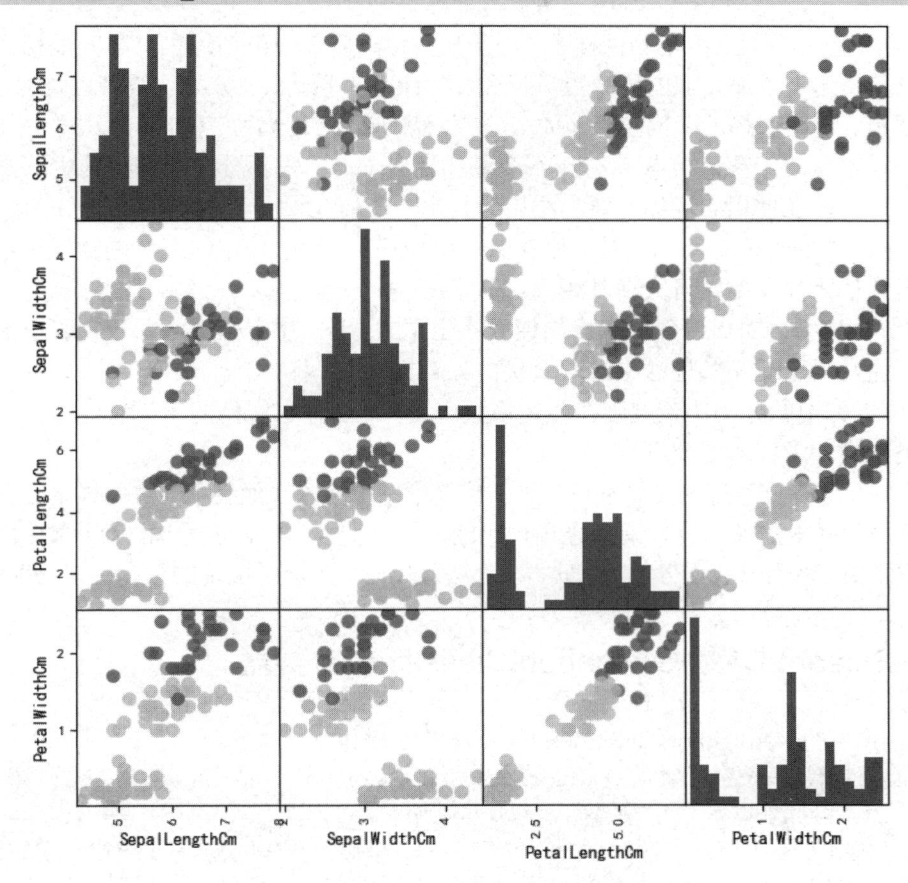

图 5.4　可视化结果

步骤六：对模型进行评估，代码如下。

```
y_pred=knn.predict(x_test)
# 模型评估结果
print("预测准确率：{:.2f}".format(knn.score(x_test,y_test[['Cluster']])))
print(pd.crosstab(y_test['Cluster'], y_pred, rownames=['Actual Values'], colnames=
['Prediction']))
```

上述代码对模型进行了简单评估，其预测准确率为 0.97，具体显示结果如图 5.5 所示。

```
预测准确率：0.97
Prediction      0   1   2
Actual Values
0              15   0   0
1               0  11   1
2               0   0  11
```

图 5.5　*k* 近邻模型的评估结果

5.1.1 *k* 近邻的基本原理

k 近邻的基本原理：给定测试样本，基于某种距离度量找出训练集中与其最相似的 *k* 个样本点，基于这 *k* 个最相似的样本点进行预测。距离度量、*k* 及分类决策规则是 *k* 近邻的 3 个基本要素。根据选择的距离度量（如曼哈顿距离或欧氏距离），可计算测试样本与训练集中的每个样本点的距离，根据 *k* 选择 *k* 个最邻近样本点，根据分类决策规则将测试样本进行分类。通常，在使用 *k* 近邻时要注意以下几点。

（1）*k* 近邻的特征空间一般是 *n* 维实数向量空间。*k* 近邻使用的距离是欧氏距离，但也可以使用其他距离，如闵可夫斯基距离。

（2）*k* 的选择会对 *k* 近邻训练出的模型产生重大影响。在应用中，*k* 一般取一个比较小的数值，通常采用交叉验证法来选取最优的 *k*。

（3）*k* 近邻中的分类决策规则往往是多数表决，即由输入实例的 *k* 个邻近的训练样本中的多数类决定输入样本的类别。

k 近邻在进行分类时主要的不足在于，当样本不平衡时（如某个分类的样本数量很多，而其他分类的样本数量较少），有可能出现当输入一个新样本时，该样本的 *k* 个邻居中数量多的样本占多数，从而导致误分类。因此，该方法比较适用于分类类别的数量比较均衡的情况。

5.1.2 Sklearn 中的 KNeighborsClassifier()分类器

Sklearn 中的 KNeighborsClassifier()分类器的参数如下。

```
class sklearn.neighbors.KNeighborsClassifier(
          n_neighbors=5, weights='uniform', algorithm='auto', leaf_size=30,
          p=2, metric='minkowski', metric_params=None, n_jobs=None, **kwargs)
```

其中，参数 n_neighbors 为整型，用于设定 *k* 近邻的 *k*。参数 p 为整型，是可选参数，默认值为 2，用于设置 Minkowski space（闵可夫斯基空间）的超参数。当 p＝1 时，相当于 *k* 近邻方法使用的是曼哈顿距离；当 p＝2 时，相当于 *k* 近邻方法使用的是欧几里得距离；而当 p 为其他值时，相当于 *k* 近邻方法使用的是闵可夫斯基距离。参数 metric（矩阵）为字符串或标量，默认值为 minkowski，表示树的距离矩阵，如果和 p=2 一起使用，则相当于使用标准欧几里得矩阵。参数 n_jobs 为整型，是可选参数，默认值为 None，用于指定搜索邻居时可并行运行的任务数量。如果 n_job 的值为−1，则任务数量为 CPU 核的数量。

任务 2 使用随机森林实现鸢尾花的分类

微课：项目 5 任务 2-随机森林分类器的应用.mp4

传统的机器学习分类方法有很多种，如决策树、支持向量机等。这些方法都是单个分类器，有性能提升瓶颈及过拟合问题，因此，集成多个分类器来提高预测性能的方法应运而生，这就是集成学习（Ensemble Learning）。随机森林是决策树的集成学习实现。

动一动

基于鸢尾花的公开数据集“iris.csv”，使用 Sklearn 中的 RandomForestClassifier()分类器实现鸢尾花的分类。

任务单

任务单 5-2　使用随机森林实现鸢尾花的分类

学号：＿＿＿＿＿＿＿＿姓名：＿＿＿＿＿＿＿＿完成日期：＿＿＿＿＿＿＿＿检索号：＿＿＿＿＿＿＿＿

任务说明

随机森林是将多棵决策树整合成森林并用其预测最终结果的方法。随机森林的每棵决策树之间是没有关联的。在分类问题中，当输入一个新的样本时，就让森林中的每棵决策树分别进行判断，看看该样本属于哪一类。哪一类被选择最多，就预测这个样本为该类别。现基于本项目的任务 1 得到的数据，使用随机森林实现鸢尾花的分类。

引导问题

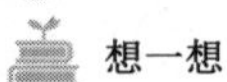

想一想

（1）随机森林与决策树有何本质上的异同？试结合本任务说明其中的原理。

（2）随机森林在 Sklearn 中是如何实现分类的？有哪些相关的类？

（3）Sklearn 中的随机森林实现，主要包含哪些参数？哪些参数会对本任务的识别结果产生重要影响？

（4）如何比较 k 近邻与随机森林不同分类方法的优劣？

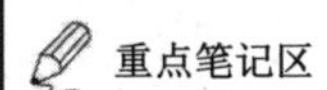

重点笔记区

任务评价

评价内容	评价要素	分值	分数评定	自我评价
1．任务实施	模型初始化	3 分	第三方包导入正确得 1 分，模型选用正确得 1 分，模型构建正确得 1 分	
	模型训练	1 分	模型训练能顺利执行得 1 分	
	模型预测	1 分	能展现历史数据及预测结果得 1 分	
2．模型评估	可视化模型并评估结果	3 分	能正确展现模型评估结果得 2 分，模型准确率在 92%以上得 1 分	
3．任务总结	依据任务实施情况得出结论	2 分	结论切中本任务的重点得 1 分，能有效比较不同方法的优劣得 1 分	
合　计		10 分		

任务解决方案关键步骤参考

随机森林对应的代码如下。

```
from sklearn.ensemble import RandomForestClassifier
```

```
# 随机森林分类预测
clf = RandomForestClassifier(n_jobs=3)
clf.fit(x_train, y_train[['Cluster']] .values.ravel())
y_pred=clf.predict(x_test)

print("预测准确率：{:.2f}".format(clf.score(x_test,y_test[['Cluster']])))
print(pd.crosstab(y_test['Cluster'], y_pred, rownames=['Actual Values'], colnames=
['Prediction']))
```

模型的评估结果如图5.6所示，预测准确率为0.95。

```
预测准确率：0.95
Prediction     0   1   2
Actual Values
0             13   0   0
1              0  15   0
2              0   2   8
```

图5.6　随机森林模型的评估结果

5.2.1　集成学习方法

集成学习是指将多个模型进行组合来解决单一的预测问题。它的原理是首先生成多个分类器模型，让其各自独立地学习并做出预测，然后将这些预测结合起来得到预测结果。因此和单个分类器的结果相比，其结果一样或更好。

Bagging集成（基于并行式的思想）和Boosting集成（基于串行式的思想）方法是两种常见的集成学习方法，这两者的区别在于集成的方式是并行还是串行的。随机森林是Bagging集成学习方法中最具有代表性的一种方法。

5.2.2　随机森林

随机森林是由多棵决策树构成的一种分类器，是基于决策树的一种集成学习方法。决策树是一种广泛应用的树形分类器，在树的每个节点上通过选择最优的分裂特征不停地进行分类，直到达到建树的停止条件（比如叶节点中的数据都是同一个类别的）为止。当输入待分类样本时，决策树确定一条由根节点到叶节点的唯一路径，该路径上叶节点的类别就是待分类样本的所属类别。决策树是一种简单且快速的非参数分类方法，在一般情况下，它有很高的精确率。然而，当数据复杂时，决策树会有性能提升的瓶颈。

随机森林是2001年由加利福尼亚大学的LeoBreiman提出的一种机器学习方法，他将并行集成学习理论与随机子空间方法相结合。随机森林包含多棵由并行集成学习技术训练得到的决策树，当输入待分类样本时，最终的分类结果由每棵决策树的输出结果投票决定。随机森林解决了决策树性能瓶颈的问题，对噪声和异常值有较好的容忍性，对高维数据分类问题具有良好的可扩展性和并行性。此外，随机森林是由数据驱动的一种非参数分类方法，只需从给定样本数据集中学习分类规则而不需要先验知识。

随机森林主要应用于回归和分类场景中，且侧重于分类。研究表明，对于大部分数据而言，作为组合分类器的随机森林分类效果比较好，能处理高维特征，不容易产生过拟合，特别是对于大数据而言，其模型训练速度比较快。在决定类别时，它可以评估变数的重要性。另外，它对数据集的适应能力较强，既能处理离散数据，也能处理连续数据，数据集无须规范化，但是随机森林对少量数据集和低维数据集的分类不一定可以得到很好的效果，相对来说，它的计算速度比单棵决策树的计算速度要慢。

在 Sklearn 中，随机森林既有应用于分类的随机森林分类（RandomForestClassifier），又有应用于回归的随机森林回归（RandomForestRegressor）。

5.2.3　Sklearn 中的 RandomForestClassifier()分类器

Sklearn 中的 RandomForestClassifier()是一种随机森林分类器的实现。该分类器的参数如下。

```
class sklearn.ensemble.RandomForestClassifier
       (n_estimators='warn', criterion='gini', max_depth=None, min_samples_split=2,
        min_samples_leaf=1, min_weight_fraction_leaf=0.0, max_features='auto',
       max_leaf_nodes=None, min_impurity_decrease=0.0, min_impurity_split=None,
        bootstrap=True, oob_score=False, n_jobs=None, random_state=None, verbose=0,
       warm_start=False, class_weight=None)
```

其中，主要的两个参数是 n_estimators 和 max_features。

参数 n_estimators 表示随机森林中决策树的数量，理论上是越多越好，但是计算时间也会相应增加。想要达到好的预测结果，需要选择合理的数量。如果机器性能够好，则可以选择尽可能多的数量，使预测结果更好、更稳定。

参数 max_features 表示随机森林允许单棵决策树使用特征的最大数量，用来分割节点。数量越少，方差减少得越快，但同时偏差就会增加得越快。Python 为最大特征数提供了多个可选项，其中，“Auto/None”选项表示简单地选取所有特征，对每棵子树都没有任何限制；“sqrt”选项表示允许每棵子树选取的特征受限于总特征数的平方根，例如，如果变量（特征）的总数是 100 个，则每棵子树只能选取其中的 10 个；“0.2”选项表示允许每棵子树可选取的最大特征数为总特征数的 20%。

任务 3　使用 Tensorflow 设计神经网络实现鸢尾花的分类

动一动

微课：项目 5 任务 3-神经网络分类器的应用.mp4

设计具有 3 层隐藏层的神经网络，并根据鸢尾花的 4 个特征来实现鸢尾花的分类。

任务单

任务单 5-3　使用 TensorFlow 设计神经网络实现鸢尾花的分类

学号：__________ 姓名：__________ 完成日期：__________ 检索号：__________

任务说明

神经网络分类器是一种基于神经网络的算法，它可以通过学习数据中的模式，对不同种类的数据进行分类。现基于本项目的任务 1、任务 2 得到的数据及分类结果，进一步设计神经网络并训练模型实现鸢尾花的分类。

引导问题

想一想

（1）如何使用神经网络实现鸢尾花的分类？试结合本任务说明其中的原理。

（2）神经网络在 TensorFlow 中是如何灵活实现的？

（3）在设计神经网络时，哪些参数比较关键？

（4）激活函数有何作用？其选取有何规律？学习率又该如何取值？

（5）比较神经网络与 k 近邻和随机森林的优劣，想一想其优势体现在哪里。

重点笔记区

任务评价

评价内容	评价要素	分值	分数评定	自我评价
1．任务实施	模型初始化	4 分	第三方包导入正确得 1 分，模型设计正确得 1 分，模型构建正确得 1 分，会修改模型参数得 1 分	
	模型训练	2 分	模型训练能顺利执行得 1 分，会正确调整参数得 1 分	
2．模型评估	模型评估报告展现	2 分	能准确解释各个指标的含义得 1 分，模型准确率在 92%以上得 1 分	
3．任务总结	依据任务实施情况得出结论	2 分	结论切中本任务的重点得 1 分，能有效比较 k 近邻、随机森林和神经网络的不同和优劣得 1 分	
合　计		10 分		

任务解决方案关键步骤参考

参考代码如下。

```
#coding:utf-8
import numpy as np
import pandas as pd
import matplotlib.pyplot as plt
```

```
import tensorflow as tf
from sklearn.model_selection import train_test_split
from sklearn import preprocessing

plt.rcParams['font.sans-serif'] = ['SimHei']
plt.rcParams['axes.unicode_minus'] = False

df= pd.read_csv('iris.csv', delimiter=',')
# 对类别进行数值化处理
le = preprocessing.LabelEncoder()
df['Cluster'] = le.fit_transform(df['Species'])
x = df[['SepalLengthCm','SepalWidthCm','PetalLengthCm','PetalWidthCm']]
y = df[['Cluster']]
sess = tf.Session()
seed = 2
tf.set_random_seed(seed)
np.random.seed(seed)
# 创建训练集与测试集
x_train, x_test,y_train, y_test=train_test_split(x, y, train_size=0.8, test_size=0.2)
# 添加占位符，4 个输入
x_data = tf.placeholder(shape=[None, 4], dtype=tf.float32)
# 添加占位符，1 个输出
y_target = tf.placeholder(shape=[None, 1], dtype=tf.float32)
# 定义如何添加一个隐藏层的函数
def add_layer(input_layer, input_num, output_num):
    weights = tf.Variable(tf.random_normal(shape=[input_num, output_num]))
    biase = tf.Variable(tf.random_normal(shape=[output_num]))
    hidden_output = tf.nn.relu(tf.add(tf.matmul(input_layer, weights), biase))
    return hidden_output
# 定义 3 层隐藏层对应的节点个数
hidden_layer_nodes = [10,8,10]
hidden_output = add_layer(x_data, 4, hidden_layer_nodes[0])
# 循环添加 3 层隐藏层
for i in range(len(hidden_layer_nodes[:-1])):
    hidden_output   =   add_layer(hidden_output,   hidden_layer_nodes[i],hidden_
layer_nodes[i + 1])
final_output = add_layer(hidden_output,hidden_layer_nodes[-1],1)
# 定义损失函数，使得误差最小
loss = tf.reduce_mean(tf.square(y_target - final_output))
# 设置学习率来调整每一步更新的大小
my_opt = tf.train.GradientDescentOptimizer(learning_rate=0.00004)
# 优化目标：最小化损失函数
train_step = my_opt.minimize(loss)
init = tf.global_variables_initializer()
sess.run(init)
loss_vec = []    # 训练损失
test_loss = []   # 测试损失
```

```
# 训练次数
for i in range(10000):
    # 训练
    sess.run(train_step, feed_dict={x_data:x_train, y_target:y_train})
    # 训练数据评估模型
    temp_loss = sess.run(loss, feed_dict = {x_data:x_train, y_target:y_train})
    loss_vec.append(np.sqrt(temp_loss))
    # 测试数据评估模型
    test_temp_loss = sess.run(loss, feed_dict = {x_data:x_test, y_target:y_test})
    test_loss.append(np.sqrt(test_temp_loss))
    if(i+1)%1000 == 0:
        print('Generation:' + str(i+1)+ '.Loss = ' + str(temp_loss))

test_preds = [np.round(item,0)for item in
sess.run(final_output,feed_dict={x_data:x_test})]
train_preds = [np.round(item,0)for item in
sess.run(final_output,feed_dict={x_data:x_train})]
y_test = [i for i in y_test['Cluster']]
y_train = [i for i in y_train['Cluster']]

test_acc = np.mean([i==j for i, j in zip(test_preds, y_test)])* 100
train_acc = np.mean([i==j for i, j in zip(train_preds, y_train)])* 100
print('训练数据预测准确率：{}'.format(train_acc))
print('测试数据预测准确率：{}'.format(test_acc))

plt.plot(loss_vec, 'k-', label ='训练损失')
plt.plot(test_loss, 'r--', label ='测试损失')
plt.title('损失')
plt.xlabel('迭代次数')
plt.ylabel('损失')
plt.legend(loc='upper right')
plt.show()
```

运行上述代码，部分迭代输出结果及预测准确率如图 5.7 所示。

```
Generation:1000.Loss = 0.67272913
Generation:2000.Loss = 0.5789019
Generation:3000.Loss = 0.49494064
…
Generation:10000.Loss = 0.06997205
训练数据预测准确率：91.66666666666666
测试数据预测准确率：100.0
```

图 5.7　部分迭代输出结果及预测准确率

图 5.8 所示为不断迭代过程中损失值的变化情况。为了优化模型，我们需要根据结果修改相应的参数。

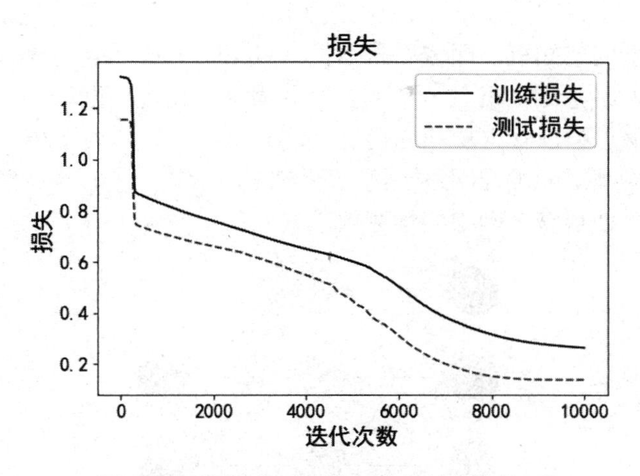

图 5.8　不断迭代过程中损失值的变化情况

5.3.1　人工神经网络

人工神经网络是 20 世纪 80 年代以来人工智能（Artificial Intelligence，AI）领域兴起的研究热点。它从信息处理角度对人脑神经元网络进行抽象，建立起某种简单模型，按不同的连接方式组成不同的网络。如图 5.9 所示，一个神经元通常具有多条树突，主要用来接收传入的信息；而轴突只有一条，轴突尾端有许多轴突末梢可以给其他多个神经元传递信息。轴突末梢与其他神经元的树突产生连接，从而传递信号。这个连接的位置在生物学上叫作“突触”。

神经网络中的神经元（节点）是一个包含输入、输出与计算功能的模型，如图 5.10 所示。输入可以类比为神经元的树突，输出可以类比为神经元的轴突，而计算功能则可以类比为细胞核。每个节点代表一种特定的输出函数，称为激励函数（Excitation Function）。每两个节点间的连接都代表一个通过该连接信号的加权值，称为权重，这相当于神经网络的记忆。网络的输出则因网络的连接方式、权重和激励函数的不同而不同。而网络自身通常是对自然界某种算法或函数的逼近，也可能是对一种逻辑策略的表达。

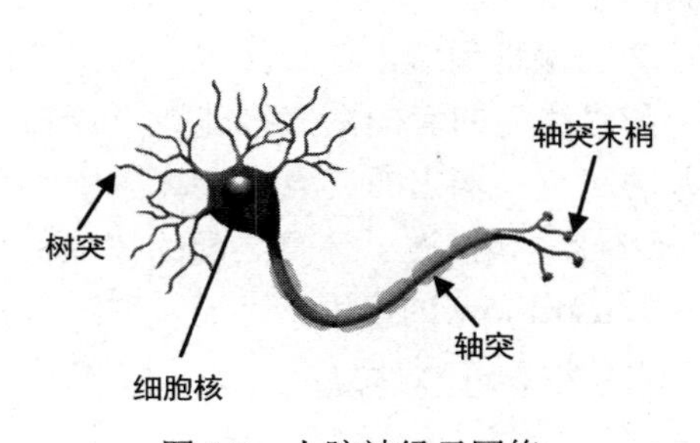

图 5.9　人脑神经元网络

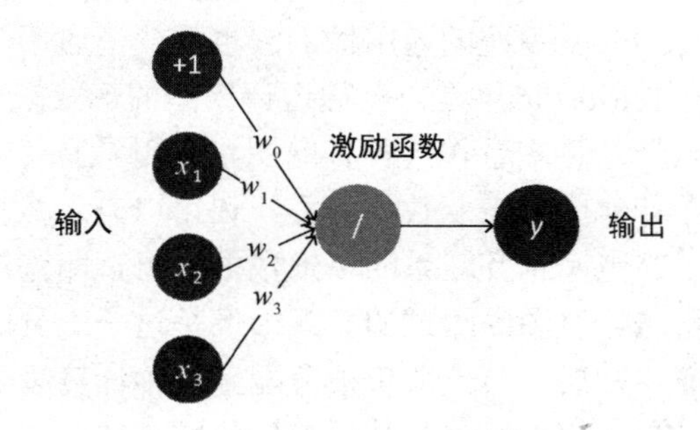

图 5.10　神经网络中的神经元模型

实质上，神经网络是一种运算模型，是由大量的节点（或称神经元）相互连接构成的。感知机是神经网络的第一个实现，它的网络简单，但不能解决非线性问题。为此，人们又提出了一种新型的感知机，即多层感知机（Multi Layer Perceptron，MLP）。多层感知机是指在单层神经网络基础上引入一个或多个隐藏层，使神经网络有多个网络层，因而得名多层感知机。隐藏层位于输入层和输出层之间。

一种包含单个隐藏层的神经网络示例如图 5.11 所示。一个神经网络的训练算法就是让权重调整到最佳，以使得整个网络的预测效果最好。

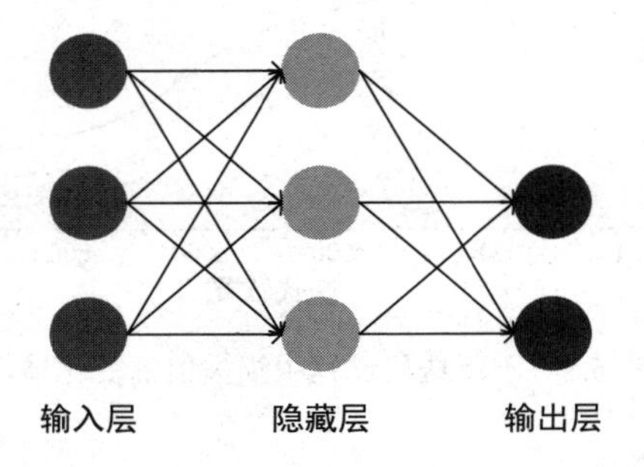

图 5.11　3 层神经网络示例

5.3.2　认识 TensorFlow

目前，机器学习在各行各业中应用广泛，特别是计算机视觉、语音识别、语言翻译和健康医疗等领域，出现了很多应用于机器学习的第三方包。其中，Google 的 TensorFlow（见图 5.12）引擎提供了一种解决机器学习问题的高效方法。TensorFlow 是一个采用数据流图（Data Flow Graph），用于数值计算的开源软件包。TensorFlow 包具有灵活的架构，可以在多种平台上与设备展开计算，如台式计算机中的一个或多个 CPU（或 GPU）、服务器、移动设备等。TensorFlow 包最初由 Google 大脑小组（隶属于 Google 机器智能研究机构）的研究员和工程师开发出来用于机器学习和深度神经网络方面的研究。鉴于 TensorFlow 系统的通用性，它也可广泛应用于其他计算领域。

图 5.12　TensorFlow 项目 Logo

TensorFlow 是一个通过计算图的形式来表述计算的编程系统，计算图也叫数据流图，可以把计算图看作一种有向图，即用具有“节点”和“线”的有向图来描述数学计算。节点在计算图中表示数学操作，还可以表示数据输入的起点和输出的终点。计算图中的线则表示节点间相互联系的多维数据数组，即张量（Tensor），其描述了计算之间的依赖关系。张量从计算图中流过的直观影像是这个工具取名为 TensorFlow 的原因。当输入端的所有张量准备好后，节点即可被分配到各种计算设备上完成异步、并行计算。

TensorFlow 包的基础架构如图 5.13 所示。

TensorFlow 包具有高度灵活性、可移植性、多语言支持、性能好等优势。在本任务中，我们将使用 TensorFlow 包来完成神经网络的初步应用。而要进一步深入学习与拓展，完成深度学习的开发、应用研究则需要学生在应用实战中不断加强练习。

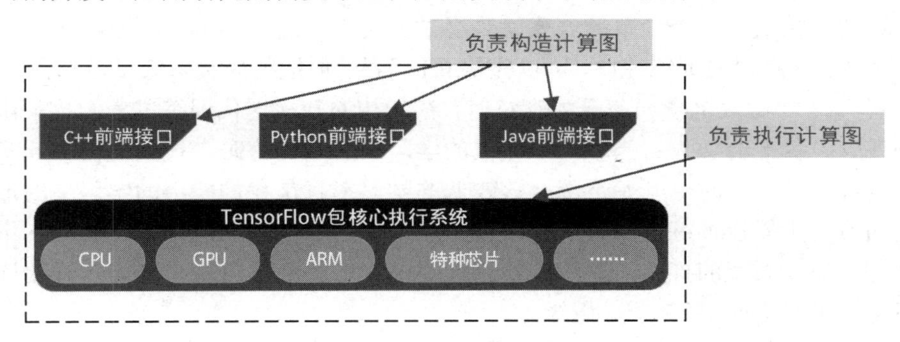

图 5.13　TensorFlow 包的基础架构

5.3.3　神经网络参数优化

在模型训练过程中，用户可通过修改以下参数来调整、优化神经网络模型。

（1）神经网络的层数；

（2）损失函数、激励函数；

（3）学习率；

（4）迭代次数。

神经网络通常使用随机梯度下降算法进行训练。随机梯度下降算法有许多变形，如 Adam、RMSProp、Adagrad 等，这些算法都需要设置学习率。学习率决定了在一个小批量（Mini-batch）运算过程中权重在梯度方向的移动距离。

如果学习率很低，则训练会变得更加可靠，但是优化会耗费较长的时间，因为朝向损失函数最小值的每个步长很小；如果学习率很高，则训练可能根本不会收敛，甚至会发散，权重的改变量可能非常大，使得优化过程越过最小值，以至于损失函数变得更糟。学习率的调整示例如图 5.14 所示。

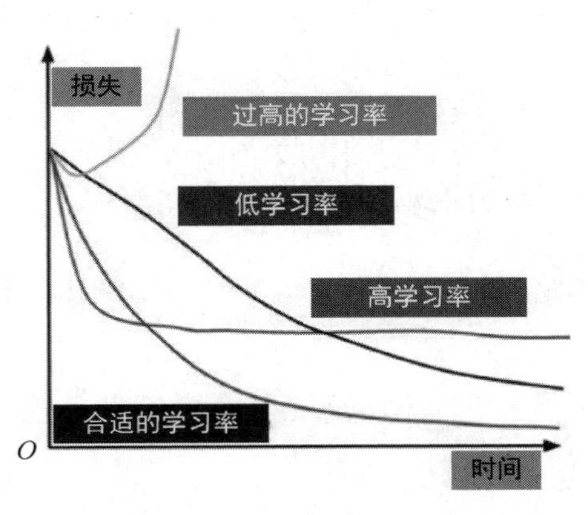

图 5.14　学习率的调整示例

训练应当从相对较高的学习率开始，这是因为在开始时，初始的随机权重远离最优值。

在训练过程中，学习率应当下降，以允许进行细粒度的权重更新。用户可以采用多种方式为学习率设置初始值，一个简单的方式就是尝试使用不同的初始值，判断哪个值可以使得损失函数最优，且不损失训练速度，可以先从0.1开始，再按数量级降低学习率，比如0.01、0.001等。当以一个很高的学习率开始训练时，在起初的几次迭代训练过程中损失函数可能不会得到改善，甚至会增大；当以一个较低的学习率开始训练时，损失值会在起初的几次迭代训练过程中从某一时刻开始下降，该较低的学习率就是我们能用的学习率的最大值，任何更大的值都不能让训练得到收敛。不过，这个学习率也可能过高了，使得它不足以训练多个时期。随着时间的推移，算法需要进行更细粒度的权重更新。因此，开始训练的合适学习率可能需要降低1～2个数量级。

读者可基于本任务中的模型和结果，修改本任务解决方案中使用的神经网络结构，试找到较优的参数使得准确率达到0.95以上，最终显示的Loss值（损失值）达到0.1以下。

任务4　使用多层感知机实现鸢尾花的分类

多层感知机和BP神经网络都是常见的神经网络模型。

微课：项目5 任务4-多层感知机分类器的应用.mp4

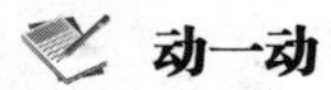

动一动

使用Sklearn中的MLPClassifier()多层感知机实现鸢尾花的分类。

任务单

任务单5-4　使用多层感知机实现鸢尾花的分类

学号：__________ 姓名：__________ 完成日期：__________ 检索号：__________

任务说明

多层感知机是基于前馈神经网络的分类器。多层感知机由多个节点层组成，每个层完全连接到网络中的下一层，是解决线性不可分问题的一种方案。现基于本项目的任务1、任务2、任务3得到的数据及分类结果，使用多层感知机实现鸢尾花的分类。

引导问题

想一想

（1）多层感知机与神经网络存在什么样的关联？它们有什么不一样的特点？

（2）多层感知机在Sklearn中是如何实现分类的？其关键参数有哪些？

（3）多层感知机参数设置的相关规律有哪些？

（4）比较多层感知机与k近邻、随机森林和神经网络的优劣，想一想其优势体现在哪里。

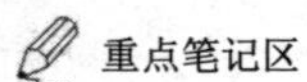

重点笔记区

任务评价

评价内容	评价要素	分值	分数评定	自我评价
1．任务实施	模型初始化	4分	第三方包导入正确得1分，模型选用正确得1分，模型构建正确得1分，会修改模型参数得1分	
	模型训练	2分	模型训练能顺利执行得1分，会正确调整参数得1分	
2．模型评估	模型评估报告展现	2分	能准确解释各个指标的含义得1分，模型准确率在92%以上得1分	
3．任务总结	依据任务实施情况得出结论	2分	结论切中本任务的重点得1分，能有效比较不同方法的异同得1分	
合 计		10分		

任务解决方案关键步骤参考

Sklearn中的MLPClassifier类实现了通过反向传播（Backpropagation）进行训练的多层感知机，参考代码如下。

```
from sklearn.neural_network import MLPClassifier

# 神经网络分类预测
mlp  =  MLPClassifier(solver='sgd',  activation='relu',alpha=1e-4,hidden_layer_sizes=(10,10), random_state=1,max_iter=500,verbose=10,learning_rate_init=.005)
# 训练模型
mlp.fit(x_train, y_train[['Cluster']] .values.ravel())
# 评估模型
y_pred = mlp.predict(x_test)
print("预测准确率：{:.2f}".format(mlp.score(x_test,y_test[['Cluster']])))
print(pd.crosstab(y_test['Cluster'], y_pred, rownames=['Actual Values'], colnames=['Prediction']))
```

使用神经网络对模型进行训练的运行过程及模型评估结果如图5.15所示，其预测准确率为0.97。

```
Iteration 1, loss = 2.02941312
Iteration 2, loss = 1.70347121
...
Iteration 437, loss = 0.05970391
Training loss did not improve more than tol=0.000100 for two consecutive epochs. Stopping.
预测准确率：0.97
Prediction        0   1   2
Actual Values
0                13   0   0
1                 0  13   1
2                 0   0  11
```

图5.15 使用神经网络对模型进行训练的运行过程及模型评估结果

5.4.1 神经网络的基本原理

神经网络模型中的参数是可以被训练的。机器学习模型训练的目的是使得参数尽可能地与真实的模型逼近。首先，给所有参数赋予随机值。然后，使用这些随机生成的参数值来预测训练数据中的样本。最后，依据样本的预测目标与真实目标的差距，定义一个损失值（Loss）。目标就是最小化所有训练数据的损失值的和。我们可以把损失写为关于参数（Parameter）的函数，这个函数称为损失函数。

下面要解决的问题就是：如何优化参数，让损失值最小？

此时这个问题就转化为一个优化问题。一般来说，解决这个优化问题使用的是梯度下降算法，比如牛顿梯度下降算法、随机梯度下降算法、优化的随机梯度下降算法等。在神经网络模型中，当结构复杂且每次计算梯度的代价很大时，可以使用反向传播算法。

优化问题是训练中的一个重要部分。但机器学习问题之所以称为学习问题，而不是优化问题，则是因为它不仅要求数据在训练集上求得一个较小的误差，而且要求在测试集上也要表现得好，因为模型最终要被部署到没有见过训练数据的真实场景中。提升模型在测试集上的预测效果的主题叫作泛化（Generalization），相关方法叫作正则化（Regularization）。神经网络中常用的泛化技术有权重衰减等。

神经网络可以解决许多问题，已经应用在语音识别、图像识别、自动驾驶等多个领域。但是神经网络仍然存在一些问题，尽管它使用了反向传播等各种优化算法，但是一次神经网络的训练仍然耗时太久，而且困扰训练优化的一个问题就是局部最优解问题，这使得神经网络的优化较为困难；另外，隐藏层的节点数需要调参，这使得使用过程不太方便，参数的取值也难以解释。

近年来，神经网络的研究工作不断深入，已经取得了很大的进展，其在模式识别、智能机器人、自动控制、预测估计、生物、医学、经济等领域中成功地解决了许多现代计算机难以解决的实际问题，表现出良好的智能特性。同时，它是目前最为火热的研究方向（深度学习、大模型等）的基础。

5.4.2 多层感知机

多层感知机是常见的神经网络模型之一。多层感知机除了输入层和输出层，还在中间增加了一层到多层隐藏层，并通过激活函数转换隐藏层的输出。多层感知机使用了更加复杂的激活函数，如 ReLU 等。因此，多层感知机可以处理更加复杂的非线性问题。此外，多层感知机还引入了随机失活（Dropout）和批量归一化（Batch Normalization）等技术，可以进一步提高模型的健壮性和泛化能力。

5.4.3 Sklearn 中的 MLPClassifier()分类器

Sklearn 中的 MLPClassifier()是多层感知机分类器的一种实现。除输入层和输出层以外，它的中间可以有多层隐藏层。如果没有隐藏层即可解决线性可分的数据问题。最简单的MLPClassifier()分类器只包含一层隐藏层（见图 5.9）。MLPClassifier()分类器的参数如下。

```
sklearn.neural_network.MLPClassifier(
        hidden_layer_sizes=(100,), activation='relu', solver='adam',
        alpha=0.0001, batch_size='auto', learning_rate='constant',
        learning_rate_init=0.001, power_t=0.5, max_iter=200, shuffle=True,
        random_state=None, tol=0.0001, verbose=False, warm_start=False,
        momentum=0.9, nesterovs_momentum=True, early_stopping=False,
        validation_fraction=0.1, beta_1=0.9, beta_2=0.999, epsilon=1e-08, n_iter_no_change=10
        )
```

MLPClassifier()分类器的主要参数说明如表 5.1 所示。

表 5.1　MLPClassifier()分类器的主要参数说明

序号	参数名	类型	默认值	说明
1	hidden_layer_sizes	元组	(100,)	第 i 个元素表示第 i 层隐藏层中的神经元个数
2	activation	字符串	relu	指定隐藏层的激励函数，可使用的参数值包括 identity、logistic、tanh、relu。参数值 identity 表示 no-op 激励函数，可解决线性瓶颈问题，函数返回 f(x) = x。参数值 logistic 表示 logistic sigmoid 函数，函数返回 f(x) = 1 / (1 + exp(-x))。参数值 tanh 表示双曲 tan 函数，函数返回 f(x) = tanh(x)。参数值 relu 表示修正的线性激励函数，函数返回 f(x) = max(0, x)
3	solver	字符串	adam	权重优化的求解器，参数值包括 lbfgs、sgd、adam。参数值 lbfgs 是拟牛顿法的一种优化方法。参数值 sgd 代表随机梯度下降算法。参数值 adam 指的是由 Kingma、Diederik 和 Jimmy Ba 提出的基于随机梯度的优化器
4	alpha	浮点型	0.0001	L2 惩罚（正则化项）参数
5	batch_size	整型	auto	用于指定基于随机梯度的优化器的批处理大小
6	learning_rate	字符串	constant	用于更新权重，参数值包括 constant、invscaling、adaptive
7	learning_rate_init	双精度浮点型	0.001	表示初始学习率，只有当 solver 的值为 sgd 或 adam 时才使用
8	power_t	双精度浮点型	0.5	指定反缩放学习率的指数，只有当 solver 的值为 sgd 时才使用
9	max_iter	整型	200	最大迭代次数

拓展实训：回归与分类应用

【实训目的】

通过本次实训，要求学生熟练掌握常用的机器学习方法，特别是 k 近邻、随机森林和神经网络在回归与分类中的应用。

【实训环境】

PyCharm 或 Anaconda、Python 3.7、Pandas、NumPy、Matplotlib、Sklearn、TensorFlow。

【实训内容】

本次拓展实训将使用常用的机器学习方法实现回归与分类应用，包括以下步骤。

- 环境与数据准备；
- 模型设计与构建；
- 模型训练与参数调整；
- 训练过程数据输出与模型评估；
- 模型应用。

在接下来的实训过程中，我们需要按照以上步骤完成对鸢尾花花瓣宽度的预测应用，并利用身高、体重、性别数据实现肥胖程度分类。

应用拓展（1）：设计神经网络预测花瓣宽度

在本项目中，我们使用神经网络实现了分类。目前，神经网络在模式识别、自动控制、信号处理、辅助决策、人工智能等众多研究领域中都取得了巨大的成功。

本次拓展实训将通过 TensorFlow 包实现自定义的神经网络，并在鸢尾花数据集（iris.csv）上进行模型训练，实现对花瓣宽度的预测。此外，神经网络对所选择的参数是敏感的。在本次实训中，读者可通过调整参数来了解不同的学习率、损失函数和优化器对模型训练结果的影响。

动一动

设计一个包含单层隐藏层的神经网络，如图 5.16 所示，使用鸢尾花数据集（iris.csv），实现输入 3 个值（即花萼长度、花萼宽度和花瓣长度）来预测输出值（花瓣宽度）的目标。

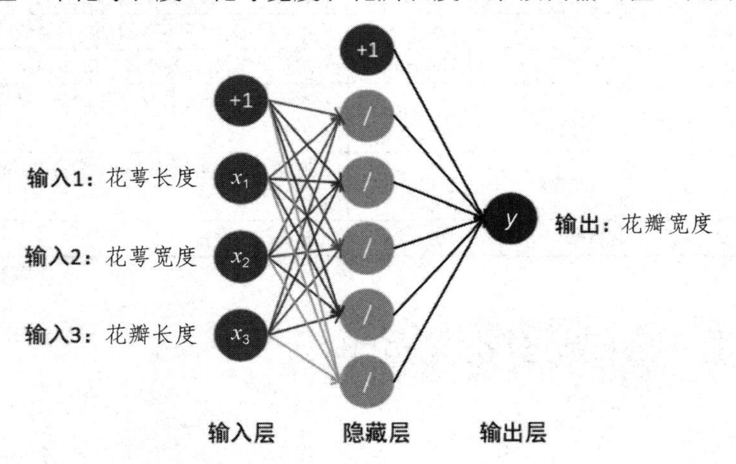

图 5.16　包含单层隐藏层的神经网络

任务实现参考步骤如下。

步骤一：准备环境和数据集。

自 TensorFlow 1.2 起，TensorFlow 包的 Windows 版本只支持 Python 3.5 以上的版本。

步骤二：设计神经网络结构，并用 TensorFlow 实现包含单层隐藏层的神经网络模型。

步骤三：模型训练与参数调整。

根据训练过程中显示的结果调整神经网络参数，包括使用的节点数、学习率、损失函数、激励函数、迭代次数等。为了优化模型，用户需要根据损失值的变化趋势修改相应参数，以获得更好的模型。

步骤四：输出运行结果。部分迭代输出结果及预期差值示例如图 5.17 所示。

```
迭代次数：50。损失：1.0477574
迭代次数：100。损失：0.77502954
迭代次数：150。损失：0.5409347
...
迭代次数：2000。损失：0.15921749
花瓣宽度预期差值（百分比）：PetalWidthCm        31.36
```

图 5.17　部分迭代输出结果及预期差值示例

如图 5.18 所示，在不断迭代过程中，“反向传播”的特性使得损失值在不断降低。

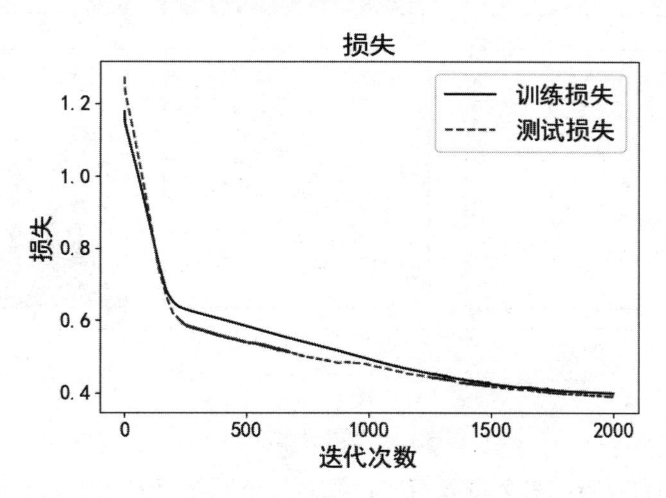

图 5.18　不断迭代过程中损失值的变化情况

步骤五：模型应用。

在有新的数据产生时，就可以使用训练得到的模型对数据进行预测应用。

应用拓展（2）：利用身高、体重、性别数据实现肥胖程度分类

文件“hws.csv”在采集的身高、体重、性别数据基础上增加了 BMI、是否肥胖等数据列。现在需要根据身高、体重和性别数据实现肥胖程度分类。数据分布示意图如图 5.19 所示。读者可以选择使用 k 近邻、随机森林和神经网络等方法实现肥胖程度的分类应用，并设置不同的参数对模型进行训练和对比分析。其中，样本数据按 7∶3 的比例分配训练集与测试集，要求训练后的模型的准确率在 0.92 以上。

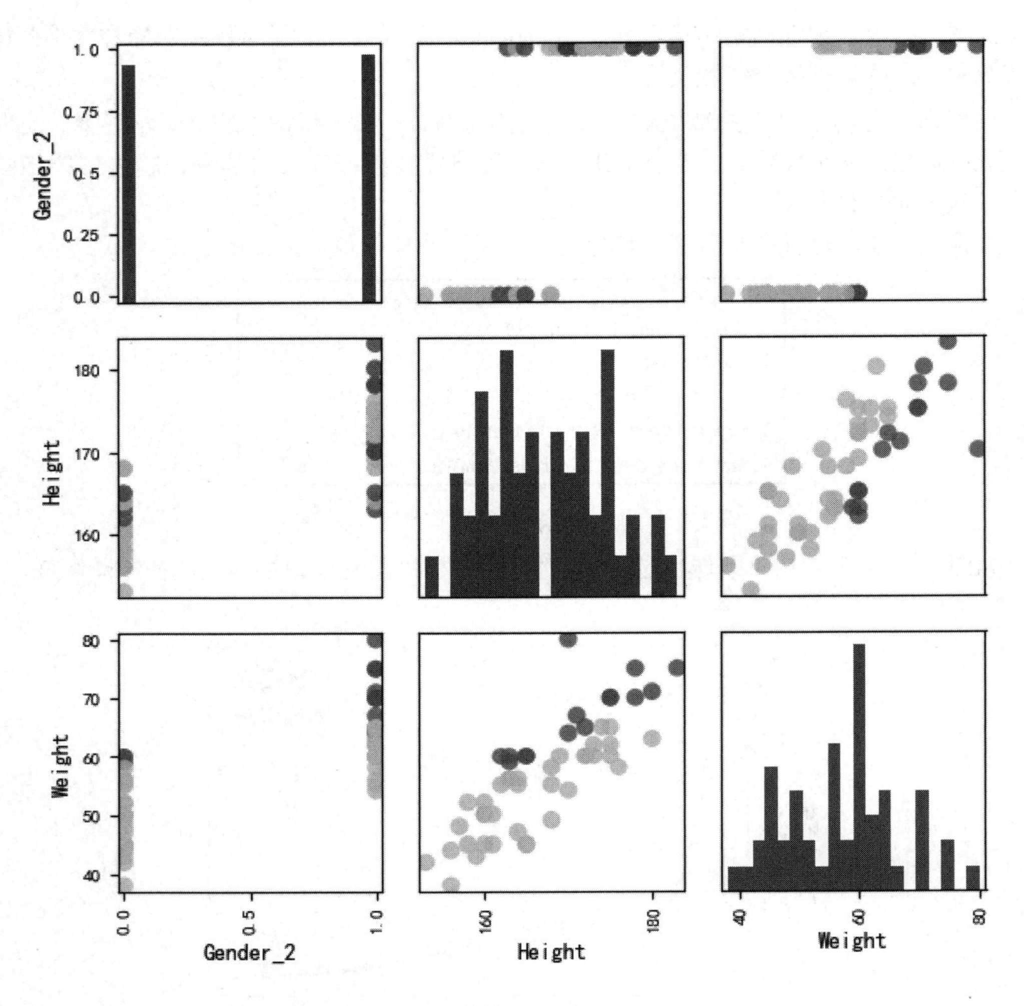

图 5.19　数据分布示意图

在对不同机器学习方法做参数设置时，注意如下几个重要的参数取值，并谈谈这些参数取值对识别结果的影响。

（1）*k* 近邻中 n_neighbors 参数的设置。

（2）随机森林中决策树数量的设置。

（3）神经网络中学习率的设置。

项目考核

【选择题】

1．鸢尾花数据集（iris.csv）以鸢尾花的特征作为数据源，包含 150 个数据，根据鸢尾花 4 个不同的特征将数据集分为 3 个品种。在下列选项中，（　　）不是这 3 个品种之一。

A．山鸢尾　　　　　　　　　　　　B．变色鸢尾

C．维尔罗卡鸢尾　　　　　　　　　D．维吉尼亚鸢尾

2．随机森林是（　　）分类方法中最具代表性的一种。

A．串行　　　　　　　　　　　　　B．并联

C．串联　　　　　　　　　　　　　D．并行

3．人工神经网络是 20 世纪 80 年代以来人工智能领域兴起的研究热点。它从信息处理角度对人脑神经元网络进行抽象，建立起某种简单的模型，按（　　）连接方式组成（　　）网络，在工程与学术界简称为神经网络或类神经网络。

A．不同的　不同的　　　　　　　　B．不同的　相同的

C．相同的　不同的　　　　　　　　D．相同的　相同的

4．在下列选项中，关于随机森林的描述错误的是（　　）。

A．随机森林是一种集成学习方法

B．随机森林的随机性主要体现在，当训练单棵决策树时，对样本和特征同时进行采样

C．随机森林可以高度并行化

D．随机森林在预测时，根据单棵决策树分类误差进行加权投票

5．神经网络由许多神经元组成，每个神经元接收一个输入，然后处理这个输入并给出一个输出。在下列选项中，关于神经元的描述正确的是（　　）。

A．一个神经元只有一个输入和一个输出

B．一个神经元有多个输入和一个输出

C．一个神经元有一个输入和多个输出

D．一个神经元有多个输入和多个输出

6．（　　）在神经网络中引入了非线性。

A．随机梯度下降算法　　　　　　　B．修正线性单元（ReLU）

C．卷积函数　　　　　　　　　　　D．以上都不正确

7．（　　）神经网络模型被称为深度学习模型。

A．在加入更多层，使神经网络的深度增加时

B．在有维度更高的数据时

C．当目标应用是一个图形识别的问题时

D．以上都不正确

8．在下列选项中，关于人工神经网络的描述错误的是（　　）。

A．人工神经网络对训练数据中的噪声非常鲁棒

B．人工神经网络可以处理冗余特征

C．训练人工神经网络是一个很耗时的过程

D．人工神经网络是至少包含一层隐藏层的多层神经网络

9．在训练神经网络的过程中，损失值在一些时期不再降低，如图 5.20 所示（其中横坐标为迭代次数，纵坐标为损失值），可能的原因是（　　）。

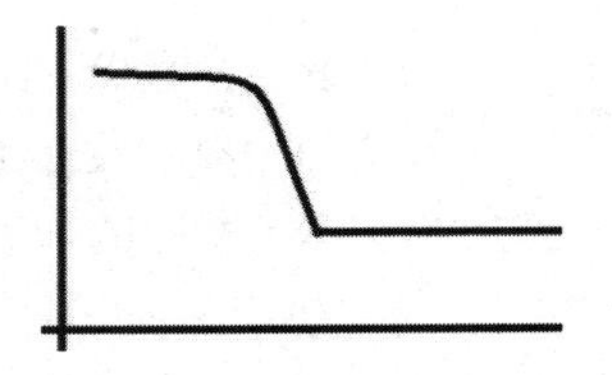

图 5.20　不断迭代过程中损失值的变化情况

A．学习率太低　　　　B．正则参数太大

C．陷入局部最小值　　D．以上都有可能

【填空题】

1．目前，神经网络按照网络的结构可分为________和_______，按照学习方式可分为________和_________。

2．补全如下代码：

```
#导入 k-NN，实现分类应用
from sklearn._______ import KNeighborsClassifier
#令 k = 5
knn = KNeighborsClassifier(_______=5)
```

3．补全如下代码：

```
from sklearn._______ import MLPClassifier
#神经网络分类预测
mlp = MLPClassifier(solver='sgd', _______='relu', alpha=1e-4, hidden_layer_sizes=(10,10),
random_state=1, max_iter=500, verbose=10, learning_rate_init=.005)
```

【简答题】

1．了解机器学习中常用的分类方法，并比较各种方法的应用场景。

2．在本项目使用的机器学习方法中，哪些可以用来进行回归分析？

3．阅读神经网络的相关资料，了解什么是损失函数和优化目标函数，并对本项目任务 4 中的参数进行调整，查看训练结果的变化。

4．前馈神经网络与反馈神经网络有什么不同？

【参考答案】

【选择题】

1．C。

2．D。

3．A。

4．D。

5．B。

6．B。修正线性单元（ReLU）是非线性激活函数。

7．A。更多层意味着网络更深。目前，没有严格定义多少层的模型称为深度模型，如果有超过两层的隐藏层，则可以称为深度模型。

8．A。

9．D。

【填空题】

1．前馈；反馈；监督学习；无监督学习。

2．neighbors；n_neighbors。

3．neural_network；activation。

【简答题】

1．略。

2．略。

3．略。

4．答：前馈神经网络取连续或离散变量，一般不考虑输出与输入之间在时间上的延迟，只表达输出与输入的映射关系；反馈神经网络取连续或离散变量，考虑输出与输入之间在时间上的延迟，需要用动态方程来描述系统的模型。

项目6

观影用户聚类分析

项目描述

《战国策·齐策三》中的齐宣王，曾经对贤士说过一句著名的话。王曰："子来，寡人闻之，千里而一士，比肩而立；百世而一圣，若随踵而至也。今子一朝而见七士，则士不亦众乎？"齐宣王发布命令，让臣民们推举贤士，淳于髡（kūn）一天之内就连推了七个人。在齐宣王不解时，淳于髡解释道："不然。夫鸟同翼者而聚居，兽同足者而俱行。今求柴胡、桔梗于沮泽，则累世不得一焉。及之睾黍、梁父之阴，则郄车而载耳。夫物各有畴，今髡贤者之畴也。王求士于髡，譬若挹水于河，而取火于燧也。髡将复见之，岂特七士也？"

淳于髡的意思是："同类的鸟儿总聚在一起飞翔，同类的野兽总是聚在一起行动。人们要寻找柴胡、桔梗这类药材，如果到水泽洼地去找，恐怕永远也找不到。要是到梁文山的背面去找，那就可以成车地找到。这是因为天下同类的事物，总是要相聚在一起的。我淳于髡大概也算个贤士，所以让我举荐贤士，就如同在黄河里取水，在燧石中取火一样容易。我还要给您再推荐一些贤士，何止这七个？"这正是我们所熟知的"物以类聚，人以群分"的例证，用于比喻同类的东西常聚在一起，志同道合的人相聚成群，反之就分开。

可见，聚类思维自古就有，一直沿用至今。同样在数据挖掘领域中，我们也常用聚类分析（Cluster Analysis），也称为群集分析来发现数据所描述对象及其关系的信息，实现数据对象分组。这样做的目的是让相同组内的对象是相似的（相关的），不同组之间的对象是不同的（不相关的）。在此基础上，我们可以针对不同的群体实施不同的策略。

当前，聚类分析在科学数据分析、商业、生物学、医疗诊断、文本挖掘、Web 数据挖掘等领域中都有广泛应用。在商业领域中，聚类分析被用来发现不同的用户群，并通过购买模式刻画出不同用户群的特征。聚类分析是细分市场的有效工具，同时可用于研究消费者的行为，寻找新的潜在市场。

聚类分析在电子商务网站中也有广泛的应用，通过分组聚类出具有相似浏览行为的用户，并分析用户的共同特征，可以更好地帮助电子商务用户了解自己的用户群，从而向用户提供更合适的服务。

本项目以两部电影的影评数据为蓝本，对所描述的用户进行聚类分析，通过对用户群的细分来实现更为合理的用户关系维护与管理。

学习目标

知识目标

- 理解无监督学习、聚类的基本原理和基本概念；
- 了解常用的聚类及其适用性①；
- 掌握 Sklearn 中常见的聚类实现类 DBSCAN、KMeans 的使用；（重点）
- 进一步掌握数据分析与挖掘常用包 NumPy、Pandas、Sklearn、Matplotlib 的使用方法。

能力目标

- 会使用 Sklearn 中的 DBSCAN、KMeans 类实现聚类应用②；
- 会通过调整聚类分析模型的参数实现分类效果的优化③；
- 会使用 Matplotlib、Seaborn 等包实现聚类效果的可视化。

素质目标

- “物以类聚，人以群分”，引导同学们向优秀的同学学习，做更好的自己，减少和优秀同学之间的差异；
- 不断迭代，寻求最优聚类质心，引导同学们在学习中不断探索，培养精益求精的工匠精神；
- 分析聚类的优缺点，培养辩证思维，更全面地认识、解决问题。

任务分析

本项目使用的影评数据集中主要有两列，分别存储了 146 位观影用户对两部电影的评分数据。现将基于给定的数据文件“filmScore.csv”中采集的样本数据对用户进行聚类分析，主要包含以下明细任务。

（1）数据读取与加载：使用 Pandas 工具包从 CSV 文件中读取数据并存储至 DataFrame 中，以方便后期的加工与处理。

（2）数据预处理与分析：检查各列数据的完整性和正确性。如果有“脏数据”，则需要对缺失值、异常值等进行处理。对影评数据进行可视化，判定采用何种类别的聚类实现用

① 详细内容可参考《大数据分析与应用开发职业技能等级标准》中级 5.1.2。

② 重点：详细内容可参考《大数据分析与应用开发职业技能等级标准》中级 5.2.3。

③ 难点：详细内容可参考《国家职业技术技能标准——大数据工程技术人员（2021 年版）》中级 6.3.2。

户群体的细分。

（3）使用 DBSCAN 获取聚类的质心个数：聚类的目标是使得同一类的数据尽可能地聚集在一起，不同类的数据尽量分离。实现聚类的方法有多种，包括基于层次的聚类、基于密度的聚类和基于划分的聚类等。为发现任意形状的簇类，把簇类看作数据空间中被稀疏区域分开的稠密区，这就是基于密度的空间聚类 DBSCAN。我们可以使用 DBSCAN 来获取聚类的质心个数。

（4）使用 *k*-Means 实现聚类分析：*k*-Means 是基于划分的方法来构建数据的 *k* 个分区的，其中每个分区代表一个簇类。之后，我们使用第（3）步获得的聚类的质心个数来指定 *k*，进行 *k*-Means 聚类分析。

（5）应用拓展：基于上述简易化的实践应用，将方法迁移至多维领域，拓展聚类分析应用。

相关知识基础

1）无监督学习

在现实生活中常常会有这样的问题：由于在分类过程中人类缺乏足够的先验知识，因此使用人工来标记类别变得非常困难，或者使用人工来标记类别的成本太高。很自然地，我们会希望计算机能替代人类完成这些工作，或至少提供一些帮助。根据类别未知（没有被标记）的训练样本解决模式识别中的各种问题，称为无监督学习，如图 6.1 所示。它是一种对不含标签的数据建立模型的机器学习范式。

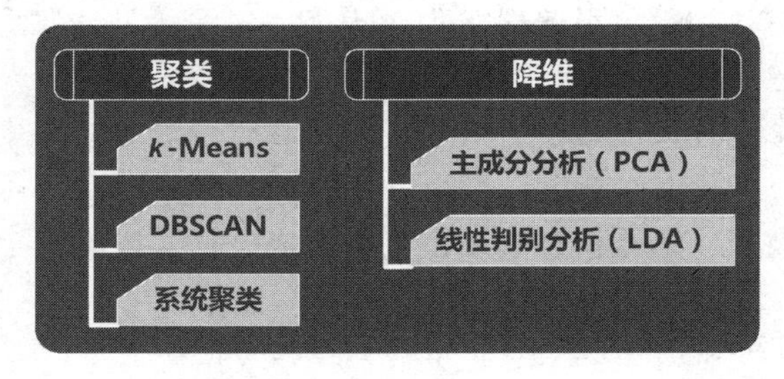

图 6.1　无监督学习

到目前为止，项目中处理过的分类数据都带有某种形式的标签，也就是说，之前项目中提到的机器学习方法可以根据标记好的标签对数据进行分类。但是，在无监督学习的世界中，没有这样的条件。当我们需要用一些相似性指标对数据集进行分组时，就会用到无监督学习的方法了。

无监督学习主要包括聚类和降维。如果给定一组样本特征，其没有对应的属性值，想挖掘这组样本在空间中的分布特征（例如，分析哪些样本之间靠得更近，哪些样本之间离得很远），就属于聚类问题。聚类就是将观察值聚成一个个的组，每一个组都包含一个或几个特征。例如，在一些推荐系统中需要确定用户类型，但定义用户类型可能不太容易，此时往往可先对原有的用户数据进行聚类，根据聚类结果将每个簇定义为一个类，然后基于这些类训练分类模型来判别用户类型。而降维是缓解维数灾难的一种重要方法，即通过某种数学变换将原始高维属性空间转变成一个低维子空间。聚类与降维如图 6.2 所示。

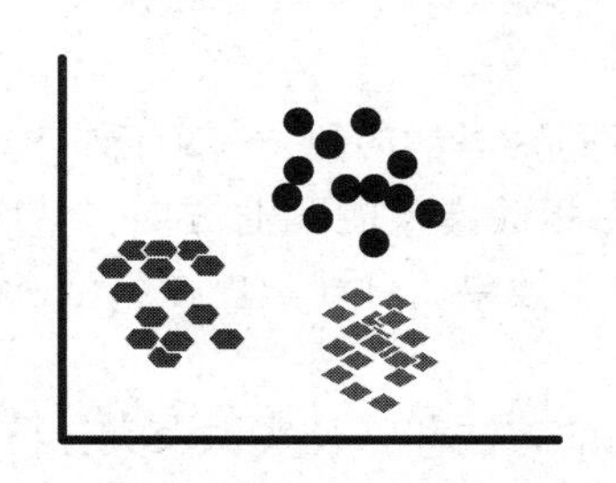
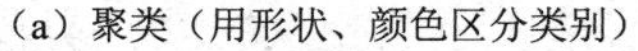

（a）聚类（用形状、颜色区分类别）

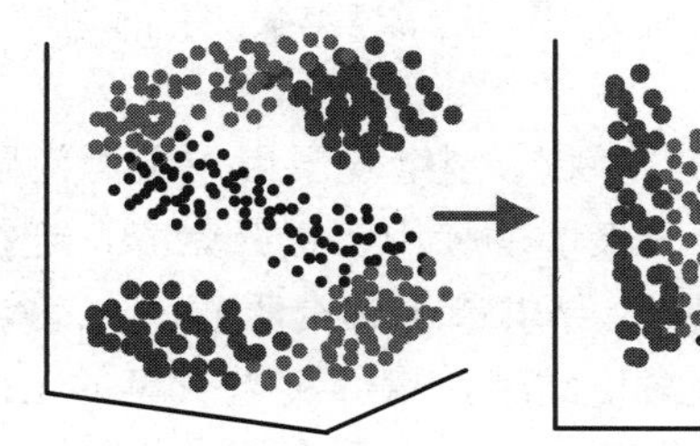
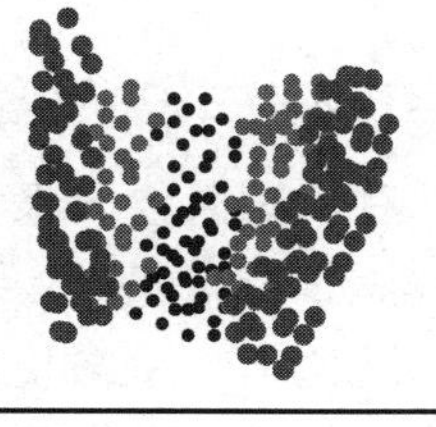

（b）降维（用颜色、大小区分类别）

图 6.2　聚类与降维

无监督学习被广泛应用于各种领域，如数据挖掘、医学影像分析、股票市场分析、计算机视觉分析（Computer Vision，CV）、市场细分等，用于在大量无标签数据中发现它们之间的区别。无监督学习的训练数据是无标签的，训练目标是能对观察值进行分类或区分等。

2）聚类

微课：项目 6 相关知识基础-聚类.mp4

聚类就是将物理或抽象对象的集合分成由相似的对象组成的多个类的过程。聚类的目标是把相似的对象聚为一类，而并不关心这一类具体是什么。可以想象，恰当地提取特征是无监督学习最为关键的环节。比如，在猫的聚类过程中提取猫的特征：皮毛、四肢、耳朵、眼睛、胡须、牙齿、舌头等。通过对特征相同的动物进行聚类，可以将猫或猫科动物聚成一类。但是此时，我们并不知道这些毛茸茸的东西是什么，我们只知道，这些东西属于一类，兔子不在这个类中（耳朵不符合），飞机也不在这个类（有翅膀）中。特征有效性直接决定了方法的有效性。如果我们拿体重来聚类，而忽略体态特征，恐怕就很难区分出兔子和猫了。

聚类通常在知道如何计算特征的相似度后就可以开始工作了。这些簇类通常是根据某种相似度指标进行划分的，如欧氏距离。聚类一般有 5 种：①基于划分（Partitioning）的聚类，主要有 *k*-Means、*k*-MEDOIDS、CLARANS；②基于层次（Hierarchical）的聚类，主要有 BIRCH、CURE、CHAMELEON；③基于密度（Density-based）的聚类，主要有 OPTICS、DENCLUE、DESCAN；④基于网格（Grid-based）的聚类，主要有 STING、CLIQUE、WAVE-CLUSTER；⑤基于模型（Model-based）的聚类。其中，重要的方法是基于划分的聚类和基于层次的聚类。

传统的聚类已经比较成功地解决了低维数据的聚类问题。高维数据聚类分析在市场分析、信息安全、金融、娱乐等领域中都有广泛的应用。

素质养成

聚类分析又称群分析，是研究样品或指标分类问题的一种统计分析方法，通过事物之间的相似性度量对事物进行类别划分。它同时是数据挖掘的一个重要方法。本项目导入时切入“物以类聚、人以群分”，以中华民族文化的博大精深来引导学生努力提高自己的思想修养和学业水平、养成良好的生活习惯，向优秀的同学看齐，减少和优秀同学之间的差异。

本项目基于影评数据，围绕观影用户聚类问题，学习不同聚类的应用。在项目实施过程中，有机融入经典聚类的使用，提升素养，把握机器学习相关岗位的职业方向。其中，*k*-Means 在不断迭代中寻求最优聚类质心，从而得到最佳聚类效果。引导学生在生活和学习中不断探索寻求最优结果，培养精益求精的工匠精神。

项目任务的不断深入，充分反映了技术人员能通过不同的方法和路径实现聚类分析应用，以及能利用机器学习技术解决生产、生活中的实际问题。学生通过此次的项目实践可有效提升自身的职业技能和实践动手能力。同时，不同聚类有各自的适用情境，在动手实践中让学生了解不同聚类的优缺点，明白辩证思维的重要性，从而更加全面地认识问题、解决问题。

项目实施

首先，我们将通过任务 1 对影评数据进行分析，使用 DBSCAN 方法确定聚类的质心个数；然后，将获得的质心个数作为 *k*-Means 的参数，实现观影用户聚类。

任务 1　使用 DBSCAN 确定聚类的质心个数

在使用 *k*-Means 的时候，必须把类别数量 *k* 作为输入参数。在现实中，很多时候我们事先并不知道这个具体值。此时，我们可以通过搜索类别数量的参数空间，根据轮廓系数得分找到最优的类别数量，但这是一个非常耗时的过程。所以 DBSCAN（Density-Based Spatial Clustering of Applications with Noise，带噪声的基于密度的聚类）顺势而生。

DBSCAN 是一种比较有代表性的基于密度的聚类。它将数据点看作紧密簇类的若干组。如果某个点属于一个簇类，就应该有许多点也属于这个簇类。DBSCAN 聚类示意如图 6.3 所示。

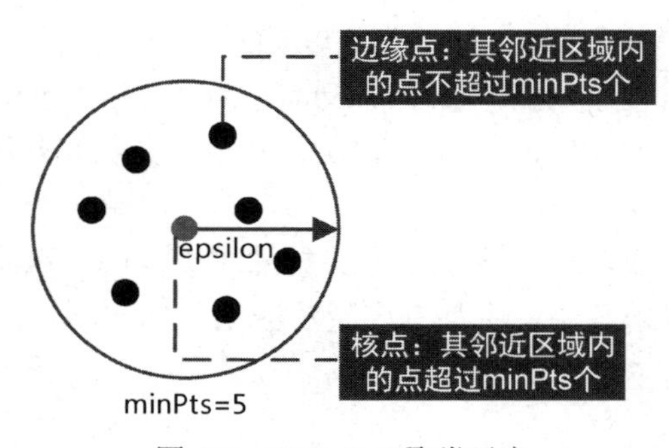

图 6.3　DBSCAN 聚类示意

DBSCAN 需要先确定如下两个参数。

（1）epsilon：一个样本点周围邻近区域的半径，即扫描半径。

（2）minPts：邻近区域内至少包含样本点的个数，即最小包含点数。

DBSCAN 中的 epsilon 参数可以控制一个点到其他点的最大距离。如果两个点的距离超过了参数 epsilon 的值，它们就不可能在同一个簇类中。这种方法的主要优点是，它可以处理异常值。如果有一些点位于数据稀疏区域，DBSCAN 就会把这些点作为异常值，而不会强制将它们放入一个簇类中。对应地，样本点可以分为如下 3 种。

（1）核点（Core Point）：在半径 epsilon 内，包含超过 minPts 个数量的点。

（2）边缘点（Border Point）：在半径 epsilon 内，点的数量小于 minPts 个，但是又落在核点的邻域内。满足这两个条件的点称为边缘点。

（3）离群点（Outlier）：既不属于核点也不属于边缘点。

动一动

下面以影评数据为例，说明 DBSCAN 的使用。数据文件“filmScore.csv”中存储了两列数据，分别表示用户对两部电影的评分。根据评分值的相似性，我们对观影用户进行分类，将其分成不同的用户群，使用 DBSCAN 确定具体可分为几类。

微课：项目 6 任务 1-DBSCAN 聚类分析算法的应用.mp4

任务单

任务单 6-1　使用 DBSCAN 确定聚类的质心个数

学号：__________ 姓名：__________ 完成日期：__________ 检索号：__________

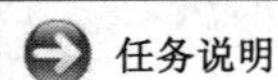

任务说明

本项目使用的“filmScore.csv”文件中包含两部电影的评分数据。我们首先使用散点图分析两列数据的分布情况，判断基于密度的聚类使用的可行性。然后使用 Sklearn 中的 DBSCAN 实现用户聚类，并用适当的图形展现聚类结果。

引导问题

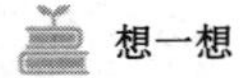

想一想

（1）聚类与分类有何区别？在数据分析与挖掘流程上它们是否有区别？

（2）常见的聚类有哪些？其适用情境有何不同？

（3）基于密度的聚类的原理是什么？DBSCAN 是如何实现聚类的？

（4）在 Sklearn 中是如何实现 DBSCAN 的？写出关键函数与实现步骤。

（5）DBSCAN 中的关键参数有哪些？对结果有何影响？

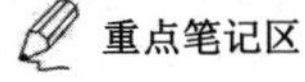

重点笔记区

任务评价

评价内容	评价要素	分值	分数评定	自我评价
1. 任务实施	数据加载与分析	3 分	数据读取正确得 1 分，原始数据分析与可视化完备得 2 分	
	模型训练	2 分	模型构建正确得 1 分，模型训练能顺利执行得 1 分	
	聚类结果展现	2 分	能准确展现聚类结果得 2 分	
2. 模型评估	可视化模型并评估结果	2 分	评估结果详细得 1 分	
3. 任务总结	依据任务实施情况得出结论	1 分	结论切中本任务的重点得 1 分	
合　计		10 分		

任务解决方案关键步骤参考

步骤一：从数据文件“filmScore.csv”中读取原始数据，并进行可视化。

```
#!/usr/bin/Python
# -*- coding: utf-8 -*-
# 导入包
import pandas as pd
# 读取数据并自动为其添加索引
data = pd.read_csv('filmScore.csv')
data.head()
# 可视化原始数据
plt.scatter(data['filmname1'], data['filmname2'], c='black')
plt.show()
```

原始数据的可视化结果如图 6.4 所示（本任务中各坐标轴单位均为分）。

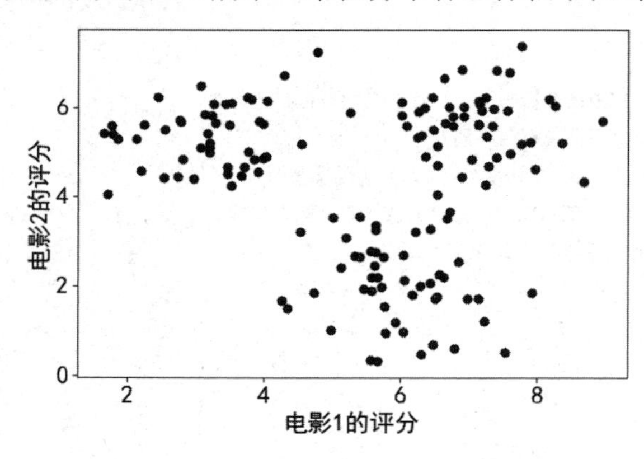

图 6.4　原始数据的可视化结果

步骤二：调用 DBSCAN 进行聚类分析，确定聚类的质心个数，参考代码如下。

```
# 引入与机器学习相关的类
from sklearn.cluster import DBSCAN
```

```
# 调用 DBSCAN，确定质心个数
y_pred = DBSCAN().fit_predict(data)
```

步骤三：对聚类结果进行可视化，参考代码如下。

```
import matplotlib.pyplot as plt
from pylab import mpl
# 设置字体为 SimHei，以显示中文
mpl.rcParams['font.sans-serif'] = ['SimHei']
mpl.rcParams['axes.unicode_minus'] = False
# 聚类结果的可视化
plt.scatter(d ata['filmname1'], data['filmname2'], c=y_pred)
plt.colorbar()
plt.title(u'聚类结果（DBSCAN）')
plt.show()
```

运行代码，结果如图 6.5（a）所示。为区分不同类别，图 6.5（b）中用形状区分的方式对分类结果进行了显示。

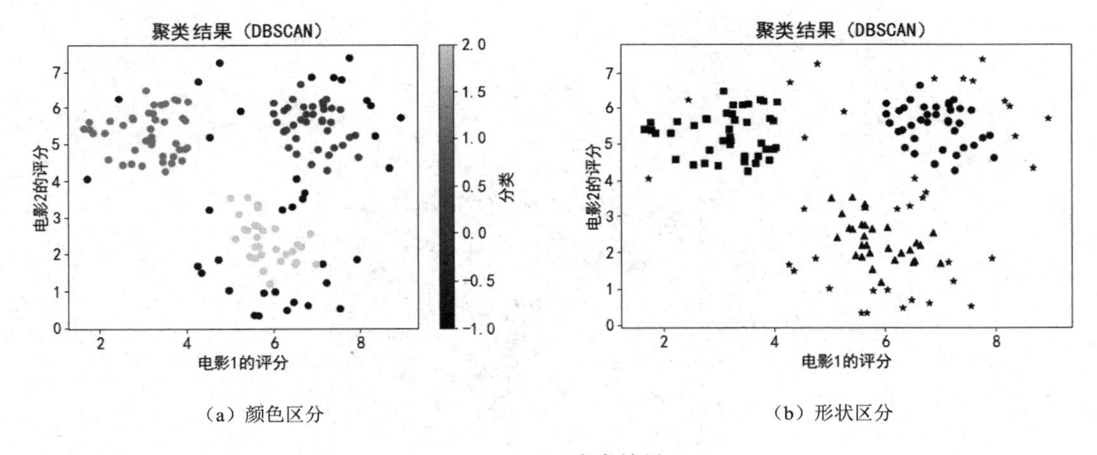

（a）颜色区分　　（b）形状区分

图 6.5 DBSCAN 聚类结果（1）

步骤四：修改参数，设置 eps=1.3，min_samples=20，代码如下。

```
# 调用 DBSCAN，确定聚类的质心个数
y_pred = DBSCAN(eps=1.3, min_samples=20).fit_predict(data)
```

运行代码，结果如图 6.6（a）所示。为区分不同类别，图 6.6（b）中用形状区分的方式对分类结果进行了显示。在当前结果中，观影用户被分成了两类。

步骤五：可视化进阶。Seaborn 是一款使用非常方便的画图工具，安装 Seaborn 后，可编写代码实现可视化。

```
import seaborn as sb
# 调用 DBSCAN，确定聚类的质心个数
dbscan=DBSCAN()
dbscan.fit(data)
# 使用 Seaborn 实现聚类结果的可视化
data['dbscan_label']=dbscan.labels_
```

```
g=sb.FacetGrid(data,hue='dbscan_label')
g.map(plt.scatter, 'filmname1','filmname2').add_legend()
plt.show()
```

运行代码，结果如图 6.7 所示，其中，“-1”表示异常类。

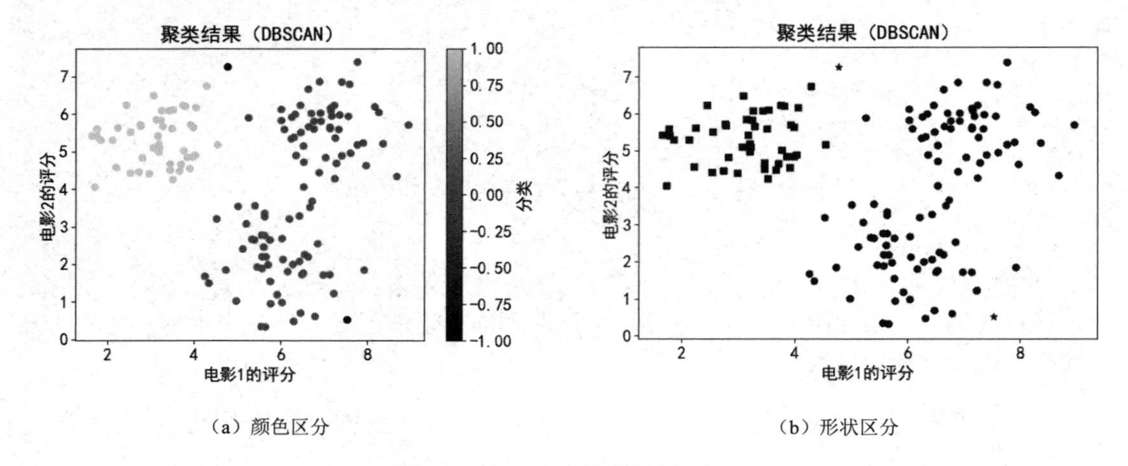

（a）颜色区分　　（b）形状区分

图 6.6　DBSCAN 聚类结果（2）

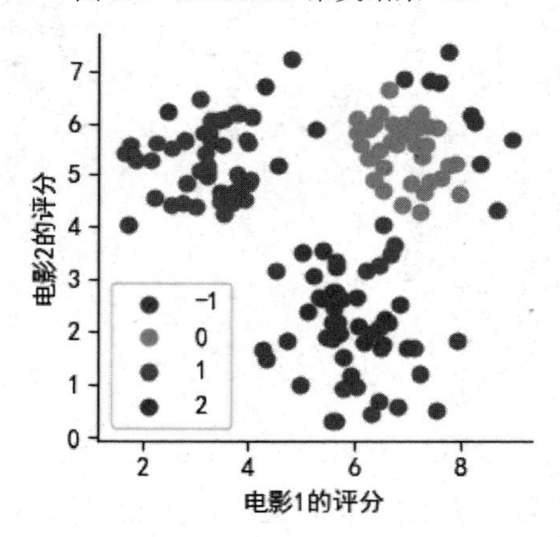

图 6.7　使用 Seaborn 实现聚类结果的可视化

6.1.1　DBSCAN 的优缺点

与基于划分的聚类和基于层次的聚类不同，基于密度的聚类 DBSCAN 将簇定义为密度相连的点的最大集合，它能够把具有足够高密度的区域划分为簇，并可在带有噪声的样本空间中发现任意形状的聚类。

DBSCAN 的思维是如果某个点属于一个簇类，就应该有许多点也属于这个簇类。如果两个点的距离超过了参数 epsilon 的值，它们就不可能在同一个簇类中。该方法的优点在于，它不需要确定具体的簇类数量；它可以发现任意形状的簇类；它对样本的顺序并不敏感；它可以很好地处理异常值。如果有一些点位于数据稀疏区域，DBSCAN 就会把这些点作为异常值，而不会强制将它们放入一个簇类中。但是，DBSCAN 并不适用于高维数据，同时它不能很好地反映数据集变化的密度，当样本集的密度不均匀、聚类间距相差很大时，聚类效果较差。

DBSCAN 不需要事先知道要形成的簇类数量，能够在带有噪声的样本空间中发现任意形状的聚类并排除噪声；DBSCAN 对样本的顺序不敏感，输入顺序对结果的影响不大，但它对用户设定的参数非常敏感。此外，边界样本可能会因探测顺序的不同而导致归属有所摆动。因此，常常用 DBSCAN 来确定聚类的质心个数。

6.1.2 Sklearn 中的 DBSCAN()

Sklearn 中的 DBSCAN()初始化函数官方参考文档如下。

```
class sklearn.cluster.DBSCAN(
        eps=0.5, min_samples=5, metric='euclidean', metric_params = None,
        algorithm='auto', leaf_size=30, p=None, n_jobs=None
        )
```

Sklearn 中 DBSCAN()初始化函数的主要参数说明如表 6.1 所示。

表 6.1 Sklearn 中 DBSCAN()初始化函数的主要参数说明

序号	名称	类型	默认值	说明
1	eps	浮点型	0.5	两个样本被判定为在同一个类别中的最大距离，即扫描半径
2	min_samples	整型	5	邻近区域内包含的最小样本数
3	metric	字符串	euclidean	指定采用何种距离计算方式，比如可使用曼哈顿距离、切比雪夫距离等计算特征向量之间的距离
4	algorithm	字符串	auto	指定寻找近邻样本的算法，参数值包括 auto、ball_tree、kd_tree、brute。auto 表示自动选择最适用的，如果是稀疏数据，则将参数值设为 brute
5	leaf_size	整型	30	传递给树的参数，参数值的大小会影响运行速度、所使用的内存空间大小，可根据情况进行选择
6	p	浮点型	None	最近邻距离度量参数。只用于闵可夫斯基距离和带权重闵可夫斯基距离中 p 的选择，当 p=1 时，为曼哈顿距离；当 p=2 时，为欧式距离
7	n_jobs	整型	None	CPU 并行数

DBSCAN 类中的主要函数及其说明如表 6.2 所示。

表 6.2 DBSCAN 类中的主要函数及其说明

序号	函数	说明
1	fit(X[, y, sample_weight])	从特征矩阵进行聚类
2	fit_predict(X[, y, sample_weight])	进行聚类并返回标签
3	get_params([deep])	获得参数
4	set_params(**params)	设置参数

DBSCAN 类中的主要属性及其说明如表 6.3 所示。

表 6.3　DBSCAN 类中的主要属性及其说明

序号	属性	类型	大小	说明
1	core_sample_indices_	array	[n_core_samples]	核样本的目录
2	components_	array	[n_core_samples, n_features]	训练样本的核样本
3	labels_	array	[n_samples]	聚类标签，其中噪声样本的标签为-1

任务 2　使用 *k*-Means 对观影用户进行聚类

k-Means 是一种非常流行的无监督学习方法，主要应用于分析聚类问题。其基本原理是将数据集分成 *k* 个簇类，其中每个簇类的中心点尽量接近所包含数据点的平均值。*k*-Means 用于辅助我们对观影用户进行聚类分析。

微课：项目 6 任务 2-*k*-Means 聚类分析算法的应用.mp4

动一动

首先使用 DBSCAN 聚类得到聚类的质心个数来设定 *k* 的取值，然后基于影评数据，使用 *k*-Means 方法进行聚类分析。

任务单

任务单 6-2　使用 *k*-Means 对观影用户进行聚类

学号：＿＿＿＿＿＿＿＿姓名：＿＿＿＿＿＿＿＿完成日期：＿＿＿＿＿＿＿＿检索号：＿＿＿＿＿＿＿＿

任务说明

k-Means 是一种迭代求解的基于划分的聚类。现在需要基于本项目任务 1 得到的数据，使用 *k*-Means 对观影用户进行聚类。

引导问题

想一想

（1）*k*-Means 与 DBSCAN 有何本质上的异同？试结合本任务说明其中的原理。

（2）*k*-Means 在 Sklearn 中是如何实现的？有哪些参数会对本任务的聚类结果产生重要影响？

（3）如何比较两种不同聚类的优劣？在比较时，会使用哪些关键指标？

重点笔记区

 任务评价

评价内容	评价要素	分值	分数评定	自我评价
1．任务实施	数据读取与展现	1 分	数据读取与可视化正确得 1 分	
	模型初始化	2 分	第三方包导入正确得 1 分，模型构建正确得 1 分	
	模型训练与优化	2 分	模型训练能顺利执行得 1 分，会进行参数调优得 1 分	
2．模型评估	聚类预测与可视化	3 分	能正确展现聚类结果得 3 分	
3．任务总结	依据任务实施情况得出结论	2 分	结论切中本任务的重点得 1 分，能有效比较不同聚类的异同与优劣得 1 分	
合　计		10 分		

任务解决方案关键步骤参考

步骤一：读取原始数据，参考代码如下。

```
#!/usr/bin/Python
# -*- coding: utf-8 -*-
import numpy as np
import pandas as pd
# 加载数据
data = pd.read_csv('filmScore.csv',header=None)
data.head()
X = data[['filmname1','filmname2']]
```

读取的部分原始数据如图 6.8 所示。

步骤二：展现并观察、分析原始数据的分布特征。

```
import matplotlib.pyplot as plt
from pylab import mpl
mpl.rcParams['font.sans-serif'] = ['SimHei']
mpl.rcParams['axes.unicode_minus'] = False
plt.figure()
plt.scatter(data['filmname1'], data['filmname2'], marker='o',
            facecolors='yellow', edgecolors='red', s=30, alpha=0.5)
x_min, x_max = min(data['filmname1'])- 1, max(data['filmname1'])+ 1
y_min, y_max = min(data['filmname2'])- 1, max(data['filmname2'])+ 1
plt.title('输入数据（二维）')
plt.xlim(x_min, x_max)
plt.ylim(y_min, y_max)
plt.xticks(())
plt.yticks(())
plt.show()
```

原始数据的分布特征如图 6.9 所示（filmname1、filmname2 的单位为分）。

	filmname1	filmname2
0	4.74	1.84
1	6.36	4.89
2	4.29	6.74
3	5.78	0.95
4	8.36	5.20

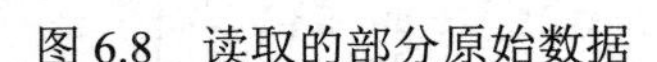

图 6.8　读取的部分原始数据

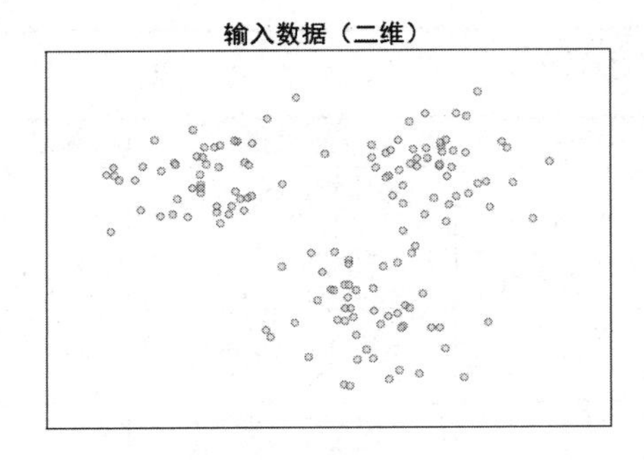

图 6.9　原始数据的分布特征

步骤三：确定 *k*-Means 的质心个数，并进行模型训练，代码如下。

```
from sklearn import metrics
from sklearn.cluster import KMeans
# 训练
num_clusters = 3
kmeans = KMeans(init='k-means++', n_clusters=num_clusters, n_init=10)
kmeans.fit(X)
# 分类结果
step_size = 0.01
x_values, y_values = np.meshgrid(np.arange(x_min, x_max, step_size), np.arange(y_min,
y_max, step_size))
predicted_labels = kmeans.predict(np.c_[x_values.ravel(), y_values.ravel()])
predicted_labels = predicted_labels.reshape(x_values.shape)
```

步骤四：可视化分类结果，代码如下。

```
# 可视化
plt.figure()
plt.clf()
plt.imshow(predicted_labels, interpolation='nearest',
        extent=(x_values.min(), x_values.max(), y_values.min(), y_values.max()),
        cmap=plt.cm.Spectral,
        aspect='auto', origin='lower')
# 原始数据
plt.scatter(X['filmname1'], X['filmname2'], marker='o',
      facecolors='yellow', edgecolors='red', s=30, alpha=0.5)
# 显示聚类的质心个数
centroids = kmeans.cluster_centers_
plt.scatter(centroids[:,0], centroids[:,1], marker='o', s=200, linewidths=3,
      color='k', zorder=10, facecolors='black',edgecolors='white',alpha=0.9)
plt.title(u'聚类结果（k-Means）')
plt.xlim(x_min, x_max)
plt.ylim(y_min, y_max)
plt.xticks(())
plt.yticks(())
plt.show()
```

聚类结果的可视化如图 6.10 所示。

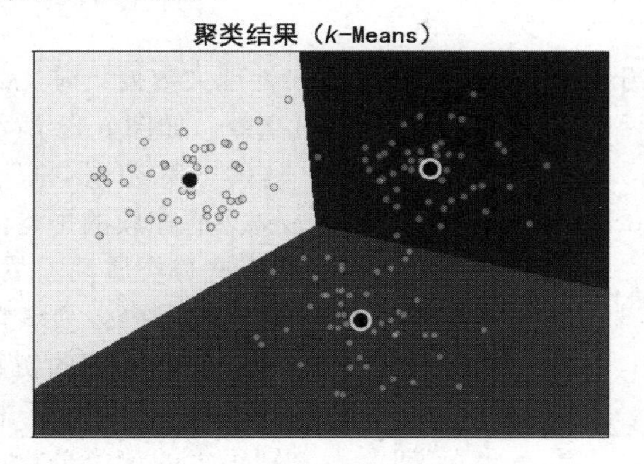

图 6.10　聚类结果的可视化

6.2.1　k-Means 的基本概念

k-Means 是典型的聚类。其中，*k* 表示类别数，Means 表示平均值。顾名思义，*k*-Means 是一种通过平均值对数据点进行聚类的方法。*k*-Means 通过预先设定的 *k* 及每个类别的初始质心对相似的数据点进行划分，并通过划分后的平均值进行迭代优化获得最优的聚类结果，即让各组内的数据点与该组中心点的距离平方和最小化。

k 是聚类结果中类别的数量，即我们希望将数据划分的类别数。*k* 指定了初始质心的数量，*k* 为几则表示有几个质心。如图 6.11 所示，*k* 为 3，质心数量即为 3。选择最优的 *k* 没有固定的公式或方法，需要人工来指定。一般建议根据实际的业务需求，或通过基于层次的聚类等获得数据的类别数，将其作为 *k* 的取值参考。需要注意的是，选择较大的 *k* 会减少误差，但同时会增加过拟合的风险。

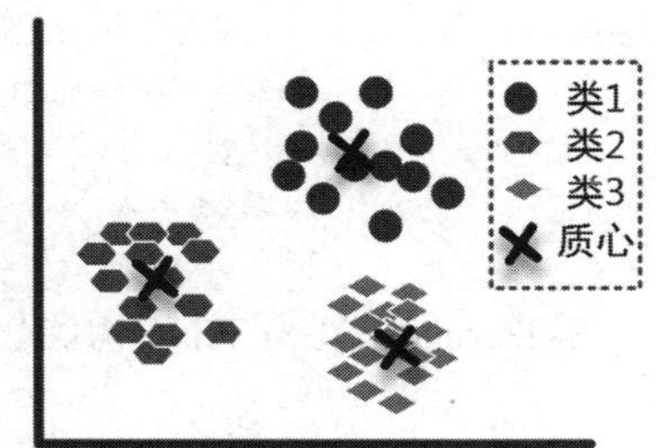

图 6.11　*k*-Means 聚类示意

在实现时，先随机选取 *k* 个对象作为初始的聚类中心，然后计算每个对象与各个种子聚类中心之间的距离，最后把每个对象分配给距离它最近的聚类中心。聚类中心及分配给它们的对象就代表一个聚类。一旦全部对象都被分配到了各个类别中，算法就会重新计算每个聚类的聚类中心，这个过程将不断重复直到满足某个终止条件为止。终止条件可以是：①没有（或者小于某个数值的）对象被重新分配给不同的聚类；②没有（或者小于某个数值的）聚类中心再次发生变化；③误差平方和局部最小。

在 Sklearn 中，包括两种 *k*-Means 实现：一种是传统的 *k*-Means，对应的类是 KMeans；另一种是基于采样的 Mini Batch *k*-Means，对应的类是 MiniBatchKMeans。*k*-Means 的调参相对简单，一般要特别注意 *k* 的取值，即参数 n_clusters 的大小。

6.2.2 *k*-Means 的特点

k-Means 的优点在于简单、快速，特别是在处理大数据集时，*k*-Means 的可伸缩性强，并且相对高效。如图 6.12 所示，当簇是密集的球状或团状，且簇与簇之间区别明显时，聚类效果较好。但 *k*-Means 只有在簇的平均值被定义的情况下才能使用，且对有些分类属性的数据并不适用；它对初始值敏感，并要求用户必须事先给出要生成的簇类的数目 *k*。此外，使用不同的初始值可能会形成不同的聚类结果，且它并不适用于非凸面形状或者簇类之间大小差别很大的簇类分析。*k*-Means 对于噪声和孤立点数据敏感，少量的该类数据可能会对平均值产生极大的影响。

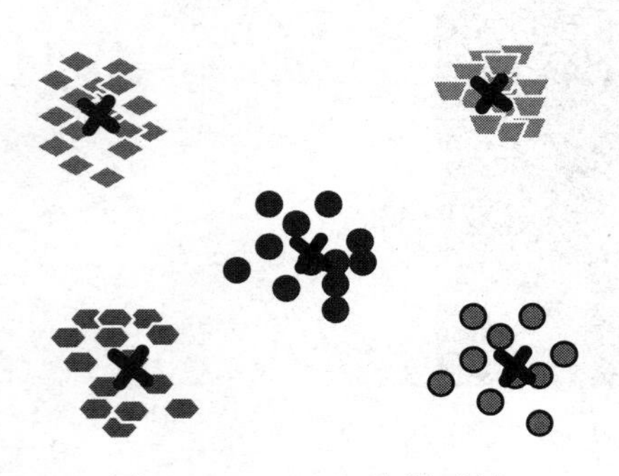

图 6.12　*k*-Means 聚类示例

目前，*k*-Means 被广泛应用于统计学、生物学、数据库技术和市场营销等领域。

6.2.3 Sklearn 中的 KMeans()

Sklearn 中的 KMeans()初始化函数官方参考文档如下。

```
class sklearn.cluster.KMeans(
        n_clusters=8, init='k-means++', n_init=10, max_iter=300, tol=0.0001,
        precompute_distances='auto', verbose=0, random_state=None,
        copy_x=True, n_jobs=None, algorithm='auto'
        )
```

Sklearn 中 DBSCAN()初始化函数的主要参数说明如表 6.4 所示。

表 6.4　Sklearn 中 DBSCAN()初始化函数的主要参数说明

序号	名称	类型	默认值	说明
1	n_clusters	整型	8	表示要分成的簇的数量或要生成的聚类的质心个数，即 *k*
2	init	function、array	k-means++	表示初始化质心的方法。参数值可以为完全随机的 random 或优化过的 k-means++等
3	n_init	整型	10	使用不同的质心随机初始化的种子来运行 *k*-Means 的次数
4	max_iter	整型	300	表示每次迭代的最大次数
5	tol	浮点型	le-4（0.0001）	表示可容忍的最小误差，当误差小于 tol 时就会退出迭代（在算法中会依赖数据本身）
6	precompute_distances		auto	在空间和时间之间做权衡，有 3 个取值：auto、True 和 False。如果值为 True，则会把整个距离矩阵都放到内存中；如果值为 auto，则表示根据样本数量来选择 True 或 False
7	verbose	整型	0	表示是否输出详细信息
8	random_state	整型或 NumPy	None	设置随机数种子，明确质心初始化参数的随机数生成方式

需要注意的是，参数 init 一般建议使用默认值。种子点的选取方法还有 kmedoids，它

是由 PAM（Partitioning Around Medoids）聚类实现的，它能够解决 *k*-Means 对噪声敏感的问题。KMeans 类在寻找种子点的时候会计算该类中所有样本的平均值，如果该类中具有较为明显的离群点，则会造成种子点与期望值偏差过大。例如，A(1,1)、B(2,2)、C(3,3)、D(1000,1000)，显然 D 点会拉动种子点向其偏移。在下一轮迭代时，会将大量不该属于该类的样本点错误地划入该类。为了解决这个问题，kmedoids 方法采取新的种子点选取方式：①只从样本点中选取；②通过设定选取标准以提高聚类效果，或者自定义其他的代价函数。不足的是，kmedoids 方法提高了聚类的复杂度。

KMeans 类中的主要属性及其说明如表 6.5 所示。

表 6.5　KMeans 类中的主要属性及其说明

序号	属性	类型	大小	说明
1	cluster_centers_	array	[n_clusters, n_features]	表示聚类中心的坐标。例如，r2 = pd.DataFrame(model.cluster_centers_)，用于找出聚类中心
2	inertia_	array	[n_samples]	float 类型，表示每个点到其簇的质心的距离之和
3	labels_	array	[n_samples]	表示每个样本对应的簇类别标签。例如，r1 = pd.Series(model.labels_).value_counts()，用于统计各个类别的数目

KMeans 类中的主要函数及其说明如表 6.6 所示。

表 6.6　KMeans 类中的主要函数及其说明

序号	函数	说明
1	fit(X[,y])	用来训练 *k*-Means 聚类
2	fit_predictt(X[,y])	用来寻找簇类的质心并给每个样本预测类别
3	fit_transform(X[,y])	用于计算簇并转换 X 至簇的距离空间
4	get_params([deep])	用于取得估计器的参数
5	predict(X)	为每个样本估计最接近的簇
6	score(X[,y])	用于计算聚类误差
7	set_params(**params)	为指定估计器手动设定参数
8	transform(X[,y])	将 X 转换为簇类距离空间，在新空间中，每个维度都是到簇类中心的距离

k-Means 的时间复杂度大约是 O（nkt），其中 n 是所有样本的数量，k 是分类（簇）数量，t 是迭代次数。通常，当 $k<<n$（k 远小于 n 时），*k*-Means 局部收敛。*k*-Means 尝试找出使平方误差函数值最小的 k 个划分。

拓展实训：根据身高、体重和性别对用户进行聚类

【实训目的】

通过本次实训，要求学生熟练掌握分类器中无监督学习的应用，特别是 *k*-Means 和 DBSCAN 的应用。

【实训环境】

PyCharm 或 Anaconda、Python 3.7、Pandas、NumPy、Matplotlib、Sklearn。

【实训内容】

从“hws.csv”文件中读取数据，并根据身高、体重和性别对用户进行聚类，以提供合适的产品和健身建议。最后，选择合适的图表对分类结果进行可视化。

（1）使用 DBSCAN 确定聚类的质心个数，并使用三维图表展现 DBSCAN 聚类结果。

（2）基于第（1）步的结论，使用 *k*-Means 进行聚类分析，并使用三维图表展现 *k*-Means 聚类结果。

项目考核

【选择题】

1．下列属于无监督学习的有（　　）。[多选题]

A．聚类　　B．分类　　C．回归　　D．降维

2．DBSCAN 是一种比较有代表性的基于（　　）的聚类。

A．层次　　B．密度　　C．网格　　D．划分

3．在 sklearn.cluster.DBSCAN()中，（　　）参数表示邻近区域内包含的最小样本数。

A．eps　　B．min_samples　　C．leaf_size　　D．n_jobs

4．在下列选项中，关于 *k*-Means 的描述正确的是（　　）。

A．能找到任意形状的聚类

B．初始值不同，最终结果可能不同

C．每次迭代的时间复杂度是 $O(n^2)$，其中 n 是样本数量

D．不能使用核函数

5．在下列选项中，（　　）不可以直接对文本进行分类。

A．*k*-Means　　B．决策树　　C．支持向量机　　D．*k* 近邻

6．*k*-Means 的缺点不包括（　　）。

A．*k* 必须是事先给定的

B．需要选择初始聚类中心

C．对于噪声和孤立点数据敏感

D．可伸缩、高效

7．当不知道数据所带的标签时，可以使用（　　）方法促使带同类标签的数据与带其他标签的数据相分离。

A．分类　　B．聚类　　C．关联分析　　D．隐马尔可夫链

8．通过聚集多个分类器的预测来提高分类准确率的技术称为（　　）。

A．组合（Composition）　　B．聚集（Aggregation）

C．合并（Combination）　　D．投票（Voting）

9．简单地将数据对象集划分成不重叠的子集，使得每个数据对象恰好在一个子集中，这种聚类称为（　　）。

A．基于层次的聚类　　B．基于划分的聚类
C．非互斥聚类　　D．模糊聚类

10．在基本 k-Means 中，当计算邻近度的函数采用（　　）的时候，合适的质心是簇中各点的中位数。

A．曼哈顿距离　　B．平方欧几里得距离
C．余弦距离　　D．Bregman 散度

11．（　　）是一个观测值，它与其他观测值的差别很大，以至于我们怀疑它是由不同的机制产生的。

A．边缘点　　B．质心　　C．离群点　　D．核点

12．BIRCH 是一种（　　）。

A．分类器　　B．聚类
C．关联分析方法　　D．特征选择方法

13．关于 k-Means 和 DBSCAN 的比较，以下描述错误的是（　　）。

A．k-Means 丢弃被它识别为噪声的对象，而 DBSCAN 一般聚类所有对象
B．k-Means 使用簇的基于原型的概念，而 DBSCAN 使用基于密度的概念
C．k-Means 很难处理非球形的簇和不同大小的簇，而 DBSCAN 可以处理不同形状和不同大小的簇
D．k-Means 可以发现不是明显分离的簇，即使簇有重叠它也可以发现，但是 DBSCAN 会合并有重叠的簇

14．DBSCAN 在最坏情况下的时间复杂度是（　　）。

A．$O(m)$　　B．$O(m^2)$　　C．$O(\log_2 m)$　　D．$O(m\log_2 m)$

【填空题】

1．聚类一般包括 5 种，分别是________________、________________、________________、________________、________________。

2．结合 k-Means 的流程，试写出该方法的时间复杂度____________和空间复杂度____________。其中，t 为迭代次数，k 为簇的数量，m 为记录数，n 为所有的样本数量。

3．补全以下代码：

```
from sklearn.________ import ________
# 训练，设置聚类的质心个数为 3
num_clusters = 3
k= ________(init='kmeans++', ________=num_clusters, n_init=10)
k.fit(X)
```

4．补全以下代码：

```
from sklearn.________import DBSCAN
# y_pred 为预测的分类结果
y_pred = DBSCAN().________(data)
```

【参考答案】

【选择题】

1	2	3	4	5	6	7	8	9	10
AD	B	B	B	A	D	B	A	B	A
11	12	13	14						
C	B	A	B						

【填空题】

1．基于划分的聚类；基于层次的聚类；基于密度的聚类；基于网格的聚类；基于模型的聚类。

2．$O(tkmn)$；$O((m+k)n)$。

3．cluster；KMeans；KMeans；n_clusters。

4．cluster；fit_predict。

项目 7

超市零售数据关联规则挖掘

项目描述

超市零售行业是以超市为主要经营形式的零售业，以销售各类日用品和食品为特色，提供方便、多样化的购物体验。超市零售行业在全球范围内有着广泛的发展历史。20 世纪初，随着城市化进程的加速和消费需求的增长，超市开始出现。最早的超市模式出现在美国，1927 年，美国洛杉矶的第 1 家超市“普图鲁斯超市”成立，该超市采用了自选货架销售形式，为顾客提供了更多自由选择的机会。20 世纪 50 年代后，随着经济的发展和市场竞争的加剧，超市零售行业迅速发展起来。超市的兴起使顾客能够以较低的价格购买到更多商品，其提供了更方便和舒适的购物环境。超市通过大批量采购商品、实施集中采购和物流管理，降低了商品成本，提高了经营效益。

自 21 世纪以来，电子商务和移动互联网的兴起给超市零售行业带来了深远的变革，对该行业的发展和经营方式产生了重大影响。互联网的兴起为超市零售行业提供了更广阔的市场和更多的商机，但也淘汰了那些不愿改变经营方式的商家。商家需要不断适应和应用互联网技术，创新营销方式和经营模式，以满足顾客不断变化的需求，并与时俱进。因此，许多商家开始主动进行转型升级，通过建设智能化的线上、线下融合的新零售模式，为顾客提供个性化、便捷的购物体验。

关联规则挖掘算法是一种用于挖掘数据集中关联规则的技术。它能够从大规模数据集中发现各项数据之间的关联和相关性，帮助商家分析顾客的购物行为、市场趋势和产品推荐等。因此，在超市零售领域中，关联规则挖掘算法越来越受到关注。通过挖掘超市购物篮中的关联规则，可以揭示商品之间的相关性和潜在的消费行为模式。这不仅有助于商家了解顾客的购买偏好，还能为其制定促销策略和优化商品布局提供重要的参考意见。

本项目使用公开的超市数据集“superstore_dataset2011-2015.csv”来发现购物关联规则。该数据集包含了 2011 年—2015 年的超市零售数据。该数据集中包含了多个属性，如销售日期、产品类别、消费者 ID、商品名称、销售额和数量等。该数据集常用于对超市零售行业的分析和研究。通过对该数据集进行挖掘和分析，我们可以更好地了解超市的销售情况、产品销售趋势及顾客行为等信息。

本项目基于数据集中的消费者 ID 和购买过的商品，探索和发现有价值的相关关系，挖掘频繁项集并生成关联规则。这些结果可以为商家提供参考意见，以调整货架布局和制定营销策略，提高销量。为帮助初次接触关联规则挖掘算法的学生更好地学习本项目相关内容，本项目的实施将更加注重方法的理解，相信通过不同任务的实践引导，学生能够更深入地理解挖掘数据相关性的方法。

学习目标

知识目标

- 进一步掌握数据预处理的方法，包括统一列名规则等；
- 掌握关联规则、强关联规则的基本概念①；
- 理解购物篮模型的基本概念及主要应用；
- 理解频繁项集、频繁模式的基本概念、定义及应用；
- 掌握关联规则挖掘算法的应用；
- 了解常见的关联规则挖掘算法的基本实现方法，如 Apriori 算法。

能力目标

- 会使用 Python 编程工具实现 Apriori 关联规则挖掘算法；
- 会使用 apyori 库实现 Apriori 关联规则挖掘算法；
- 会使用 Apriori 关联规则挖掘算法发现属性之间的常见模式和规则②；
- 会对关联规则挖掘结果进行有价值的应用。

素质目标

- 具备以客观事实为依据，不以主观判断做决定的意识；
- 强化数据分析能力，发现隐藏在数据背后的有价值的信息和规律；
- 提升职业素养，培养工作中积极负责、精益求精的品质意识；
- 培养刻苦钻研的责任意识，提升勤奋自律的自主学习能力；
- 价值引领，提升社会责任感，敢于创新、善于创新。

任务分析

频繁模式和关联规则反映了一个事物与其他事物同时出现的相互依存性和关联性，用于在大规模数据集中发现有价值的相关关系。特别是在实体商店或电子商务的推荐系统中，关联规则挖掘算法通过分析顾客的历史购买记录数据来揭示顾客群体购买习惯的内在共性。商

① 详细内容可参考《国家职业技术技能标准——大数据工程技术人员（2021 年版）》中级 6.3.1。
② 详细内容可参考《国家职业技术技能标准——大数据工程技术人员（2021 年版）》中级 6.3.2。

家基于挖掘结果，可以调整货架布局，设计促销方案，从而实现销量的提升。本项目基于给定的数据集，挖掘频繁项集并生成关联规则，输入信息为各顾客在该超市买过的商品的名称集合，输出信息为挖掘到的频繁项集和关联规则。其核心任务在于使用关联规则挖掘算法，根据给定的超市零售数据，挖掘频繁项集并生成关联规则，主要包含以下明细任务。

（1）超市零售数据的读取与加载：使用 Pandas 工具包从 CSV 文件中读取数据，并使用正确的数据结构进行存储。

（2）超市零售数据的查看与检查：显示加载好的数据，并检查相应数据内容及其分布情况。当数据记录较大时，可进行必要的数据清洗、筛选操作，分段读取数据。

（3）数据分组：根据数据分析任务，挑选相应数据完成数据转换，对数据进行分组聚合构建购物篮数据，以准备好用于关联规则挖掘的数据格式。

（4）挖掘频繁项集：使用 Python 实现关联规则挖掘算法并对处理好的数据进行分析，找到在超市零售数据中频繁出现的商品组合。

（5）生成关联规则：基于挖掘出的频繁项集，生成关联规则并输出。

相关知识基础

微课：项目 7 相关知识基础-购物篮模型.mp4

1）购物篮模型

在购物时，我们经常会发现人们在购买某些商品的同时购买了其他商品，这种购物行为中的关联性引发了人们对购物篮模型（Market-Basket Model）的研究。数据的购物篮模型常用于描述两类对象之间一种常见的多对多关系。一类对象是项（Item），另一类对象是购物篮（Basket），每个购物篮是由多个项组成的集合（也称为项集，Itemset）构成的。

通过分析购物篮数据，我们可以发现频繁出现的商品组合或购物篮中的关联规则，从而帮助商家制定更好的市场营销策略。购物篮模型的应用非常广泛。

（1）购物篮模型可以用于商品推荐，通过分析购物篮中的关联规则，商家可以向顾客推荐与其已购买商品相关的其他商品，从而提升交叉销售和个性化推荐的效果。

（2）购物篮模型可以优化促销策略，通过发现商品之间的关联性，商家可以设计更有效的促销活动，如捆绑销售、折扣套餐等，从而提高销量和顾客满意度。

（3）购物篮模型可以用于调整商品布局与陈列，通过对购物篮模型的分析，商家可以优化商品的摆放位置，将相关的商品放在一起，增加顾客购买的概率。

（4）购物篮模型可以应用于库存管理、价格优化、市场细分等方面，帮助商家提高运营效率和销量。购物篮模型的强大应用潜力使其成为商家在竞争激烈的市场中获取竞争优势的重要工具。

通过挖掘顾客的购买行为，理解商品之间的关联性，商家可以精准地满足顾客的需求，提升顾客的消费体验，实现可持续发展的商业目标。

2）关联规则挖掘

关联规则挖掘（Association Rule Mining）最初是针对购物篮问题提出的。假设商家想更多地了解顾客的购物习惯，特别是，想了解顾客在购买某些商品时是否会同时购买其他商品。为了回答该问题，我们可以对超市零售数据进行关联规则挖掘分析，通过发现顾客放入“购物篮”中的不同商品之间的关联，分析顾客的购物习惯，以帮助商家了解哪些商品频繁地被顾客同时购买，从而帮助其制定更好的营销策略。

拓展读一读

关联规则挖掘算法的起源可以追溯到20世纪80年代，当时研究人员开始关注数据挖掘领域，希望从大量数据中提取有用的信息和知识。其中一个研究领域便是关联规则挖掘，其旨在发现不同商品之间的关联关系。

研究人员发现不同商品之间存在关联关系，这些关联关系可以为商家提供有价值的信息，帮助商家制定更有效的市场营销策略、优化产品组合和降低库存成本。但是，如何发现这些关联关系是一个挑战。

“尿布和啤酒”的故事是关联规则挖掘算法应用的一个经典案例。沃尔玛超市的数据分析师们在对该超市的购物篮数据进行分析时发现了一个非常有趣的现象：不少顾客在购买尿布的同时购买了大量的啤酒。这个发现引起了他们的好奇和探索欲望，他们想要弄清楚尿布和啤酒之间的关联是如何产生的。

于是，数据分析师们开始深入研究这个现象，想办法找到答案。他们发现有些父亲在购买尿布时确实会为自己顺便购买一些啤酒。另外，这些父亲在照顾婴儿的同时确实需要一种缓解压力和放松的方式，于是购买啤酒成为一种选择。还有一部分父亲将购买尿布和购买啤酒视为家庭聚会和社交活动的一部分。

这个有趣的发现和深入的研究使得沃尔玛超市管理人员能够更好地理解顾客的购物行为和购买模式。基于购物篮模型的分析结果，沃尔玛超市管理人员根据这种关联现象调整其商品陈列和促销策略。他们将尿布和啤酒放置在相近的位置，甚至针对性地推出特别的促销活动，以更好地满足顾客的需求，提高超市的销售额和顾客满意度。

素质养成

在超市零售数据关联规则挖掘项目实施过程中，技术人员逐步学习关联规则相关理论和算法，把学习到的理论和算法应用于实际数据，挖掘重要的关联关系，为发现规律和提升工作效率提供重要基础。

项目的实施由简入繁，逐步提高至高级算法，有助于培养技术人员追求卓越的职业精神。通过发现数据背后蕴含的关联规则，可以提升技术人员从数据中发现科学规律的能力，培养科学家精神。

项目实施

本项目使用来自Kaggle的跨国电子商务五年超市零售数据集“superstore_dataset2011-2015.csv”。该数据集包含24维特征。给定的数据可能存在缺失值、异常值等。根据项目要求，我们将依据购物顾客进行数据分组，聚合每个顾客的购物信息，为实现超市零售数据关联规则挖掘奠定基础。

任务 1　对超市零售数据做预处理

动一动

微课：项目 7 任务 1-超市零售数据预处理.mp4

从“superstore_dataset2011-2015.csv”文件中读取超市零售数据，并对数据进行清洗、转换，以及分组聚合和过滤。

任务单

任务单 7-1　对超市零售数据做预处理

学号：______________姓名：______________完成日期：______________检索号：______________

任务说明

使用 read_csv()函数从“superstore_dataset2011-2015.csv”文件中读取数据后，对数据进行清洗、转换，以及分组聚合和过滤，将数据转换成本任务所需的购物篮形式。

引导问题

想一想

（1）如何清洗超市零售数据中的“脏数据”（如删除空值）？

（2）如何对超市零售数据进行分组聚合，按照顾客进行分组，生成各顾客购买过的商品购物篮？

（3）顾客对某一件商品的购买次数很可能不止一次，如何避免购物篮中出现重复数据？

（4）应该使用什么样的数据类型存储购物篮数据？

（5）只购买过一件商品的顾客数据对本任务的实施没有意义，如何过滤掉与这些顾客相关的数据？

重点笔记区

任务评价

评价内容	评价要素	分值	分数评定	自我评价
1．任务实施	数据读取	3 分	能正确读取数据得 1 分，能对列名进行统一处理得 1 分，能正确选择指定列得 1 分	
	数据清洗	2 分	能删除空值得 1 分，能处理重复数据得 1 分	
	数据处理	3 分	能正确合并顾客购物数据得 2 分，能正确筛选所需要的数据得 1 分	
2．结果展现	数据显示	1 分	能正确列出预处理后的数据得 1 分	
3．任务总结	依据任务实施情况得出结论	1 分	结论切中本任务的重点得 1 分	
合　计		10 分		

任务解决方案关键步骤参考

步骤一：读取并整理数据，代码如下。

```
# 用 Pandas 读取文件
import pandas as pd
filename = "superstore_dataset2011-2015.csv"
# 加载超市零售数据，使用 ISO-8859-1 编码方式
df = pd.read_csv(filename, encoding = "ISO-8859-1")
# 改写不符合规则的列名，统一采用下画线
df.rename(columns = lambda x: x.replace(" ",'_').replace('-','_'), inplace= True)
# 筛选指定内容
df = df[["Customer_ID", "Sub_Category"]]
# 删除带有空值的行
df = df.dropna()
# 删除数据表中的重复数据
df = df.drop_duplicates()
df.head()
```

运行代码读取数据，部分结果如图 7.1 所示。

步骤二：数据转换，按 Customer_ID 列进行分组聚合，并进行过滤，代码如下。

```
# 分组聚合，将同一顾客购买的多种商品类别合并为一条数据
df = df.groupby(["Customer_ID"])["Sub_Category"].apply(list).reset_index()
# 将 Sub_Category 列的数据整合成购物篮形式
# 过滤只购买了一件商品的购物篮数据
dataset = []
for basket in df["Sub_Category"]:
    if len(basket) >= 2:
        dataset.append(basket)
dataset.head()
```

运行转换代码，部分结果如图 7.2 所示。

	Customer_ID	Sub_Category
0	TB-11280	Storage
1	JH-15985	Supplies
2	AT-735	Storage
3	EM-14140	Paper
4	JH-15985	Furnishings

图 7.1　读取的部分数据结果

	Customer_ID	Sub_Category
0	AA-10315	[Supplies, Labels, Accessories, Storage, Phone...
1	AA-10375	[Bookcases, Paper, Accessories, Furnishings, L...
2	AA-10480	[Storage, Furnishings, Copiers, Binders, Chair...
3	AA-10645	[Phones, Furnishings, Envelopes, Fasteners, St...
4	AA-315	[Storage, Binders, Copiers, Bookcases, Phones,...

图 7.2　转换后的部分数据结果

尝试自行编写逐层顺序搜索的迭代算法搜索给定购物篮数据中的所有频繁项集。

任务 2　使用 Apriori 算法实现超市零售数据关联规则挖掘

关联规则挖掘算法用于发现顾客购买的不同商品之间所存在的关联和相关性，常被应用于实体商店或电子商务的推荐系统。例如，商品 A 和商品 B 常常成对出现，那么某顾客购买过商品 A，接下来他很有可能会购买商品 B。通过大量零售数据找到经常一起被购买

的商品组合，商家可以了解顾客的购买行为，推荐关联商品，给出购买建议。在本任务中，我们将使用 Apriori 算法对任务单 7-1 中得到的超市零售数据进行关联规则挖掘。

动一动

微课：项目 7 任务 2-Apriori 算法的实现与应用.mp4

基于给定的超市零售数据，使用 Apriori 算法进行关联规则挖掘。

任务单

任务单 7-2　使用 Apriori 算法实现超市零售数据关联规则挖掘

学号：＿＿＿＿＿＿姓名：＿＿＿＿＿＿完成日期：＿＿＿＿＿＿检索号：＿＿＿＿＿＿

任务说明

基于任务单 7-1 中得到的数据，使用 Apriori 算法实现超市零售数据关联规则挖掘，注意要处理好购物篮数据中的所有频繁项集。

引导问题

想一想

（1）什么是 Apriori 算法？

（2）在 Apriori 算法中，对频繁 k-1 项集执行连接操作时，为什么需要先对项集进行排序？

（3）当利用频繁 k-1 项集生成候选频繁 k 项集时，应如何进行剪枝操作？剪枝操作的意义是什么？

（4）使用什么方法，能够更快地在候选频繁 k 项集中筛选出真正的频繁 k 项集？

（5）Apriori 算法应该在什么条件下终止执行？

（6）应该使用哪种数据类型存储获取到的频繁 k 项集？

（7）Apriori 算法有哪些优缺点？

重点笔记区

任务评价

评价内容	评价要素	分值	分数评定	自我评价
1．任务实施	生成候选频繁 k 项集	2 分	会正确定义函数得 1 分，能正确生成候选频繁 k 项集得 1 分	
	计算候选频繁 k 项集的支持度	2 分	会正确计算每个候选频繁 k 项集的支持度得 1 分，会判断频繁项集是否满足单调性得 1 分	
	执行连接、剪枝操作	2 分	会执行连接、剪枝操作得 2 分	
	产生所有的频繁 k 项集	3 分	会迭代产生所有的频繁 k 项集得 2 分，依据设定的阈值正确输出所有频繁 k 项集得 1 分	
2．任务总结	依据任务实施情况得出结论	1 分	结论切中本任务的重点得 1 分	
合　计		10 分		

任务解决方案关键步骤参考

步骤一：编写如下代码，输入原始购物篮数据，生成候选频繁 1 项集 C_1。

```
# 输入：dataset，list，原始购物篮数据，每个购物篮中包含一系列商品
# 输出：C1，set，包含所有候选频繁 1 项集
def create_C1(dataset):
    C1 = set()
    for i in dataset:
        for item in i:
            item_set = frozenset([item])
            C1.add(item_set)
    return C1
```

步骤二：编写如下代码，判断候选频繁 k 项集是否为真正的频繁 k 项集，即计算候选频繁 k 项集的支持度是否大于或等于最小支持度阈值，由 C_k 生成 L_k。

```
# 输入：dataset，list，原始购物篮数据，每个购物篮中包含一系列商品
# 输入：Ck，set，包含由 Lk-1（即 L_pri）生成的所有候选频繁 k 项集
# 输入：min_support，float，预先定义的最小支持度阈值
# 输入：support_data，dict，记录所有频繁 k 项集的支持度
# 输出：Lk，set，包含所有大于或等于最小支持度阈值的频繁 k 项集
def generate_Lk_by_Ck(dataset, Ck, min_support, support_data):
    Lk = set()
    item_count = {}
    for i in dataset:
        for items in Ck:
            if items.issubset(i):
                # get()函数返回指定键的值，如果值不在字典中，则返回 0
                item_count[items] = item_count.get(items, 0) + 1
    n_basket = float(len(dataset))
    for key in item_count.keys():
        if (item_count[key]/n_basket) >= min_support:
            support_data[key] = item_count[key]/n_basket
            Lk.add(key)
    return Lk
```

步骤三：编写如下代码，判断该候选频繁 k 项集是否满足 Apriori 算法（单调性），即判断该候选频繁 k 项集的所有 k−1 子集是否都是频繁 k−1 项集。

```
# 输入：Ck_item，set，当前检测的候选频繁 k 项集
# 输入：L_pri，set，即 Lk-1，频繁 k-1 项集
# 输出：一个布尔值，用于判断该候选频繁 k 项集是否满足 Apriori 算法（单调性）
def is_apriori(Ck_item, L_pri):
    for item in Ck_item:
        sub_item = Ck_item - frozenset([item])
        if sub_item not in L_pri:
            return False
    return True
```

步骤四：编写如下代码，通过在 L_{k-1} 中执行连接、剪枝操作，创建一个包含所有候选频

繁 k 项集的集合 C_k。

```
# 输入：L_pri, set, 即 Lk-1, 频繁 k-1 项集
# 输出：Ck, set, 包含由 Lk-1（即 L_pri）生成的所有候选频繁 k 项集
def create_Ck(L_pri):
    Ck = set()
    len_Lpri = len(L_pri)
    list_Lpri = list(L_pri)
    for i in range(len_Lpri):
        for j in range(1, len_Lpri):
            L1 = list(list_Lpri[i])
            L2 = list(list_Lpri[j])
            L1.sort()
            L2.sort()
            if L1[0:-1] == L2[0:-1]:
                Ck_item = list_Lpri[i] | list_Lpri[j]   # 并集
                # pruning
                if is_apriori(Ck_item, L_pri):
                    Ck.add(Ck_item)
    return Ck
```

步骤五：编写如下代码，迭代产生所有的频繁 k 项集，当频繁 k 项集的生成结果为空时，结束迭代操作。

```
# 输入：dataset, list, 原始购物篮数据，每个购物篮中包含一系列商品
# 输入：min_support, float, 预先定义的最小支持度阈值
# 输出：L, list, 包含所有频繁 k 项集。例如，L[0]为 set, 里面包含所有频繁 1 项集
# 输出：support_data, dict, key 为频繁项集，value 为该频繁项集的支持度
def Apriori(dataset, min_support):
    support_data = {}
    L = []
    C1 = create_C1(dataset)
    L1 = generate_Lk_by_Ck(dataset, C1, min_support, support_data)
    L_pri = L1.copy()
    while(len(L_pri) > 0):
        L.append(L_pri)
        Ci = create_Ck(L_pri)
        Li = generate_Lk_by_Ck(dataset, Ci, min_support, support_data)
        L_pri = Li.copy()
    return L, support_data
```

步骤六：编写如下代码，设置预先定义的最小支持度阈值，创建产生所有频繁 k 项集并输出。

```
min_support = 0.7
L, support_data = Apriori(dataset, min_support)

# 输出显示
print("freq_set".ljust(50), "support")
for Lk in L:
```

```
for freq_set in Lk:
    print(str(freq_set).ljust(50), support_data[freq_set])
```

步骤七：运行代码，输出结果如图 7.3 所示。

```
freq_set                                      support
frozenset({'Accessories'})                    0.7024636765634871
frozenset({'Art'})                            0.8818698673404928
frozenset({'Furnishings'})                    0.7037271004421983
frozenset({'Storage'})                        0.8818698673404928
frozenset({'Binders'})                        0.8894504106127605
frozenset({'Phones'})                         0.7346809854706254
frozenset({'Binders', 'Art'})                 0.802274162981 6803
frozenset({'Storage', 'Art'})                 0.8016424510423247
frozenset({'Storage', 'Binders'})             0.8035375868603917
frozenset({'Storage', 'Binders', 'Art'})      0.7428932406822489
```

图 7.3　频繁 k 项集的输出结果

7.2.1　购物篮分析

在购物篮模型中，我们会收集顾客的交易数据，包括购买了哪些商品等，从而形成购物篮数据。通过分析购物篮数据，得到购物篮模型。购物篮模型主要关注两个概念：频繁项集和关联规则。

设 $I=\{i_1,i_2,\ldots,i_n\}$ 是项的集合，D 是购物篮，也称为事务（Transaction）的集合，事务 T 是项的集合，显然 $T\subseteq I$。每个事务都具有唯一的标识，称为事务号，记作 TID。设 A 是 I 中的一个项集，如果 $A\subseteq T$，那么事务 T 包含 A。

例如，某商店所售商品的集合 $I=\{$牛奶,面包,尿布,啤酒,鸡蛋,可乐$\}$。表 7.1 展示了该商店某几名顾客的交易信息，共有 4 个购物篮，$D=\{\{$可乐,鸡蛋,面包$\},\{$可乐,尿布,啤酒,牛奶$\},\{$可乐,尿布,啤酒,面包$\},\{$尿布,啤酒$\}\}$，而 $\{$可乐,面包$\}$ 就可以被看作一个项集。

表 7.1　某商店顾客的交易信息

事务号（TID）	购买的商品列表
001	可乐，鸡蛋，面包
002	可乐，尿布，啤酒，牛奶
003	可乐，尿布，啤酒，面包
004	尿布，啤酒

通过对这个交易信息进行分析，可以得到关联规则，即 $\{$尿布$\}\rightarrow\{$啤酒$\}$，它代表的意义是，购买了尿布的顾客在很大程度上会购买啤酒，这就可以用来辅助商家调整尿布和啤酒的摆放位置，甚至进行捆绑销售，从而提高商品销量。

7.2.2　频繁项集

频繁项集（Frequent Itemset）是指频繁地出现在数据集中的项集，而这里的频度主要是由支持度（Support）定义的。

项的集合称为项集，包含 k 项的集合称为 k 项集。项集出现的频度是指包含该项集（即该项集是购物篮项集的子集）的购物篮的数目，也称为支持度计数或计数。而项集的支持度 S 即为支持度计数除以总的购物篮数目，如果某项集的支持度大于或等于规定的支持度阈值（Support Threshold），则称该项集为频繁项集。

例如，在如表 7.1 所示的交易信息中，我们规定最小支持度阈值为 50%。显然，项集 $\{尿布,啤酒\}$ 非常频繁，它在除 001 之外的购物篮中都出现了。可知，$\{尿布,啤酒\}$ 的支持度计数为 3，支持度为 3/4=75%，大于规定的最小支持度阈值 50%，所以 $\{尿布,啤酒\}$ 是频繁 2 项集。而项集 $\{可乐,牛奶\}$ 的支持度为 25%，小于规定的最小支持度阈值，所以 $\{可乐,牛奶\}$ 不是频繁 2 项集。

频繁项集分析应用并不仅限于购物篮数据。同样的模型可以用于挖掘很多其他类型的数据。

例如，在文档抄袭应用中，它的项是文档，购物篮是句子。一篇文档中如果包含某个句子，则认为该句子对应的购物篮中包含文档对应的项。这种表达方式有助于准确地描述我们的需求，即在一个多对多的关系中，寻找那些在多个购物篮中共同出现的项对。这种共同出现的项对可以代表两篇文档有很多相同的句子子集。实际上，甚至一到两个句子相同就可以作为抄袭的有力证据。

再如，在生物标志物应用中，它的项包括两种类型，一种是诸如基因或血蛋白之类的生物标志物，另一种是疾病。购物篮则是某个病人的数据集，包括其基因组和血生化分析数据，以及病史信息。频繁项集由某个疾病和一个或多个生物标志物构成，它们组合在一起给出疾病的检测建议。

7.2.3　关联规则

关联规则（Association Rule）是形如 $A \to B$ 的逻辑蕴含式。其中，$A \neq \varnothing$，$B \neq \varnothing$，且 $A \subset I$，$B \subset I$，$A \cap B = \varnothing$。A 和 B 分别称为关联规则的先导（Antecedent 或 Left-Hand-Side，LHS）和后继（Consequent 或 Right-Hand-Side，RHS）。关联规则利用置信度（Confidence）从大量数据中挖掘有价值的数据项之间的相关关系，具体表现为“如果 A 中所有项出现在某个购物篮中，那么 B 中所有项有多大可能性也会出现在这一购物篮中”。

通常定义中，规则 $A \to B$ 在数据库中具有置信度 C，表示包含项集 A 的同时包含项集 B 的概率，即条件概率 $P(B|A)$。因为事务数据库 D 的规模是一定的，所以有如下公式：

$$C(A \to B) = \frac{S(A \cup B)}{S(A)} = \frac{|A \cup B|}{|A|}$$

式中，$S(A)$ 表示项集 A 的支持度，$|A|$ 表示数据库中包含项集 A 的购物篮的个数。

例如，对于如表 7.1 所示的交易信息，顾客购买尿布的交易有 3 笔，顾客购买尿布和啤酒的交易有 3 笔，顾客购买尿布和牛奶的交易有 1 笔，那么顾客购买尿布和啤酒的置信度$C(\text{尿布} \to \text{啤酒}) = \frac{3}{3} = 100\%$，购买尿布和牛奶的置信度$C(\text{尿布} \to \text{牛奶}) = \frac{1}{3} = 33.33\%$，这说明尿布和啤酒的关联性比尿布和牛奶的关联性更强，商家在销售时就可以进行捆绑销售，增加收益。

大于或等于最小支持度阈值（Minimum Support Threshold）和最小置信度阈值（Minimum Confidence Threshold）的规则称为强关联规则。通常意义上，我们说的关联规则都是指强关联规则，关联规则挖掘的目标就是找出数据库中的强关联规则。

规则的支持度和置信度是评估规则有效性和可靠性的重要指标。支持度衡量了一个规则出现的频率，而置信度则反映了规则的可靠性。如果一个规则的支持度和置信度都达到了预设的阈值，那么这个规则被认为是有价值的。

7.2.4 Apriori 算法

在关联规则挖掘算法中，最自然、原始的方法是穷举所有可能的规则，计算每个规则的支持度和置信度，但这种方法的复杂度过高。而拆分支持度和置信度就是目前解决此问题的主要手段，因此，大多数关联规则算法通常分为两个阶段：第一阶段，从事务数据库中找出所有大于或等于用户指定的最小支持度阈值的频繁 k 项集；第二阶段，利用频繁 k 项集生成需要的关联规则，根据用户设定的最小置信度阈值进行取舍，得到强关联规则。由于第二阶段的开销远低于第一阶段，因此挖掘关联规则的总体性能主要取决于第一阶段的频繁 k 项集产生算法的复杂度。

1994 年，阿格拉沃尔（R. Agrawal）和斯利坎特（R. Srikant）在文献中首次提出了 Apriori 算法，该算法就是根据有关频繁 k 项集特性的先验知识（Prior Knowledge）而命名的。依据频繁 k 项集的单调性，该算法利用一个逐层顺序搜索的迭代方法完成频繁 k 项集的挖掘工作。

Apriori 算法的主要步骤如下。

（1）扫描全部数据，产生候选频繁 1 项集的集合 C_1；

（2）根据最小支持度，由候选频繁 1 项集的集合 C_1 产生频繁 1 项集的集合 L_1；

（3）若 $k > 1$，重复步骤（4）、（5）和（6）；

（4）对 L_{k-1} 执行连接和剪枝操作，产生候选频繁 k 项集的集合 C_k；

（5）根据最小支持度，由候选频繁 k 项集的集合 C_k，筛选产生频繁 k 项集的集合 L_k；

（6）若 $L_k \neq \varnothing$，则 $k = k + 1$，跳至步骤（4）进行循环操作，否则跳至步骤（7）；

（7）根据最小置信度阈值，由频繁 k 项集产生强关联规则；

（8）结束。

从上述步骤中可以看出，Apriori 算法使用项集的单调性在数据库中通过若干次迭代发现频繁 k 项集，其中最重要的部分为如何从频繁 $k-1$ 项集中产生频繁 k 项集，即如何从 L_{k-1} 中产生 L_k。这个过程主要分为两个步骤，即连接（Linking）和剪枝（Pruning）。

1）连接

根据项集的单调性，频繁 k 项集 L_k 的子集一定也是频繁项集。因此，为了产生候选频

繁 k 项集的集合 C_k，我们将 L_{k-1} 中的两个项集进行连接，获得它们的共同超集。例如，假设 A_1、A_2 为 L_{k-1} 中的两个成员，$A_1 \in L_{k-1}$、$A_2 \in L_{k-1}$，以及 A_1、A_2 都已按字典序排序且 A_1 的前 $k-2$ 项与 A_2 的前 $k-2$ 项完全相同，那么 A_1、A_2 可连。

将 A_1、A_2 这两个集合进行连接操作，生成的集合输出至下方的剪枝步骤。

2）剪枝

我们都知道，C_k 是 L_k 的一个超集，那么如何缩小 C_k 的规模就显得至关重要了。同样利用项集的单调性原则，即"一个非频繁 k-1 项集必然不可能是频繁 k 项集的子集"，可以在扫描数据库确定频繁 k 项集之前，先对 C_k 进行一次剪枝操作。

扫描 C_k 中的所有元素，找出每个元素的所有 k-1 项集组成的子集，查看该子集是否在 L_{k-1} 中，若存在一个由 k-1 项集组成的子集不属于 L_{k-1}，那么该候选 k 项集就不可能成为频繁 k 项集，因而就可以将其从 C_k 中删除。

扫描数据库，确定剪枝后的 C_k 中各候选频繁 k 项集的支持度，若支持度大于或等于最小支持度阈值，则该项集就为频繁 k 项集。最终得到 L_k。

Apriori 算法产生频繁 k 项集的过程主要有以下几个特点。

（1）逐层进行。从频繁 1 项集到最长的频繁 k 项集，Apriori 算法每次都只遍历项集中的一层，一层结束才会进入下一层。

（2）它使用产生和测试（Generate-and-test）策略来发现频繁 k 项集，每次迭代后的候选 k 项集由上一次迭代发现的频繁 k-1 项集产生。总迭代次数为 $k_{max}+1$，其中，k_{max} 为频繁项集最大长度。

拓展读一读

项集的单调性是指，如果项集 A 是频繁的，那么其所有的子集都是频繁的。该性质的原理也很简单，假设 $B \subseteq A$，那么包含 A 中所有项的购物篮必然包含 B 中的所有项。因此，B 的支持度计数一定不会小于 A 的支持度计数，同时，由于 B 很有可能会出现在某个不完全包含 $A-B$ 的所有元素的购物篮中，B 的支持度计数完全有可能严格高于 A 的支持度计数，B 的支持度也就一定不会小于 A 的支持度。

根据项集的单调性，可以得出结论：任何频繁 k 项集一定都是由频繁 $k-1$ 项集组合生成的。因此，使用逐层顺序搜索的迭代算法来找寻频繁项集即为一种可行的方式。

7.2.5　强关联规则

强关联规则是一种使用频繁模式挖掘技术来分析数据的方法。在数据分析中，我们通过分析购物记录得到一些互相关联的项。例如，在购物中，如果一个顾客购买了牛奶，那么他也可能会购买麦片。

强关联规则的本质是通过分析数据之间的关系来挖掘出其中频繁出现的模式。频繁模式是指在一个数据集中频繁出现的组合。类似地，我们可以通过分析所有购物记录，找到很多频繁出现的购买组合。比如，经常一起购买的商品有牛奶和麦片、饮料和零食、糖果和饮料等。这些都是频繁模式。通过对频繁模式的分析，我们可以挖掘出强关联规则，例如，如果顾客购买了牛奶和麦片，那么他也可能会购买面包。

练一练

基于任务单 7-2 中使用 Apriori 算法产生的频繁项集，生成该数据集中的强关联规则并输出。

步骤一：编写如下代码，基于已有的频繁项集，生成大于或等于最小置信度阈值的关联规则。

```
# 输入：L，list，包含所有频繁 k 项集。例如，L[0]为 set，里面包含所有频繁 1 项集
# 输入：support_data，dict，key 为频繁项集，value 为该频繁项集的支持度
# 输入：min_conf，float，预先定义的最小置信度阈值
# 输出：rule_list，list，包含挖掘出的所有强关联规则，里面的每个元素为一个三元组，记录了关联规则的先导、后继、置信度
def generate_rules(L, support_data, min_conf):
    rule_list = []
    sub_set_list = []
    for i in range(0, len(L)):
        for freq_set in L[i]:
            for sub_set in sub_set_list:
                if sub_set.issubset(freq_set):
                    conf = support_data[freq_set] / support_data[freq_set - sub_set]
                    rule = (freq_set - sub_set, sub_set, conf)
                    if conf >= min_conf and rule not in rule_list:
                        rule_list.append(rule)
            sub_set_list.append(freq_set)
    return rule_list
```

步骤二：编写如下代码，设置预先定义的最小置信度阈值，产生所有强关联规则并输出。

```
min_conf = 0.8
rule_list = generate_rules(L, support_data, min_conf)
# 输出显示
for i in rule_list:
    print((str(i[0]) + "=>" + str(i[1])).ljust(55), "conf: ", i[2])
```

步骤三：运行代码，输出结果如图 7.4 所示。

```
frozenset({'Binders'})=>frozenset({'Art'})              conf:  0.9019886363636364
frozenset({'Art'})=>frozenset({'Binders'})              conf:  0.9097421203438395
frozenset({'Storage'})=>frozenset({'Art'})              conf:  0.909025787965616
frozenset({'Art'})=>frozenset({'Storage'})              conf:  0.909025787965616
frozenset({'Binders'})=>frozenset({'Storage'})          conf:  0.9034090909090909
frozenset({'Storage'})=>frozenset({'Binders'})          conf:  0.9111747851002865
frozenset({'Storage', 'Binders'})=>frozenset({'Art'})   conf:  0.9245283018867925
frozenset({'Binders', 'Art'})=>frozenset({'Storage'})   conf:  0.9259842519685041
frozenset({'Storage', 'Art'})=>frozenset({'Binders'})   conf:  0.9267139479905439
frozenset({'Storage'})=>frozenset({'Binders', 'Art'})   conf:  0.8424068767908309
frozenset({'Binders'})=>frozenset({'Storage', 'Art'})   conf:  0.8352272727272728
frozenset({'Art'})=>frozenset({'Storage', 'Binders'})   conf:  0.8424068767908309
```

图 7.4　挖掘出的强关联规则

任务3　调用 apyori 库实现超市零售数据关联规则挖掘

在 Python 中可以利用 apyori 库快速挖掘出强关联规则，apyori 库的使用较简单。

微课：项目 7 任务 3-apyori 库的使用.mp4

动一动

使用 apyori 库中的 Apriori 算法直接挖掘出超市零售数据的关联规则。

任务单

任务单 7-3　调用 apyori 库实现超市零售数据关联规则挖掘

学号：＿＿＿＿＿＿＿姓名：＿＿＿＿＿＿＿完成日期：＿＿＿＿＿＿＿检索号：＿＿＿＿＿＿＿

任务说明

使用 apyori 库直接实现 Apriori 算法，调用该库中的 apriori()函数获得超市零售数据所有项集的相关信息。

引导问题

想一想

（1）如何安装并导入 apyori 库？

（2）如何调用 apyori 库中的 Apriori 算法对指定数据集进行关联规则挖掘？如何传入最小支持度阈值、最小置信度阈值等参数？

（3）apyori 库中 Apriori 算法的输出形式是什么样的？

重点笔记区

任务评价

评价内容	评价要素	分值	分数评定	自我评价
1．任务实施	安装与使用 apyori 库	2 分	会安装 apyori 库得 1 分，包导入正确得 1 分	
	挖掘频繁项集	5 分	会调用 apriori()函数得 3 分，能正确获取所有频繁项集得 2 分	
	数据输出	2 分	能读取所有频繁项集和每个频繁项集的相关信息得 1 分，结果显示正确得 1 分	
2．任务总结	依据任务实施情况得出结论	1 分	结论切中本任务的重点得 1 分	
合　计		10 分		

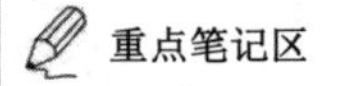

任务解决方案关键步骤参考

步骤一：安装 apyori 库。

```
pip install apyori
```

步骤二：导入 apyori 库中的 Apriori 算法，并从给定的数据集 dataset 中找出频繁项集。

```
from apyori import apriori
# 调用 apriori()函数，输入数据集、最小支持度阈值、最小置信度阈值作为参数
results = list(apriori(dataset, min_support = 0.7, min_confience = 0.8)
for i in results:
    print(i)
```

步骤三：运行代码，得到数据集中所有频繁项集和每个频繁项集的相关信息，部分输出结果如图 7.5 所示。

```
RelationRecord(items=frozenset({'Art'}), support=0.8818698673404928, ordered_statistics=[OrderedStatistic(items_ba
se=frozenset(), items_add=frozenset({'Art'}), confidence=0.8818698673404928, lift=1.0)])
RelationRecord(items=frozenset({'Binders'}), support=0.8894504106127605, ordered_statistics=[OrderedStatistic(item
s_base=frozenset(), items_add=frozenset({'Binders'}), confidence=0.8894504106127605, lift=1.0)])
RelationRecord(items=frozenset({'Storage'}), support=0.8818698673404928, ordered_statistics=[OrderedStatistic(item
s_base=frozenset(), items_add=frozenset({'Storage'}), confidence=0.8818698673404928, lift=1.0)])
RelationRecord(items=frozenset({'Binders', 'Art'}), support=0.8022741629816803, ordered_statistics=[OrderedStatist
ic(items_base=frozenset(), items_add=frozenset({'Binders', 'Art'}), confidence=0.8022741629816803, lift=1.0), Orde
redStatistic(items_base=frozenset({'Art'}), items_add=frozenset({'Binders'}), confidence=0.9097421203438395, lift=
1.0228137617218025), OrderedStatistic(items_base=frozenset({'Binders'}), items_add=frozenset({'Art'}), confidence=
0.9019886363636364, lift=1.0228137617218025)])
RelationRecord(items=frozenset({'Storage', 'Art'}), support=0.8016424510423247, ordered_statistics=[OrderedStatist
ic(items_base=frozenset(), items_add=frozenset({'Storage', 'Art'}), confidence=0.8016424510423247, lift=1.0), Orde
redStatistic(items_base=frozenset({'Art'}), items_add=frozenset({'Storage'}), confidence=0.909025787965616, lift=1
.0307935690183165), OrderedStatistic(items_base=frozenset({'Storage'}), items_add=frozenset({'Art'}), confidence=0
.909025787965616, lift=1.0307935690183165)])
```

图 7.5　调用 apyori 库的部分输出结果

7.3.1　apyori 库

apyori 库用于对数据集进行关联规则挖掘，它实现了 Apriori 算法并提供了简洁的 API，使用户能够轻松地在数据集中发现频繁项集和关联规则。apyori 库中的主要函数为 apriori()，其官方定义如下。

```
apriori(dataset, min_support, min_confidence, min_lift, min_length)
```

apriori()函数的主要参数说明如表 7.2 所示。

表 7.2　apriori()函数的主要参数说明

名称	说明
dataset	数据集
min_support	最小支持度阈值
min_confidence	最小置信度阈值
min_lift	最小提升度阈值
min_length	最小项集长度

apriori()函数返回 generator 对象，可使用 list()函数将其转换为列表，获取最小支持度、最小置信度、最小提升度等信息。本任务调用 apyori 库中的 Apriori 算法实现了频繁项集的挖掘。虽然这种方法不能直接得出经过排序的关联规则，但在输出结果中给出了重要信息，

部分信息的含义如表 7.3 所示。

表 7.3　apyori()函数输出结果中部分信息的含义

关键字	说明
items	项集，frozenset 对象，可迭代取出子集
support	支持度，浮点型
confidence	置信度，浮点型
ordered_statistics	项之间存在的关联规则，若不是 1 项集，则分别计算不同排列顺序的项之间的置信度和提升度
lift	提升度

7.3.2　Apriori 算法的优缺点

Apriori 算法简单易实现，可扩展性强，易于发现不同大小和维度的频繁项集，且效果也不错。但该算法也存在以下难以克服的缺点。

（1）计算效率较低：Apriori 算法需要进行多次数据库扫描，计算量较大，尤其是在处理大规模数据集时效率较低。

（2）存储空间占用大：Apriori 算法需要存储大量的候选项集和频繁项集，占用了大量的存储空间。

（3）产生大量的候选项集：Apriori 算法产生的候选项集数量随着数据集的增大而成指数级增长，这会导致计算复杂度增加。

（4）只能处理离散数据：Apriori 算法主要适用于离散数据，不适用于连续数据或具有大量取值的数据。

（5）忽略了项集之间的相关性：Apriori 算法基于项集的反易传递性原则，忽略了项集之间可能存在的相关性，这可能会导致挖掘出不具有实际意义的规则。

总体上，Apriori 算法在简单易用、易实现及灵活性方面具有优势，但在计算效率和存储空间上存在局限。

拓展实训：论文作者关联规则挖掘

【实训目的】

通过本次实训，要求学生初步掌握关联规则挖掘领域的相关概念，并了解常见关联规则挖掘算法的基本思想及其 Python 实现。

【实训环境】

Python 3.7、Pandas、NumPy、Matplotlib。

【实训内容】

- 收集并观察数据。
- 探索和准备数据。

- 挖掘频繁项集。
- 发现关联规则。

在接下来的实训中，将按照以上步骤对数据进行关联规则挖掘。

【应用拓展】

（1）已知“author.csv”文件中按照每篇论文一作、二作、三作等顺序依次排列，每个作者之间使用逗号分隔，读取数据文件并处理成购物篮数据，如图 7.6 所示。

```
[['Xiaohui Bei', 'Shengyu Zhang'], ['Pin-Yu Chen', 'Yash Sharma', 'Huan Zhang', 'Jinfeng Yi', 'Cho-Jui Hsieh'], [
'Jonathan Chung', 'Moshe Eizenman', 'Uros Rakita', 'Roger McIntyre', 'Peter Giacobbe'], ['Bolin Ding', 'Harsha No
ri', 'Paul Li', 'Joshua Allen'], ['Hao-Wen Dong', 'Wen-Yi Hsiao', 'Li-Chia Yang', 'Yi-Hsuan Yang'], ['Ahmed Elgam
mal', 'Yan Kang', 'Milko Den Leeuw'], ['Nina Grgić-Hlača', 'Muhammad Bilal Zafar', 'Krishna P. Gummadi', 'Adrian
Weller'], ['Weixiang Hong', 'Jingjing Meng', 'Junsong Yuan'], ['Weixiang Hong', 'Jingjing Meng', 'Junsong Yuan'],
['Xin Jin', 'Le Wu', 'Xiaodong Li', 'Siyu Chen', 'Siwei Peng', 'Jingying Chi', 'Shiming Ge', 'Chenggen Song', 'Ge
ng Zhao'], ['Daniel Kasenberg', 'Matthias Scheutz'], ['Zhuo Li', 'Hongwei Wang', 'Miao Zhao', 'Wenjie Li', 'Minyi
Guo'], ['Bin Liu', 'Ying Li', 'Zhaonan Sun', 'Soumya Ghosh', 'Kenney Ng'], ['Luchen Liu', 'Jianhao Shen', 'Ming Z
hang', 'Zichang Wang', 'Jian Tang'], ['Ye Liu', 'Lifang He', 'Bokai Cao', 'Philip S. Yu', 'Ann B. Ragin', 'Alex D
. Leow'], ['Jian Lou', 'Yiu-ming Cheung'], ['Maggie Makar', 'John Guttag', 'Jenna Wiens'], ['Taiki Miyanishi', 'J
un-ichiro Hirayama', 'Takuya Maekawa', 'Motoaki Kawanabe'], ['Chih-Ya Shen', 'C. P. Kankeu Fotsing', 'De-Nian Yan
g', 'Yi-Shin Chen', 'Wang-Chien Lee'], ['Shirin Sohrabi', 'Anton V. Riabov', 'Michael Katz', 'Octavian Udrea'], [
'Youyi Song', 'Jing Qin', 'Baiying Lei', 'Kup-Sze Choi'], ['Shantanu Thakoor', 'Simoni Shah', 'Ganesh Ramakrishna
n', 'Amitabha Sanyal'], ['Jingyuan Wang', 'Xu He', 'Ze Wang', 'Junjie Wu', 'Nicholas Jing Yuan', 'Xing Xie', 'Zha
ng Xiong'], ['Leye Wang', 'Gehua Qin', 'Dingqi Yang', 'Xiao Han', 'Xiaojuan Ma'], ['Xinrun Wang', 'Bo An', 'Marti
n Strobel', 'Fookwai Kong'], ['Huawei Wei', 'Bingbing Ni', 'Yichao Yan', 'Huanyu Yu', 'Xiaokang Yang', 'Chen Yao'
], ['Ziwei Zhang', 'Peng Cui', 'Jian Pei', 'Xiao Wang', 'Wenwu Zhu'], ['Huan Zhao', 'Xiaogang Xu', 'Yangqiu Song'
, 'Dik Lun Lee', 'Zhao Chen', 'Han Gao'], ['Rediet Abebe', 'Lada A. Adamic', 'Jon Kleinberg'], ['Xuezhi Cao', 'Ha
```

图 7.6　论文作者购物篮数据（部分）

（2）使用 Apriori 算法挖掘频繁项集并生成关联规则，令最小支持度阈值为 0.004，最小置信度阈值为 0.8，要求结果如图 7.7 所示。

```
==================== 频繁项集 ====================
freq_set                 support
frozenset({'Bo Chen'})       0.005417118093174431
frozenset({'Jungong Han'})       0.005417118093174431
frozenset({'Louis-Philippe Morency'}) 0.004333694474539545
......
frozenset({'Lei Sha', 'Baobao Chang'}) 0.004333694474539545
frozenset({'Rui Yan', 'Dongyan Zhao'}) 0.004333694474539545
frozenset({'Lei Sha', 'Zhifang Sui'}) 0.004333694474539545
frozenset({'Jungong Han', 'Guiguang Ding'}) 0.004333694474539545
frozenset({'Zhifang Sui', 'Baobao Chang'}) 0.004333694474539545
frozenset({'Lei Sha', 'Zhifang Sui', 'Baobao Chang'}) 0.004333694474539545
==================== 关联规则 ====================
frozenset({'Yong Yu'})=>frozenset({'Weinan Zhang'}) conf:  1.0
frozenset({'Pierre-Luc Bacon'})=>frozenset({'Doina Precup'}) conf:  1.0
frozenset({'Peng Cui'})=>frozenset({'Wenwu Zhu'}) conf:  1.0
frozenset({'Lei Sha'})=>frozenset({'Baobao Chang'}) conf:  1.0
frozenset({'Baobao Chang'})=>frozenset({'Lei Sha'}) conf:  1.0
frozenset({'Dongyan Zhao'})=>frozenset({'Rui Yan'}) conf:  1.0
frozenset({'Rui Yan'})=>frozenset({'Dongyan Zhao'}) conf:  1.0
frozenset({'Zhifang Sui'})=>frozenset({'Lei Sha'}) conf:  1.0
frozenset({'Lei Sha'})=>frozenset({'Zhifang Sui'}) conf:  1.0
frozenset({'Guiguang Ding'})=>frozenset({'Jungong Han'}) conf:  1.0
frozenset({'Zhifang Sui'})=>frozenset({'Baobao Chang'}) conf:  1.0
frozenset({'Baobao Chang'})=>frozenset({'Zhifang Sui'}) conf:  1.0
frozenset({'Lei Sha', 'Zhifang Sui'})=>frozenset({'Baobao Chang'}) conf:  1.0
frozenset({'Zhifang Sui', 'Baobao Chang'})=>frozenset({'Lei Sha'}) conf:  1.0
frozenset({'Lei Sha', 'Baobao Chang'})=>frozenset({'Zhifang Sui'}) conf:  1.0
frozenset({'Zhifang Sui'})=>frozenset({'Lei Sha', 'Baobao Chang'}) conf:  1.0
frozenset({'Baobao Chang'})=>frozenset({'Lei Sha', 'Zhifang Sui'}) conf:  1.0
frozenset({'Lei Sha'})=>frozenset({'Zhifang Sui', 'Baobao Chang'}) conf:  1.0
```

图 7.7　Apriori 算法论文作者关联规则挖掘结果

（3）使用 apyori 库实现 Apriori 算法，输出结果如图 7.8 所示。

```
RelationRecord(items=frozenset({'Lei Sha', 'Baobao Chang'}), support=0.004333694474539545, ordered_statistics=[OrderedStatistic(items_base=frozenset({'Baobao Chang'}),
items_add=frozenset({'Lei Sha'}), confidence=1.0, lift=230.75), OrderedStatistic(items_base=frozenset({'Lei Sha'}), items_add=frozenset({'Baobao Chang'}), confidence=1.0, lift=230.75)])
RelationRecord(items=frozenset({'Zhifang Sui', 'Baobao Chang'}), support=0.004333694474539545, ordered_statistics=[OrderedStatistic(items_base=frozenset({'Baobao Chang'}),
items_add=frozenset({'Zhifang Sui'}), confidence=1.0, lift=230.75), OrderedStatistic(items_base=frozenset({'Zhifang Sui'}), items_add=frozenset({'Baobao Chang'}), confidence=1.0, lift=230.75)])
RelationRecord(items=frozenset({'Doina Precup', 'Pierre-Luc Bacon'}), support=0.004333694474539545, ordered_statistics=[OrderedStatistic(items_base=frozenset({'Pierre-Luc Bacon'}),
items_add=frozenset({'Doina Precup'}), confidence=1.0, lift=153.83333333333334)])
RelationRecord(items=frozenset({'Rui Yan', 'Dongyan Zhao'}), support=0.004333694474539545, ordered_statistics=[OrderedStatistic(items_base=frozenset({'Dongyan Zhao'}),
items_add=frozenset({'Rui Yan'}), confidence=1.0, lift=230.75), OrderedStatistic(items_base=frozenset({'Rui Yan'}), items_add=frozenset({'Dongyan Zhao'}), confidence=1.0, lift=230.75)])
RelationRecord(items=frozenset({'Jungong Han', 'Guiguang Ding'}), support=0.004333694474539545, ordered_statistics=[OrderedStatistic(items_base=frozenset({'Guiguang Ding'}),
items_add=frozenset({'Jungong Han'}), confidence=1.0, lift=184.6)])
RelationRecord(items=frozenset({'Lei Sha', 'Zhifang Sui'}), support=0.004333694474539545, ordered_statistics=[OrderedStatistic(items_base=frozenset({'Lei Sha'}),
items_add=frozenset({'Zhifang Sui'}), confidence=1.0, lift=230.75), OrderedStatistic(items_base=frozenset({'Zhifang Sui'}), items_add=frozenset({'Lei Sha'}), confidence=1.0, lift=230.75)])
RelationRecord(items=frozenset({'Wenwu Zhu', 'Peng Cui'}), support=0.004333694474539545, ordered_statistics=[OrderedStatistic(items_base=frozenset({'Peng Cui'}),
items_add=frozenset({'Wenwu Zhu'}), confidence=1.0, lift=153.83333333333334)])
RelationRecord(items=frozenset({'Weinan Zhang', 'Yong Yu'}), support=0.004333694474539545, ordered_statistics=[OrderedStatistic(items_base=frozenset({'Yong Yu'}),
items_add=frozenset({'Weinan Zhang'}), confidence=1.0, lift=153.83333333333334)])
RelationRecord(items=frozenset({'Lei Sha', 'Zhifang Sui', 'Baobao Chang'}), support=0.004333694474539545, ordered_statistics=[OrderedStatistic(items_base=frozenset({'Baobao Chang'}),
items_add=frozenset({'Lei Sha', 'Zhifang Sui'}), confidence=1.0, lift=230.75), OrderedStatistic(items_base=frozenset({'Lei Sha'}), items_add=frozenset({'Zhifang Sui', 'Baobao Chang'}),
confidence=1.0, lift=230.75), OrderedStatistic(items_base=frozenset({'Zhifang Sui'}), items_add=frozenset({'Lei Sha', 'Baobao Chang'}), confidence=1.0, lift=230.75),
OrderedStatistic(items_base=frozenset({'Lei Sha', 'Baobao Chang'}), items_add=frozenset({'Zhifang Sui'}), confidence=1.0, lift=230.75), OrderedStatistic(items_base=frozenset({'Zhifang Sui',
'Baobao Chang'}), items_add=frozenset({'Lei Sha'}), confidence=1.0, lift=230.75), OrderedStatistic(items_base=frozenset({'Lei Sha', 'Zhifang Sui'}), items_add=frozenset({'Baobao Chang'}),
confidence=1.0, lift=230.75)])
```

图 7.8　使用 apyori 库实现 Apriori 算法的输出结果

（4）尝试设置不同的最小支持度阈值和最小置信度阈值，查看输出结果的变化。

（5）生活中的哪些场景还可以应用关联规则挖掘？

（6）尝试使用 FP-Growth 算法实现关联规则挖掘，并比较其与 Apriori 算法的异同。

项目考核

【选择题】

1．以下可能运用到关联规则挖掘的金融场景是（　　）。

A．预测大盘走势　　　　B．银行 App 的理财产品推荐系统

C．分析企业违规的可能性　　　　D．以上皆有可能

2．以下属于关联分析的是（　　）。

A．CPU 性能预测　　　　B．购物篮分析

C．自动判断鸢尾花类别　　　　D．股票趋势建模

3．关于关联规则挖掘的概念，以下表述错误的是（　　）。

A．置信度是指一个项集或者规则在所有事务中出现的频率

B．如果一个项集是频繁的，那么它的所有子集也一定是频繁的

C．如果一个项集是非频繁的，那么它的所有超集也一定是非频繁的

D．包含 0 个或多个项的集合被称为项集

4．使用 Apriori 算法实现关联规则挖掘时，可以引入（　　）库。

A．Pandas　　　B．apriori　　　C．apyori　　　D．aprioy

5．Apriori 算法基于（　　）假设。

A．所有频繁项集的子集都是频繁的

B．所有稀疏项集的子集都是稀疏的

C．所有密集项集的子集都是密集的

D．所有不相关项集的子集都是不相关的

6．在 Apriori 算法中，候选项集的大小（　　）计算。

A．基于单个项的频繁项集

B．基于已有最大频繁项集的项数加一

C．基于数据集中不同物品的总数

D．基于数据集的总购物篮数

7．Apriori 算法的加速过程依赖（　　）策略。

A．抽样　　B．剪枝　　C．缓冲　　D．并行

8．（　　）会降低 Apriori 算法的挖掘效率。

A．支持度阈值增大　　B．项数减少

C．事务数减少　　D．降低硬盘读/写速度

9．以下关于关联规则的描述错误的是（　　）。

A．关联规则经典的算法主要有 Apriori 算法和 FP-Growth 算法

B．FP-Growth 算法主要采取分而治之的策略

C．FP-Growth 算法对不同长度的规则都有很好的适应性

D．Apriori 算法不需要重复地扫描数据库

【填空题】

1．关联规则挖掘是一种用于发现数据集中项之间的__________关系的数据挖掘技术。

2．Apriori 算法的两个主要步骤分别为__________________和__________________。

3．在 Apriori 算法中，支持度主要用来衡量__________________，置信度主要用来衡量__________________。

4．Apriori 算法的关键步骤是___________，它通过_____________和_____________来生成候选频繁项集。

5．在关联规则中，置信度衡量的是规则中________与________的关联程度。

6．设某事务项集的构成如表 7.4，填空完成其中支持度和置信度的计算。

表 7.4　某事务项集的构成

事务号（TID）	项集	二项集	支持度	规则	置信度
T_1	A, D	A, B		$A \to B$	
T_2	D, E	A, C		$C \to A$	
T_3	A, C, E	A, D		$A \to D$	
T_4	A, B, D, E	B, D		$B \to D$	
T_5	A, B, C	C, D		$C \to D$	
T_6	A, B, D	D, E		$D \to E$	
T_7	A, C, D	⋮		⋮	
T_8	C, D, E				
T_9	B, C, D				

【代码填空题】

1．在 Apriori 算法中，我们希望能够利用频繁 k-1 项集对当前的候选频繁 k 项集进行剪枝，Ck_item 为当前候选频繁 k 项集，L_pri 为频繁 k-1 项集。根据上下文，补全以下代码：

```
def is_apriori(Ck_item, L_pri):
    for item in Ck_item:
        sub_item = _______ - frozenset([item])
        if sub_item not in _______:
            return _______
    return _______
```

2．补全以下代码：

```
import _______
# 使用 Python 中的库函数实现 FP-Growth 算法
patterns = pyfpgrowth. _______(dataset, support_threshold = 10)
rules = pyfpgrowth. _______(_______, confidence_threshold = 0.8)
```

3．补全以下代码：

```
from _______ import apriori
# 利用 apriori()函数直接生成结果
results = list(apriori(dataset, _______ = 0.4, min_confidence = 0.8))
```

【简答题】

1．支持度和置信度是如何定义的？它们在关联规则挖掘中的作用是什么？

2．Apriori 算法是如何生成候选频繁项集的？简要说明剪枝的目的。

【参考答案】

【选择题】

题号	1	2	3	4	5	6	7	8	9
答案	D	B	A	C	A	B	B	D	D

【填空题】

1．关联/相关。

2．频繁项集生成；关联规则生成。

3．项集出现的频率；项集之间的关联程度。

4．迭代；连接；剪枝。

5．前项/先导；后项/后继。

6.

表 7.4　某事务项集的构成

事务号（TID）	项集	二项集	支持度	规则	置信度
T_1	A, D	A, B	33.33%	A→B	50%
T_2	D, E	A, C	33.33%	C→A	60%
T_3	A, C, E	A, D	44.44%	A→D	66.67%
T_4	A, B, D, E	B, D	33.33%	B→D	75%
T_5	A, B, C	C, D	33.33%	C→D	60%
T_6	A, B, D	D, E	33.33%	D→E	42.86%
T_7	A, C, D	⋮		⋮	
T_8	C, D, E				
T_9	B, C, D				

【代码填空题】

1．Ck_item；L_pri；False；True。

2．pyfpgrowth；find_frequent_patterns；generate_association_rules；patterns。

3．apyori；min_support。

【简答题】

1．答：支持度定义为项集在数据集中的出现频率。置信度定义为规则的前项项集出现时，规则的后项也出现的概率。支持度用于识别频繁项集，置信度用于评估规则的可靠性和强度。

2．答：Apriori 算法通过使用连接和剪枝操作来生成候选频繁项集。剪枝的目的是删除不满足项集单调性的候选频繁项集，减少计算量，提高算法执行效率。

项目8

人体行为识别应用

项目描述

国务院印发《国务院关于积极推进“互联网+”行动的指导意见》，人工智能被纳为重点任务之一。随着各项政策的持续推进，行为识别在工业、医疗、金融、环保、交通、教育、公共安全等领域中的应用越来越受到人们的关注。

党的二十大报告指出，建设现代化产业体系。推动战略性新兴产业融合集群发展，构建新一代信息技术、人工智能、生物技术、新能源、新材料、高端装备、绿色环保等一批新的增长引擎。

人体行为识别（Human Activity Recognition，HAR）是人工智能应用、行为动态分析的一个重要分支，它主要用于对人体行为进行监测。因此，传感器需要不断地捕捉用户的活动。随着智能手机的普及，基于智能手机传感器的人体行为识别逐渐成为研究热点。人体行为识别是通过分析人类活动的动作信息，从而对动作行为进行分类认识的，已广泛应用于人机交互、医疗辅助和公共安全等领域。

根据使用设备和检测方法的不同，人体行为识别可分为基于计算机视觉和基于智能终端传感器两种方法。基于计算机视觉的方法用于从监控设备中获取人体动作信息，并对获取的图像或视频进行处理，但这种方法会受到光照条件、视角和空间等诸多因素的影响。基于智能终端传感器的方法用于对通过手持式传感器、穿戴式传感器和智能手机传感器等途径获取的数据进行分析，具有设备体积小、功能丰富和人体活动数据采集便捷等优点。

近年来，随着各类传感器制造技术的发展和成本的降低，利用传感器获取信息、收集数据，极大地推动了人体行为识别的发展。基于传感器的人体行为识别的优势在于前期投入少且设备复杂性低，具有更高的空间自由性。本项目将基于使用智能手机加速度传感器采集的公开数据集UCI-HAR，使用不同的算法，训练不同的分类模型，以判断手持手机的人的行为是躺下、坐着、站立、行走、上楼还是下楼。

拓展读一读:《超高清视频产业发展行动计划（2019-2022 年）》（节选）

工业和信息化部、国家广播电视总局、中央广播电视总台联合印发《超高清视频产业发展行动计划（2019-2022 年）》（简称《行动计划》），明确将按照“4K 先行、兼顾 8K”的总体技术路线，大力推进超高清视频产业发展和相关领域的应用。

超高清视频是继视频数字化、高清化之后的新一轮重大技术革新，将带动视频采集、制作、传输、呈现、应用等产业链各环节发生深刻变革。加快发展超高清视频产业，对满足人民日益增长的美好生活需要、驱动以视频为核心的行业智能化转型、促进我国信息产业和文化产业整体实力提升具有重大意义。为推动产业链核心环节向中高端迈进，加快建设超高清视频产业集群，建立完善产业生态体系，制定本行动计划。

行动计划的重点任务之一是加快行业创新应用，包括广播电视领域、文教娱乐领域、安防监控领域、医疗健康领域、智能交通领域、工业制造领域。在安防监控领域中，加快推进超高清监控摄像机等的研发量产。推进安防监控系统的升级改造，支持发展基于超高清视频的人脸识别、行为识别、目标分类等人工智能算法，提升监控范围、识别效率及准确率，打造一批智能超高清安防监控应用试点。

学习目标

知识目标

- 了解深度学习技术的基本概念与应用；
- 了解常用的深度学习方法及其原理，包括卷积神经网络和循环神经网络；
- 掌握 Keras 包中 Sequential 序贯模型的使用方法[①]；
- 理解卷积神经网络、循环神经网络的关键参数及其作用。

能力目标

- 会初步使用卷积神经网络、循环神经网络解决分类问题；（难点）
- 会使用 Keras 包设计神经网络模型实现人体行为分类应用[②]；
- 会结合应用对卷积神经网络、循环神经网络模型进行调参优化。（难点）

素质目标

- 注重数据安全，强化在数据时代背景下数据安全与隐私保护意识；
- 全面分析与观察，培养个体在群体行为中的大局观和全局意识；
- 自立自强、敢于担当，进一步提升服务科技强国的意识。

① 详细内容可参考《大数据分析与应用开发职业技能等级标准》高级 5.3.1。

② 重点：详细内容可参考《国家职业技术技能标准——大数据工程技术人员（2021 年版）》中级 6.2.2。

任务分析

随着传感器技术的发展和手机计算能力的提升，智能终端作为物联网的关键组成部分，已经融入人们的日常生活中。其中基于智能手机传感器的人体行为识别成为近年来的研究热点，其以传感器等多种感知原件所接收的数据作为输入，通过一定的方法识别或预测用户的日常行为。

基于传感器的人体行为识别技术是指通过图像、视频、热敏、力敏、加速度、磁力等一种或多种传感器融合的方式，对被测目标信息进行采集测量，通过数据挖掘分析、机器学习、模式识别等技术，对人体行为中的特征进行提取，并精确表达出目标状态。比如 GPS 传感器、无线传感器、RFID 传感器、加速度传感器、红外线传感器、温湿度传感器等，不仅可以对与人体动作行为相关的动作信息、环境信息、位置信息、交互信息和生理信息进行实时采集，还可以在一定程度上反映出个人行为和兴趣喜好。这是大量传感器数据积累，并由此进行分析推断和模式识别的结果。

本项目将基于公开数据集 UCI-HAR，实现人体 6 种行为的识别，主要包含以下明细任务。

（1）环境准备：为行为识别应用安装 Tensorflow 和 Keras 第三方工具包。

（2）传感器数据的读取与加载：使用 Pandas 工具包从 TXT 文件中读取数据，并使用正确的数据结构进行存储，以方便后期的加工与处理。

（3）传感器数据的查看与处理：显示加载好的数据，并检查相应的数据内容。传感器数据是由一系列信号组成的，用户需要对其进行数据转换后提取特征，通过构建特征向量进行识别。本项目给定文件中的数据已经过初步的预处理，用户不需要进行额外的清洗工作。

（4）行为数据分类分析：使用 Keras 工具包中的 Sequential 序贯模型设计卷积神经网络模型和循环神经网络模型对传感器数据进行分析、训练、优化后得到相应模型，并利用测试集对模型进行测试和评估。

相关知识基础

微课：项目 8 相关知识基础–深度学习技术.mp4

1）深度学习技术

最近几年，人工智能成为研究热点，归根结底源于深度学习技术的兴起。深度学习（Deep Learning，DL）的概念源于神经网络的研究，包含多层隐藏层的多层感知机就是一种深度学习结构。深度学习通过组合低层特征形成更加抽象的高层来表示属性类别或特征，以发现数据的分布式特征表示。研究深度学习的动机在于建立模拟人脑进行分析学习的神经网络。深度学习模仿人脑的机制来解释数据，如图像、声音和文本等。

目前，深度学习在计算机视觉、自然语言处理等方向得到了突飞猛进的发展。实践表明，深度卷积神经网络已经成为当前世界图像识别的主流方法。深度卷积神经网络可应用于很多领域，包括智能交通、轨道交通、安防监控、智慧商业、智慧养老、安全生产、智慧监所、影视娱乐、司法分析、旅游景区、视频编码、智能直播等。

自然语言处理（Natural Language Processing，NLP）同样是人工智能领域的研究热点。语言包括语音和文本两大部分。与图像数据不同，语言数据是一维的字符序列。显然，深度卷积神经网络不再适用于这种类型的数据。因此，人们提出了使用循环神经网络（Recurrent Neural Network，RNN）来提取自然语言的序列信息，并建立数学模型解决相应问题。自然语言处理能够处理或理解语言以完成特定的任务，包括机器翻译、智能对话、文字语义理解等。通过使用循环神经网络（RNN）或长短期记忆（LSTM）的深度学习将极大地促进自然语言处理的发展。

2）卷积神经网络

微课：项目 8 相关知识基础-卷积神经网络.mp4

传统的图像识别流程分为 4 个步骤：图像采集→图像预处理→特征提取→图像识别。在传统流程中，要识别图像就需要借助 SIFT、HOG 等算法提取特征，再结合 *k* 近邻、支持向量机等机器学习方法进行识别。在传统流程中，手动提取特征不仅工作量大，而且提取的特征的优劣直接影响最后的识别准确率。

卷积神经网络（Convolutional Neural Networks，CNN）最初是为了解决图像识别等问题而设计的。卷积神经网络可以直接把图像作为输入，最后输出图像的类别，不需要进行大量的图像预处理，以及使用 SIFT、HOG 等算法进行复杂特征的提取。卷积神经网络的两个主要特征是局部连接和权值共享。

局部连接是指卷积层的节点仅仅和其前一层的部分节点相连接，只用来学习局部特征。举个例子，假如输入一张大小为 1000 像素×1000 像素的图像，并有 1×10^6 个隐藏层单元，如果采用全连接，神经网络将有 1×10^{12} 个参数；如果采用局部连接，每个局部连接的大小为 10×10 个，隐藏层单元还是 1×10^6 个，通过计算采用局部连接只需要 1×10^8 个参数，大大减少了需要计算的参数量。

卷积神经网络的另一个特征是权值共享，比如一个带 3×3 个值的卷积核，共有 9 个参数，它会和输入图像的不同区域进行卷积来检测相同的特征。不同的卷积核会对应采用不同的权值参数来检测不同的特征。

卷积神经网络的这两大特征，大大减少了参数量，使训练复杂度大大降低，并减少了过拟合。当然，卷积神经网络不仅限于图像（二维的像素网格），在时间序列数据中（在时间轴上有规则的一维网格）也有极大的表现力。

卷积运算由图像数据和卷积核两个部分组成，卷积核的大小一般为 1 像素×1 像素、3 像素×3 像素或 5 像素×5 像素，图像中每一个和卷积核大小相等的位置，都会与卷积核进行对应位置的相乘并求和。也就是说，通过将卷积核置于图像数据左上方，然后进行从左到右、从上到下的运算，所有数字根据相对位置拼接起来，最后得到的结果就是卷积运算的结果，其运算过程示例如图 8.1 所示。

池化运算是对卷积运算的一个凝练与升华，根据卷积运算的结果进一步提取一些具有更高价值的信息，常见的池化运算有最大池化（MAX）、均值池化（AVG）等。池化运算过程示例如图 8.2 所示。

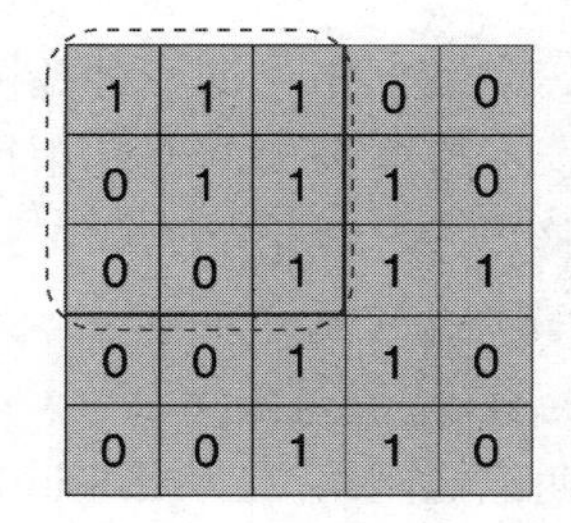

（a）5 像素×5 像素的图像数据

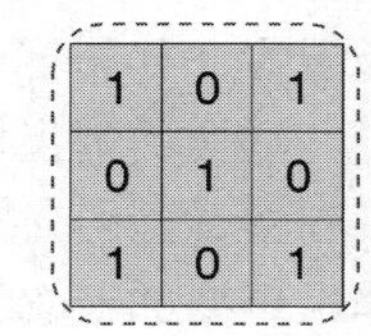

（b）3 像素×3 像素的卷积核

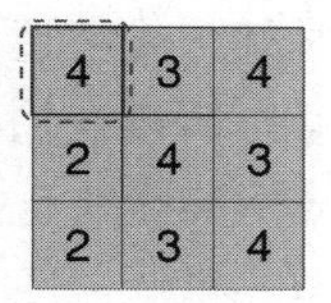

（c）运算结果

图 8.1　卷积运算过程示例

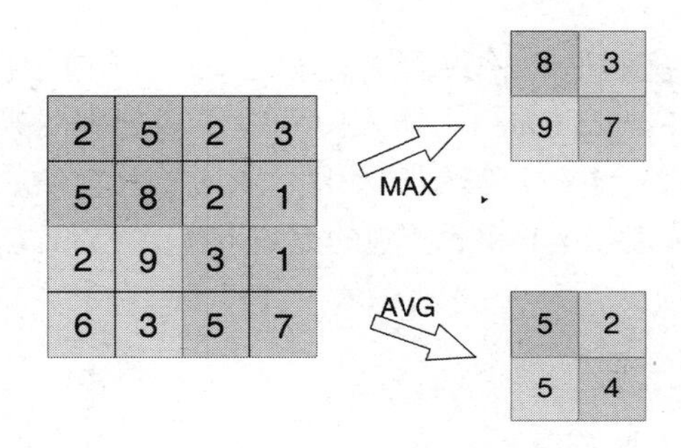

图 8.2　池化运算过程示例

3）循环神经网络

微课：项目 8 相关知识基础-循环神经网络.mp4

循环神经网络是神经网络的另一种扩展，它将一系列有顺序的数据（见图 8.3 中的 $x_0, x_1, \cdots, x_t$）作为输入。它是根据“人的认知是基于过往的经验和记忆”这一观点提出的，对所处理过的信息留存一定的“记忆”。它最主要的特点为输入和输出之间保持着重要联系，其神经元的输出再接回神经元的输入。循环神经网络的结构如图 8.3 所示。其中，x 表示输入数据，A 表示神经网络结构，h 表示输出数据，等号右侧为隐藏层的层级展开图。

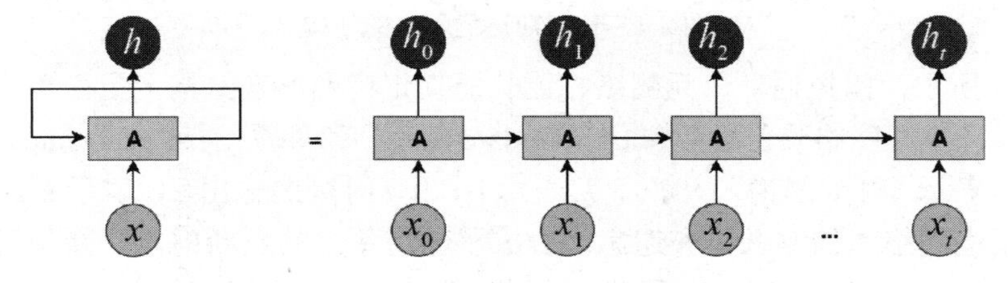

图 8.3　循环神经网络的结构

循环神经网络主要用来处理序列数据，如自然语言数据（文本翻译中的文本之间存在时间上的先后顺序）、传感器数据（传感器随着时间收集数据）、气象观测数据（通过过去的天气情况预测未来的天气情况）等。

传统的循环神经网络在很大程度上会受到短期记忆的影响，如果序列足够长，则它很难将信息从早期的时间步传递到靠后的时间步。因此，如果要根据一段文字来进行预测，则循环神经网络可能从一开始就会遗漏重要的信息。在反向传播过程中，循环神经网络也存在梯度消失等问题。一般而言，梯度用来更新神经网络权值，梯度消失问题是指梯度值会随着时间的推移逐渐缩小而接近于零。如果梯度值变得非常小，它就不能为学习提供足够的信息。所以在循环神经网络中，通常是前期的层会因为梯度消失而停止学习。因此，循环神经网络会忘记它在更长的序列中看到的对象，从而只拥有短期记忆。

在循环神经网络中，有两个非常重要的概念：一是长短期记忆网络（Long Short-Term Memory，LSTM）；二是门控循环单元网络（Gated Recurrent Unit，GRU）。它们可以作为短期记忆的解决方案，是循环神经网络的主要变体。它们通过一种称为“门”的内部机制来调节信息流。

长短期记忆网络在传统的循环神经网络基础上加入了输入门（Input Gate）、输出门（Output Gate）和遗忘门（Forget Gate），输入门和输出门分别用来控制信息的输入和输出，遗忘门用来控制信息是否进行更新，其结构如图 8.4 所示。其中，$\boldsymbol{X}_t$ 表示 t 时刻的输入，y_t 表示 t 时刻的输入，h_{t-1}、h_t 表示 t-1 和 t 时刻的系统状态，C_{t-1}、C_t 表示 t-1 和 t 时刻的细胞状态，σ 表示 sigmoid 核函数。

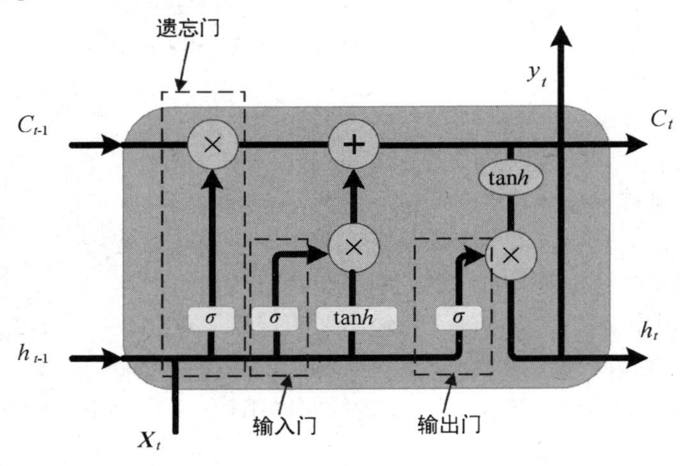

图 8.4　长短期记忆网络的结构

如图 8.5 所示，门控循环单元网络相比长短期记忆网络在结构上更简单，并且参数也更少，门控循环单元网络只包含更新门（Update Gate）和重置门（Reset Gate）两个门控单元。其中，$\boldsymbol{X}_t$ 表示 t 时刻的输入，h_{t-1}、h_t 表示 t-1 和 t 时刻的输出，σ 表示 sigmoid2 函数。它将长短期记忆网络中的输入门和遗忘门合成了一个单一的更新门。更新门可以控制前一时刻的状态信息保存到当前时刻的程度，重置门用于控制忽略前一时刻的状态信息的程度。门控循环单元网络的张量运算很少，因此与长短期记忆网络相比，它的训练速度要更快。

相比传统的循环神经网络，长短期记忆网络和门控循环单元网络在性能上更好、结构上更简单，可以避免传统循环神经网络存在的梯度消失和梯度爆炸问题。相比传统的循环神经网络，它们更能记住早期的信息。创建长短期记忆网络和门控循环单元网络的目的是利用“门”的机制来缩短短期记忆。长短期记忆网络和门控循环单元网络广泛应用于语音识别、语音合成、自然语言理解等先进的深度学习应用中，甚至可以用于生成视频的字幕。

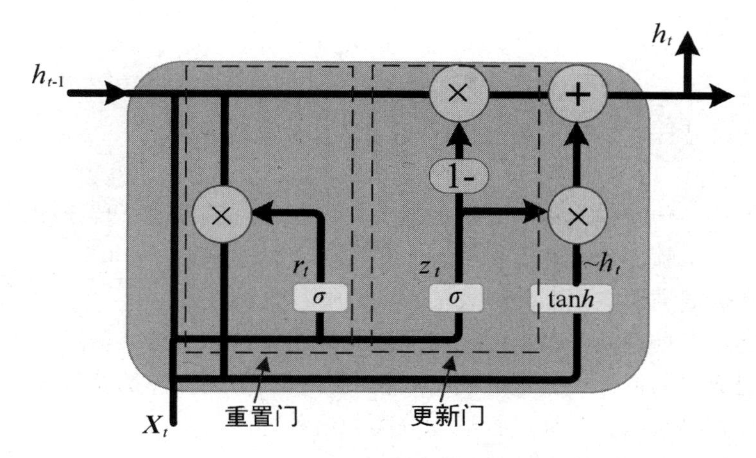

图 8.5　门控循环单元网络的结构

素质养成

无论做任何工作，都要保持一种热爱学习的心态，努力提升自己的专业知识为提升职业素养做铺垫。项目相关任务的逐步解决充分反映了技术人员能结合应用，展开数据挖掘、人工智能相关理论知识和技能的钻研。同时，技术人员需要基于理论和实践所得，结合应用创造性地开展分类识别工作，提升创新应用意识。

在任务实施的过程中，技术人员还需要不断地对数据进行解析、改进神经网络结构、调整参数优化模型，这体现的是大数据时代背景下技术人员精益求精的工匠精神和责任担当。同时，通过上机实践分析数据来提升识别准确率，获得认同感，建立信心，提升自身的专业能力及专业素养，服务科技强国。

本项目使用了智能手机中的传感器数据。该类应用中的用户隐私信息泄露问题一直是网络安全研究中的重要话题。目前，Android 和 iOS 两大主流手机操作系统均允许应用程序自由读取动作传感器数据而无须经过用户许可。采集基于智能手机内置的加速度传感器、陀螺仪传感器等动作传感器的相关数据，可推测出用户的输入内容，从而对用户的隐私安全造成威胁。在实践过程中，技术人员一方面要合理、合规地使用这一类数据，另一方面要注意对用户隐私数据的保护。

项目实施

人体行为识别的目的是通过一系列的观察，对人体的动作类型、行为模式进行分析和识别，并使用自然语言等方式对其进行描述。随着信息技术的发展，各种各样的传感器都在时刻记录着使用者的信息。这些记录信息不仅可以用于用户位置的预测，还可以用于人体行为的识别等。

接下来，我们将基于使用智能手机加速度传感器等采集的数据，通过使用卷积神经网络、循环神经网络识别人体行为，并评估其识别性能。

任务 1 使用卷积神经网络识别人体行为

深度学习方法与传统模式识别方法的最大不同在于，其改变了传统模式识别方法的特征提取和特征选择步骤，在分类模型训练时可以自动生成特征，而非采用手动设计的特征，针对复杂场景和数据类型能更准确地表征真实人体行为特征。

卷积神经网络在处理动作数据时，可采集相同时间内多个传感器通道的数据，将一维的时间序列重组成“图像”数据输入网络。我们可以利用递归图捕获时间序列动态特征，并结合卷积神经网络对动态特征进行活动分类。这种方法对步行、上楼和下楼等动态活动识别效果较好。

微课：项目 8 任务 1-使用卷积神经网络识别人体行为.mp4

动一动

基于给定的公开数据集，使用 Keras 包中的 Sequential 序贯模型设计卷积神经网络模型，实现人体行为识别的应用。

任务单

任务单 8-1 使用卷积神经网络识别人体行为

学号：______________姓名：______________完成日期：______________检索号：______________

任务说明

首先使用 read_csv()函数从文件中读取数据，准备好训练集和测试集，然后将训练数据放入已构建的卷积神经网络中进行训练，最后用测试数据来预测人体行为的类别并评估模型的优劣。

引导问题

想一想

（1）查看训练数据，明确本任务各数据项的意义并做好特征提取工作。其中，数据列“body_gyro_x”代表什么意义，有哪些应用场景？

（2）什么是卷积神经网络？在设计卷积神经网络模型时有哪些关键参数？其与传统神经网络的主要区别是什么？

（3）查看 Keras 中文帮助文档，说一说 Keras 是如何实现卷积神经网络的。试画出一个最简单的卷积神经网络，并写出其对应的构建过程。

（4）当卷积神经网络模型识别准确率低时，可调整哪些参数？如何调整？

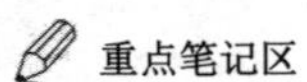

 任务评价

评价内容	评价要素	分值	分数评定	自我评价
1．任务实施	数据读取	2 分	数据读取正确得 2 分	
	模型构建与训练	3 分	会设计卷积神经网络模型得 1 分，能正确构建模型得 1 分，代码正确且能顺利执行得 1 分	
	模型测试	1 分	会调用模型预测分类得 1 分	
2．模型评估	分析模型的准确性，并得出评估报告	3 分	能正确展现评估报告得 1 分，会调整参数并让准确率达到 90%以上得 2 分	
3．任务总结	依据任务实施情况得出结论	1 分	结论切中本任务的重点得 1 分	
合　计		10 分		

任务解决方案关键步骤参考

步骤一：读取训练数据，参考代码如下。

```
import pandas as pd
import numpy as np
# 数据集的文件夹名
DATADIR = 'UCI HAR Dataset'
# 各个传感器的方向名
SIGNALS = [
"body_acc_x","body_acc_y","body_acc_z","body_gyro_x","body_gyro_y","body_gyro_z",
"total_acc_x","total_acc_y","total_acc_z"
]
# 定义读取数据的方法
def load_x(subset):
    signals_data = []
    for signal in SIGNALS:
        # 数据集的文件夹位置
        filename = '{0}/{1}/Inertial Signals/{2}_{1}.txt'.format(DATADIR,subset,signal)
        signals_data.append(
            pd.read_csv(filename, delim_whitespace=True, header=None).values
        )
    return np.transpose(signals_data,(1, 2, 0))
# 定义读取标签的方法
def load_y(subset):
    filename = '{0}/{1}/y_{1}.txt'.format(DATADIR,subset)
    y = pd.read_csv(filename, delim_whitespace=True, header=None)[0]
    return pd.get_dummies(y).values
# 加载数据
def load_data():
    x_train, x_test = load_x('train'), load_x('test')
    y_train, y_test = load_y('train'), load_y('test')
    return x_train, x_test, y_train, y_test
```

```
# 加载数据
X_train, X_test, Y_train, Y_test = load_data()
```

步骤二：设置参数，参考代码如下。

```
conv_size1 = 64  # 第一次卷积运算得到的特征图个数
conv_size2 = 32  # 第二次卷积运算得到的特征图个数
kernel_size = 3  # 卷积核大小
timesteps=128    # 步长
input_dim=9      # 维度
n_classes=6      # 类别个数
pool_size=2      # 池化大小
batch_size = 16  # 每个批次大小
epochs = 30      # 训练次数
```

步骤三：初始化 Sequential 序贯模型，并使用步骤一中读取的数据进行训练，参考代码如下。

```
from keras.models import Sequential
from keras.layers import AveragePooling1D,Dense,Conv1D,Flatten,Activation
model = Sequential()
model.add(Conv1D(conv_size1, kernel_size=kernel_size, padding='same', input_
shape=(timesteps, input_dim)))
model.add(AveragePooling1D(pool_size=pool_size))
model.add(Conv1D(conv_size2, padding='same',kernel_size=kernel_size))
model.add(Activation('relu'))
model.add(Flatten())
model.add(Dense(n_classes, activation='softmax'))
model.compile(loss='categorical_crossentropy',
optimizer='rmsprop',metrics=['accuracy'])
model.fit(X_train,
            Y_train,
            batch_size=batch_size,
            validation_split = 0.2,
            epochs=epochs)
```

训练过程中的数据显示如下。

```
Epoch 1/30
7352/7352 [==============================] - 3s 436us/step - loss: 0.4260 - accuracy:
0.8301 - val_loss: 0.4478 - val_accuracy: 0.8510
...
Epoch 29/30
7352/7352 [==============================] - 3s 444us/step - loss: 0.0719 - accuracy:
0.9769 - val_loss: 1.5212 - val_accuracy: 0.8890
Epoch 30/30
7352/7352 [==============================] - 3s 439us/step - loss: 0.0656 - accuracy:
0.9769 - val_loss: 1.4042 - val_accuracy: 0.9053
```

最终显示识别准确率为 0.9053。

步骤四：使用测试数据对模型进行评估，参考代码如下。

```
scores = model.evaluate(X_test,Y_test)
print(scores[1])
```

打印输出的分值如下。

```
0.9053274393081665
```

可以看到，当使用测试数据对模型进行评估时，其识别准确率约为 0.9053。此外，我们还可以使用混淆矩阵来查看具体的评估结果，参考代码如下。

```
predicts = model.predict(X_test)
ACTIVITIES = {0: '行走',1: '上楼',2: '下楼',3: '坐着',4: '站立',5: '躺下'}
def confusion_matrix(Y_true, Y_pred):
     Y_true = pd.Series([ACTIVITIES[y] for y in np.argmax(Y_true, axis=1)])
     Y_pred = pd.Series([ACTIVITIES[y] for y in np.argmax(Y_pred, axis=1)])
     return pd.crosstab(Y_true, Y_pred, rownames=['True'], colnames=['Pred'])
print(confusion_matrix(Y_test,predicts))
```

具体评估结果如表 8.1 所示。

表 8.1　卷积神经网络模型评估结果

测试值	预测值					
	躺下	坐着	站立	行走	下楼	上楼
躺下	510	0	24	0	0	3
坐着	2	407	80	0	0	2
站立	0	50	480	1	1	0
行走	0	0	8	458	21	9
下楼	2	0	0	10	384	24
上楼	3	1	2	71	4	444

使用 Keras 包训练得到的模型，可以直接导出并应用于 App 中。

Keras 包中有两种类型的模型，分别为序贯模型（Sequential）和函数式模型（Model）。序贯模型是单输入/单输出，层与层之间只有相邻关系，不可以跨层连接。这种模型的编译速度快，操作也比较简单。而函数式模型是多输入/多输出，层与层之间可以任意连接。这种模型的编译速度慢。序贯模型是函数式模型的一种特殊情况下的序列化模型。

应用序贯模型的基本步骤如下。

- model.add()：添加层，比如 model.add(Dense(32, activation='relu', input_dim=100))、model.add(Dropout(0.25))；
- model.compile()：为搭建好的神经网络模型设置损失函数、优化器、准确性评价指标等；
- model.fit()：完成模型训练参数的设置和训练；
- model.evaluate()：实现模型的评估；
- model.predict()：应用模型实现预测。

在本任务的实现过程中，我们使用了 Keras 包中的序贯模型。

```
from keras.models import Sequential
from keras.layers import Dense, Activation
```

```
model = Sequential([
    Dense(32, input_shape=(784,)),
    Activation('relu'),
    Dense(10),
    Activation('softmax'),
    ])
```

也可以简单地使用 add()函数将各层添加到模型中。

```
model = Sequential()
model.add(Dense(32, input_dim=784))
model.add(Activation('relu'))
```

假设 Sequential 序贯模型是一个书柜，每本书都是一个“网络层”，只要有了“书柜”，我们就可以把“书”一本本地堆叠上去。为实现卷积神经网络，我们需要置入“网络层”，如卷积层（Convolution2D）、池化层（MaxPooling2D）、激活层（Activation）、展开层（Flatten）、全连接层（Dense）、Dropout 层等。这些“网络层”，相当于上面书架中的“书”。将这些“网络层”堆叠起来，就构成了最常见的卷积神经网络模型。

8.1.1 Keras 环境准备

Keras 是一个用 Python 编写的开源神经网络包，可以作为 TensorFlow、Microsoft-CNTK 和 Theano 的高阶应用程序接口，进行深度学习模型的设计、调试、评估、应用和可视化。使用 Keras 包可以简单地搭建深度学习模型，进行模型训练和预测应用，同时，初学者可以快速理解并运用深度学习模型。

本项目相关任务搭建的模型都是通过 Keras 包实现的。要使用 Keras 包，需要先安装必要的 NumPy、Pandas 等第三方包，同时需要安装深度学习包 TensorFlow 和 Keras。

按 Windows+R 快捷键打开 cmd 命令行窗口，输入命令 pip install tensorflow 和 pip install keras 分别安装 TensorFlow 包和 Keras 包，代码如下。

```
pip install tensorflow
pip install keras
```

安装成功后，我们就可以进入下一步的学习和操作了。

8.1.2 行为数据的获取与解析

当人体携带装有相应传感器（如加速度传感器、陀螺仪等）的手机时，即可获得其相应的行为数据。当前，网络上也有很多数据可以直接用于训练，我们可以进入 UCI 网站下载相应的数据包。

UCI-HAR 公开数据集包含 30 名年龄在 19～48 岁的志愿者的手机传感器信息。每名志愿者腰间佩戴智能手机（三星 Galaxy S II）进行 6 项活动（行走、上楼、下楼、坐着、站立、躺下），利用其内置的加速度传感器和陀螺仪进行数据采集。在采集过程中，以恒定的频率捕捉线性加速度和角速度。实验人员将数据集存储下来，并利用人工进行标记。所获得的数据集被随机分成两组，其中，70%的志愿者被选中生成训练数据，30%的志愿者被选中生成测试数据。

人体行为的传感器样本数据可能包括在一个时间窗口内从多个位置（如手腕、脚踝）得到的不同数据（如加速度、角速度）。但是，只有少数从具体位置采集的数据才有助于确定某些活动。不相关的数据会引入噪声，影响识别性能。此外，数据的重要性随时间而变化。

本项目使用的数据集已对传感器信号（加速度传感器和陀螺仪）应用噪声滤波器进行预处理，并利用巴特沃斯（Butter-Worth）低通滤波器将传感器加速度信号分解为物体加速度和重力信号，传感器加速度信号包括重力分量和物体运动分量。本项目提供的数据已经过噪声去除处理，并通过 2.56 秒时长对传感器数据采样进行了分离。

该数据集包括如下内容。

（1）features_info.txt：显示有关在特征向量上使用的变量信息。

（2）features.txt：所有功能的列表。

（3）activity_labels.txt：类标签与其活动名称的对应关系。

（4）train/x_train.txt、train/y_train.txt：分别为训练样本数据及其对应的标签。

（5）test/x_test.txt、test/y_test.txt：分别为测试样本数据及其对应的标签。

以下文件可用于模型训练和测试。

（1）train/subject_train.txt：标识为每个窗口活动的主体。

（2）train/Inertial Signals/total_acc_x_train.txt：来自智能手机加速度传感器 x 轴的加速度信号，标准重力单位为“g”，每行显示一个 128 值的向量。“ToothAcxxxSuff.txt”和“ToothAcAccZZReal.txt”文件对应于 y 轴和 z 轴的数据。

（3）train/Inertial Signals/body_acc_x_train.txt：从总加速度中减去重力得到的加速度信号。

（4）train/Inertial Signals/body_gyro_x_train.txt：陀螺仪中每个窗口样本测量的角速度矢量，单位为 rad/s。

拓展读一读

UCI-HAR 数据集是以使用智能手机采集的传感器数据为基础的活动识别，创建于 2012 年，实验团队来自意大利热那亚大学。在 2012 年发表的论文 *Human Activity Recognition on Smartphones usinga Multiclass Hardware-Friendly Support Vector Machine* 中，作者采用机器学习方法做了建模，并通过后续研究提供了该数据集分类性能的基准。在 2013 年发表的论文 *A Public Domain Dataset for Human Activity Recognition Using Smartphones* 中，作者对数据集进行了全面描述，读者可进行阅读参考。

8.1.3　行为数据的特征分析

在训练模型之前，我们先分别对训练集和测试集中的行为数据进行统计，结果如图 8.6

和图 8.7 所示。图 8.6 显示的是训练集中的行为数据统计，可以看出，各个样本数据的分布基本是均衡的，没有出现某一类行为特别多或特别少的情况。因此，不需要对数据进行其他处理。图 8.7 显示的是测试集中的行为数据统计，可以看出，样本数据在 6 个行为上的分布是均匀的。均匀分布适用于各个行为的预测和评估。

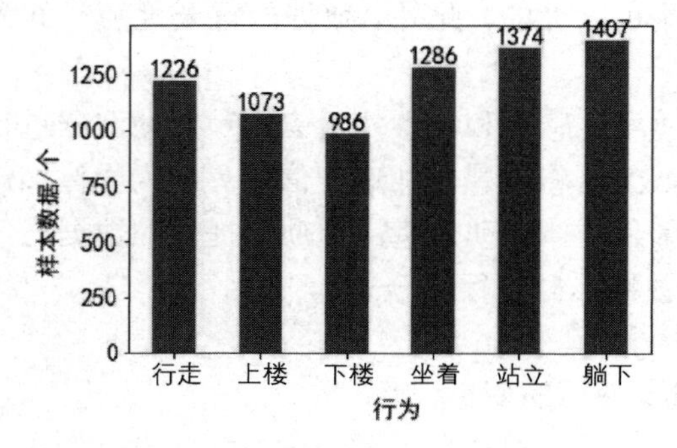

图 8.6　训练集中的行为数据统计

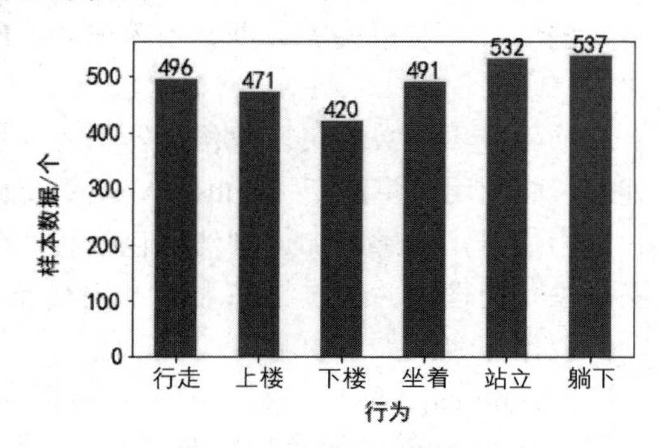

图 8.7　测试集中的行为数据统计

8.1.4　Keras 中的 Conv1D()卷积层

keras.layers.Conv1D()用于创建一个卷积核，该卷积核以单个空间（或时间）维度上的层作为输入进行卷积，以生成输出张量。其官方定义如下。

```
keras.layers.Conv1D(filters, kernel_size, strides=1, padding='valid',
                           data_format='channels_last', dilation_rate=1,
                            activation=None, use_bias=True,
                            kernel_initializer='glorot_uniform',
                            bias_initializer='zeros', kernel_regularizer=None,
                            bias_regularizer=None, activity_regularizer=None,
                            kernel_constraint=None, bias_constraint=None)
```

如果 use_bias 的参数值为 True，则会创建一个偏置向量并将其添加到输出中。如果 activation 的参数值不是 None，创建的偏置向量也会被添加到输出中。

当使用该层作为模型的第一层时，需要提供 input_shape 参数（整数元组或 None）。例如，(10, 128)表示由 10 个 128 维的向量组成的向量序列，(None, 128)表示由 128 维的向量组成的变长序列。

在各项参数中，filters 参数为整数，表示输出空间的维度（即卷积中滤波器的输出数量）。kernel_size 参数为整数，或者由单个整数表示的元组或列表，用来指明 1D 卷积窗口的长度。strides 参数则指明了卷积的步长。padding 的参数值可以为“valid”、“causal”或“same”（字母大小写敏感）。其中，“valid”表示不填充，“same”表示填充输入以使输出具有与原始输入相同的长度，“causal”表示因果（膨胀）卷积。例如，output[t]不依赖于 input[t+1:]，这在模型不应违反时间顺序的时间数据建模时非常有用。activation 参数用来指定要使用的激活函数，如果未指定，则不使用激活函数，即线性激活。

8.1.5　Keras 中的 AveragePooling1D()池化层

keras.layers.AveragePooling1D()用于创建池化层，是对时间序列数据的平均池化。其官方定义如下。

```
keras.layers.AveragePooling1D(pool_size=2, strides=None, padding='valid',
                             data_format='channels_last')
```

其中，pool_size 参数为整数，表示平均池化的窗口大小。strides 参数表示缩小比例的因数。例如，2 会使得输入张量缩小一半。如果 strides 的参数值是 None，则将设置 strides 参数的值为 pool_size 参数的值。padding 的参数值可以是“valid”，也可以是“same”，其参数值是区分字母大小写的。data_format 的参数值可以为字符串“channels_last”（默认）或“channels_first”，表示输入各维度的顺序。

任务 2　使用循环神经网络识别人体行为

循环神经网络（RNN）是一种具有记忆功能的网络，它能够存储过去的输入，并在当前时间产生所需的输出，但是无法训练较长的时间序列数据，容易出现梯度消失问题，比较适用于短期活动的识别。

微课：项目 8 任务 2–使用循环神经网络识别人体行为.mp4

长短期记忆网络（LSTM）和循环神经网络的结构相似，解决了循环神经网络结构中的梯度消失问题，可以长时间保存信息。通过建立 LSTM，自动选择对分类有决定性影响的时间序列，获取最重要的时间相关性特征作为网络输入，可提高识别的准确率。使用多层 LSTM 从原始传感器数据中自动提取时间序列特征，并增加 LSTM 并行单元以降低计算复杂度。我们可以建立基于 LSTM 的循环神经网络来对 6 种行为进行识别和预测，获取的模型将具备更好的泛化能力。

动一动

基于任务单 8-1 中获得的数据，结合长短期记忆网络设计循环神经网络实现人体行为识别的应用。

任务单

任务单 8-2　使用循环神经网络识别人体行为 学号：＿＿＿＿＿＿＿姓名：＿＿＿＿＿＿＿完成日期：＿＿＿＿＿＿＿检索号：＿＿＿＿＿＿＿
任务说明 本任务基于传感器数据设计循环神经网络实现人体行为识别。基于设计的循环神经网络，使用 Keras 包中的序贯模型构建、训练、评估模型。依据输出的模型评估报告，与任务单 8-1 中的识别结果进行比较，说明卷积神经网络与循环神经网络的不同与优劣。

引导问题

想一想

（1）卷积神经网络与循环神经网络的本质区别是什么？它们在应用上有何异同？

（2）在 Keras 中如何实现循环神经网络？试依据本任务，设计并构建循环神经网络模型。

（3）循环神经网络有哪些关键参数？如何进行参数调优？

（4）LSTM 是什么？它主要用来解决什么问题？

重点笔记区

任务评价

评价内容	评价要素	分值	分数评定	自我评价
1．任务实施	模型构建	4 分	第三方包导入正确得 1 分，能正确设计循环神经网络模型得 1 分，能正确使用 Keras 包构建循环神经网络模型得 2 分	
	模型训练	1 分	代码正确且能顺利执行得 1 分	
	模型评估	1 分	能正确输出模型评估报告得 1 分	
2．模型评估	分析模型的识别准确性	2 分	相比任务单 8-1，识别准确率有提升得 1 分，识别准确率在 92%以上得 1 分	
3．任务总结	依据任务实施情况得出结论	2 分	结论切中本任务的重点得 1 分，能正确区分卷积神经网络与循环神经网络的优劣得 1 分	
合　计		10 分		

任务解决方案关键步骤参考

步骤一：设置参数，参考代码如下。

```
epochs = 30       # 训练次数
batch_size = 16   # 每个批次大小
n_hidden = 16     # 隐藏层单元个数
n_classes = 6     # 类别个数
timesteps = len(X_train[0])
input_dim = len(X_train[0][0])
```

步骤二：构建循环神经网络模型，参考代码如下。

```
from keras.models import Sequential
from keras.layers import LSTM
from keras.layers.core import Dense, Dropout
```

```
model = Sequential()
model.add(LSTM(n_hidden, input_shape=(timesteps, input_dim)))
model.add(Dense(n_classes, activation='softmax'))
model.compile(loss='categorical_crossentropy',
              optimizer='rmsprop',
              metrics=['accuracy'])
```

步骤三：训练模型，参考代码如下。

```
model.fit(X_train,
          Y_train,
          batch_size=batch_size,
          validation_split=0.2,
          epochs=epochs)
```

训练过程中的数据显示如下。

```
Epoch 1/30
7352/7352 [==============================] - 15s 2ms/step - loss: 1.1432 - accuracy:
0.5248 - val_loss: 0.8790 - val_accuracy: 0.6132
...
Epoch 29/30
7352/7352 [==============================] - 16s 2ms/step - loss: 0.1173 - accuracy:
0.9543 - val_loss: 0.3716 - val_accuracy: 0.8992
Epoch 30/30
7352/7352 [==============================] - 16s 2ms/step - loss: 0.1236 - accuracy:
0.9543 - val_loss: 0.3852 - val_accuracy: 0.8989
```

步骤四：使用步骤二构建的模型，并使用测试数据对模型进行评估，参考代码如下。

```
scores = model.evaluate(X_test,Y_test)
print(scores[1])
```

打印输出的分值如下。

```
0.8988802433013916
```

通过评估结果可以得知，模型的识别准确率约为 0.8989，在未对参数进行调整与优化的情况下，与任务单 8-1 的结果相差不多。通过设计不同的结构，可以得到更好的结果。读者可尝试修改结构与参数，以得到更好的结果。

同样地，我们也可以使用混淆矩阵来查看具体评估结果，参考代码如下。

```
predicts = model.predict(X_test)
ACTIVITIES = {0: '行走',1: '上楼',2: '下楼',3: '坐着',4: '站立',5: '躺下'}
def confusion_matrix(Y_true, Y_pred):
    Y_true = pd.Series([ACTIVITIES[y] for y in np.argmax(Y_true, axis=1)])
    Y_pred = pd.Series([ACTIVITIES[y] for y in np.argmax(Y_pred, axis=1)])
    return pd.crosstab(Y_true, Y_pred, rownames=['True'], colnames=['Pred'])
print(confusion_matrix(Y_test,predicts))
```

具体评估结果如表 8.2 所示。

表 8.2　循环神经网络模型评估结果

测试值	预测值					
	躺下	坐着	站立	行走	下楼	上楼
躺下	510	0	0	0	0	27
坐着	0	413	75	0	0	3
站立	0	31	500	1	0	0
行走	0	2	2	444	38	10
下楼	0	0	0	1	418	1
上楼	0	2	2	11	2	454

8.2.1　长短期记忆网络

循环神经网络实现了从序列到序列的映射，是一类以序列数据为输入，在序列的演进方向进行递归且所有节点（循环单元）按照链式连接的递归神经网络。循环神经网络具有记忆性、参数共享等优点，并且其图灵完备，擅长处理序列数据，如文本、时间序列数据、股票市场中产生的数据等。

而长短期记忆网络是循环神经网络的变体，不仅能够解决循环神经网络无法处理的长距离依赖问题，还能够解决循环神经网络中常见的梯度爆炸或梯度消失等问题，在处理序列数据方面非常有效。与循环神经网络相比，长短期记忆网络增加了记忆的概念，适合处理和预测时间序列中时间间隔和延迟相对较长的重要事件。比如，如果要构建聊天机器人、长文本翻译、语音识别、自动写歌、自动写诗这类应用，将会用到长短期记忆网络。

8.2.2　Keras 中的 LSTM()层

keras.layers.LSTM()用于创建长短期记忆网络层，其官方定义如下。

```
keras.layers.LSTM(units, activation='tanh', recurrent_activation='hard_sigmoid',
                  use_bias=True, kernel_initializer='glorot_uniform',
                  recurrent_initializer='orthogonal', bias_initializer='zeros',
                  unit_forget_bias=True, kernel_regularizer=None,
                  recurrent_regularizer=None, bias_regularizer=None,
                  activity_regularizer=None, kernel_constraint=None,
                  recurrent_constraint=None, bias_constraint=None, dropout=0.0,
                  recurrent_dropout=0.0, implementation=1,
                  return_sequences=False, return_state=False, go_backwards=False,
                  stateful=False, unroll=False)
```

其中，参数 units 是正整数，用于指明输出空间的维度。

拓展实训：电影评论数据分析应用

【实训目的】

通过本次实训，要求学生了解第三方工具包 Tensor Flow 和 Keras 的应用，同时了解深度学习方法中的循环神经网络在自然语言处理中的应用。

【实训环境】

PyCharm 或 Anaconda、Python 3.7、Pandas、NumPy、Matplotlib、TensorFlow、Keras。

【实训内容】

使用循环神经网络并根据 IMDB 进行情感分类分析。

根据 IMDB 进行情感分类分析有很多种应用场景。例如，运营一个电子商务网站，商家需要时刻关注顾客对商品的评论是否是正面的。再如，做一部电影的宣传和策划，电影在观众中的口碑是否优良也至关重要。

IMDB 是影评数据集。该数据集中的样本数据标识有情感标签（正面/负面）。该数据集中包含 50 000 条电影评论，其中有 25 000 条训练数据及 25 000 条测试数据，有着相同数量的正面与负面评论。IMDB 中的数据已经被预处理为整数序列，每个整数代表一个特定标签。用 0 和 1 来确定标签的种类。其中，0 表示负面评论，1 表示正面评论。

对 IMDB 中的电影评论数据进行分类是一种二分类问题，是一种重要且广泛适用的机器学习问题。分类实现的参考代码如下。

```
import numpy as np
import pandas as pd
from keras.preprocessing import sequence
from keras.models import Sequential
from keras.layers import Dense, Dropout, Embedding, LSTM, Bidirectional
from keras.datasets import imdb
from sklearn.metrics import accuracy_score,classification_report

# Max features are limited
max_features = 15000 # 设置最大特征为15000
max_len = 300         # 单个句子最大长度为300
batch_size = 64  # 每个批次大小
# 加载数据
(x_train, y_train),(x_test, y_test)= imdb.load_data(num_words=max_features)
print(len(x_train), 'train observations')
print(len(x_test), 'test observations')
# 使得数据长度保持一致
x_train_2 = sequence.pad_sequences(x_train, maxlen=max_len)
x_test_2 = sequence.pad_sequences(x_test, maxlen=max_len)
```

```
print('x_train shape:', x_train_2.shape)
print('x_test shape:', x_test_2.shape)
y_train = np.array(y_train)
y_test = np.array(y_test)
# 构建模型
model = Sequential()
model.add(Embedding(max_features, 128, input_length=max_len))
model.add(LSTM(64))
model.add(Dense(1, activation='sigmoid'))
model.compile('adam', 'binary_crossentropy', metrics=['accuracy'])
# 训练模型
model.fit(x_train_2, y_train,batch_size=batch_size,epochs=4,validation_split=0.2)
# 预测
y_train_predclass = model.predict_classes(x_train_2,batch_size=100)
y_test_predclass = model.predict_classes(x_test_2,batch_size=100)
y_train_predclass.shape = y_train.shape
y_test_predclass.shape = y_test.shape
# 输出模型评估结果
print(("\nLSTM 情感分类准确率:"),
(round(accuracy_score(y_test,y_test_predclass),3)))
print("\nLSTM 情感分类混淆矩阵\n\n",pd. crosstab(y_test, y_test_predclass,rownames =
["Actuall"],colnames = ["Predicted"]))
```

训练过程中的数据显示如下。

```
Train on 20000 samples, validate on 5000 samples
Epoch 1/10
20000/20000 [==============================] - 37s 2ms/step - loss: 0.5066 - accuracy:
0.7582 - val_loss: 0.3708 - val_accuracy: 0.8484
...
Epoch 9/10
20000/20000 [==============================] - 33s 2ms/step - loss: 0.0608 - accuracy:
0.9804 - val_loss: 0.4903 - val_accuracy: 0.8666
Epoch 10/10
20000/20000 [==============================] - 33s 2ms/step - loss: 0.0952 - accuracy:
0.9656 - val_loss: 0.4883 - val_accuracy: 0.8562
```

运行结果如下，其中测试集的情感分类准确率为 0.842。

```
LSTM 情感分类准确率: 0.842


LSTM 情感分类混淆矩阵
 Predicted          0      1
  Accuracy
    0            10937   1563
    1             2381  10119
```

根据以上运行结果，读者可选择更为合适的参数进行训练，以获得更好的结果。

项目考核

【判断题】

1．机器翻译是利用计算机将一种自然语言（源语言）转换为另一种自然语言（目标语言）的过程。（　）

2．卷积神经网络是利用计算机将一种自然语言（源语言）转换为另一种自然语言（目标语言）的过程。（　）

3．文本分类是利用计算机对文本集按照一定的标准进行自动分类并标记的。（　）

4．1997 年，Hochreiter 和 Schmidhuber 提出长短期记忆网络。（　）

【简答题】

1．神经网络中的过拟合具体代表什么？

2．目前流行的深度学习框架有哪些？

3．什么是循环神经网络（RNN）？

4．举例说明卷积神经网络在图像、视频识别中的应用。

5．查阅：卷积神经网络有哪些种类？

6．想一想卷积神经网络、循环神经网络是否可以应用于手写数字识别中。

【参考答案】

【判断题】

题号	1	2	3	4
答案	对	错	对	对

【简答题】

1．答：从表现上讲，过拟合是指神经网络模型在训练集上的表现很好，但是泛化能力比较差，在测试集上的表现并不好。

2．答：目前流行的深度学习框架有 Caffe、Keras、TensorFlow、Pytorch 等。

3．答：循环神经网络是一类以序列数据为输入，在序列的演进方向进行递归且所有节点（循环单元）按照链式连接的递归神经网络。

4．答：卷积神经网络可以应用于图像语义分割、视频目标检测、图像识别等方面。

5．答：卷积神经网络的种类有 VGG、ResNet、AlexNet、GoogLeNet 和 Inception 等。

6．略。

项目9

生成式人工智能应用

项目描述

近年来，由于大数据的积累、理论算法的革新、计算能力的不断提高及网络设备的不断完善，因此人工智能的研究与应用已经进入一个崭新的发展阶段，未来将掀起一场新的工业革命，人工智能的市场发展潜力巨大。随着人工智能技术的不断发展，人工智能已经开始在一些领域中取代人类工作，同时将对人类社会产生其他深远的影响。

2022 年，ChatGPT 聊天机器人火速“出圈”，生成式人工智能（Generative AI）的概念进入大众的视野。生成式人工智能是指基于算法、模型、规则生成文本、图像、声音、视频、代码等内容的技术。它利用先进的算法和技术，结合大量数据进行学习，并根据学到的知识生成新的内容。通常，我们会把通过生成式人工智能生成的内容称作人工智能生成内容（Artificial Intelligence Generated Content，AIGC）。在大多数场景中，AIGC 相比生成式人工智能被提及的次数更加频繁。生成式人工智能，就像一个拥有无限想象力的艺术家一样，可以根据用户提供的线索创作出各种令人惊艳的作品。

本项目以一个从事广告设计的自由职业者的需求出发，通过利用 AIGC 相关产品来帮助张悦更高效地完成低碳公益广告作品的设计与制作。本项目的实施可帮助我们了解生成式人工智能的概念及其在当下的关键应用。项目最后使用 ChatGLM2-6B 来完成大模型的部署和使用。

拓展读一读

为促进生成式人工智能技术健康发展和规范应用，根据《中华人民共和国网络安全法》《中华人民共和国数据安全法》《中华人民共和国个人信息保护法》等法律、行政法规，国家互联网信息办公室等于 2023 年 8 月发布《生成式人工智能服务管理暂行办法》，其中第四条的内容如下。

提供和使用生成式人工智能服务，应当遵守法律、行政法规，尊重社会公德和伦理道德，遵守以下规定：

（一）坚持社会主义核心价值观，不得生成煽动颠覆国家政权、推翻社会主义制度，危害国家安全和利益、损害国家形象，煽动分裂国家、破坏国家统一和社会稳定，宣扬恐怖主义、极端主义，宣扬民族仇恨、民族歧视，暴力、淫秽色情，以及虚假有害信息等法律、行政法规禁止的内容；

（二）在算法设计、训练数据选择、模型生成和优化、提供服务等过程中，采取有效措施防止产生民族、信仰、国别、地域、性别、年龄、职业、健康等歧视；

（三）尊重知识产权、商业道德，保守商业秘密，不得利用算法、数据、平台等优势，实施垄断和不正当竞争行为；

（四）尊重他人合法权益，不得危害他人身心健康，不得侵害他人肖像权、名誉权、荣誉权、隐私权和个人信息权益；

（五）基于服务类型特点，采取有效措施，提升生成式人工智能服务的透明度，提高生成内容的准确性和可靠性。

学习目标

知识目标

- 了解生成式人工智能的基本概念、优势与不足、产业应用与发展前景；
- 了解 Transformer、文本生成、图像生成、视频生成等与人工智能生成相关的概念及技术；
- 了解国内外常用的大模型及其发展现状。

能力目标

- 能使用工具自动生成文本、图像、代码等内容；
- 会使用精准的语言来描述问题并生成合适的目标内容；
- 会部署和调用第三方大模型①。

素质目标

- 创新技术应用，提升数字化治理等方面的创新思维；
- 正确、合理地使用 ChatGPT 等工具，树立追求卓越、开拓进取的大数据行业价值观；
- 认识 AIGC 的安全风险，提升对 AIGC 行业应用的保护意识和知识产权风险意识。

任务分析

生成式人工智能是一种新型且强大的科技手段，其通过采用先进的人工智能算法，根

① 重点：详细内容可参考 2023“一带一路”暨金砖国家技能发展与技术创新大赛之人工智能生成内容（AIGC）竞赛。

据一些复杂且多元化的提示信息，自动生成各种新颖且富有创新性的内容，为人类提供了便利的创作和编辑服务。目前，生成式人工智能已经在多个领域中取得了显著的成绩，尤其是在文本内容、图像和编程等方面，应用越来越广泛，并逐渐深入人们的日常生活和工作中。本项目将充分运用当前先进的生成式人工智能工具，致力于创造出更多高质量、富有创意的文本、图像和代码，主要包含以下明细任务。

（1）使用文心一言自动生成文本内容：注册和登录百度账号，使用文心一言来完成“低碳环保，绿色出行”的信息和数据的查询，并完成广告文案的设计。

（2）使用 AI 创意工坊自动生成图像：注册和登录网易账号，访问 AI 创意工坊，并为张悦创造一张广告图像。

（3）使用 GitHub Copilot 辅助完成编程工作：注册和登录 GitHub 账号，完成特殊群体认证，为 Visual Studio Code（VS Code）添加 GitHub Copilot 扩展，在 Visual Studio Code 中使用 GitHub Copilot 扩展功能，并使用工具辅助张悦完成自动化办公任务。

相关知识基础

微课：项目 9 相关知识基础–生成式人工智能的基本概念.mp4

1）生成式人工智能的基本概念

生成式人工智能需要经历以下阶段。首先，它要像一位勤奋的学生一样，通过阅读海量资料，学习各种知识。这些资料可能包括文本、图像、声音等。其次，它会建立起一个知识库，就像一个丰富的图书馆一样，以便在需要时随时调用。最后，当用户给出提示或提出要求时，它会运用这个知识库，像一个创意满满的作家一样创作出独一无二的内容。

我们用一些比喻来进一步了解生成式人工智能的工作原理。想象一下，生成式人工智能是一个拥有神奇魔法的厨师。我们提供给它食材（数据），它会利用魔法（算法）研究出各种美味的菜肴。而这个过程的关键就在于如何运用这些食材，寻找最佳搭配。生成式人工智能有很多种算法。其中，著名的是生成对抗网络（Generative Adversarial Networks，GAN）。GAN 的原理就像一场艺术大师与伪造者之间的较量。在这个过程中，生成器（伪造者）不断地尝试创作更逼真的作品，而判别器（艺术大师）则努力识别这些作品的真伪。通过不断地对抗和学习，生成器最终能够创作出越来越精美、逼真的作品。

还有一个值得一提的算法是变分自编码器（Variational Auto-Encoders，VAE）。VAE 就像一台能够将物品“压缩”和“解压缩”的机器一样。首先，它会将物品（如图像、文本）进行压缩，提取其关键特征。然后，它会利用这些特征重新构建物品以生成新的内容。通过这种方式，VAE 能够在保留原始数据特点的同时，创造出富有创意的新作品。

生成式人工智能在现实生活中有很多种应用场景，Stable Diffusion 就是典型的生成式人工智能的运用。但是，我们要注意，不能随意使用别人的角色训练模型进行创作，这会涉及法律问题。

2）生成式人工智能的优势与不足

生成式人工智能的优势如下。①高效率。生成式人工智能能够迅速生成大量专业而全面的内容，极大地提高了用户的工作效率，在时间紧迫的情况下，它可以迅速完成需要大量人力完成的任务。②低成本。与人力资源相比，生成式人工智能的成本更为低廉，相较于雇佣人力需要支付的工资、福利等费用，生成式人工智能几乎是零成本的。③创新性。与传统的文本和图像生成方式不同，生成式人工智能可以生成独特而富有创意的内容，如精美的艺术作品、原创的音乐等。这种创新性使得生成式人工智能成了一种不可或缺的辅助工具。④可定制性。生成式人工智能生成的内容可以根据特定的参数和需求进行定制。无论是希望生成的文章类型、内容长度，还是语言风格等，生成式人工智能都可以根据用户的需求进行个性化定制，从而满足用户多样化的需求。

生成式人工智能的不足如下。①质量难以满足要求。尽管生成式人工智能生成的内容在数量上可以满足用户的需求，但其质量可能无法与人类创作者相比。②缺乏创造力。虽然生成式人工智能可以生成独特的内容，但是它们仍然基于训练数据和算法，缺乏真正的创造力和想象力。③存在伦理问题。生成式人工智能生成的内容可能涉及版权、隐私等伦理问题。④缺乏可解释性。生成式人工智能生成内容的过程通常是暗箱操作，缺乏可解释性。

3）生成式人工智能的应用

生成式人工智能被人们应用于多个领域来创造多种形式的内容。按照生成内容的形式划分，生成式人工智能主要应用于以下 5 个方面。

（1）文本生成：生成式人工智能可以根据用户的具体需求，生成丰富多样的文本内容，如对话、语言翻译、论文摘要、小说等。生成式人工智能也能够完成特定领域中的文本内容生产，如功能完备的程序代码。此外，生成式人工智能还可以对已有的文本进行修改，使其更符合目标读者的阅读习惯和审美需求，提升文本的价值和可读性。

（2）图像生成：生成式人工智能通过对大量已有图像数据进行训练，能够根据用户的描述生成各类风格迥异的艺术作品，如绘画、插图、漫画、广告设计图等，并可对现有图像进行修改，添加滤镜效果，使图像更具视觉吸引力。此外，生成式人工智能还具备图像编辑功能，能够对图像的视觉布局、色彩搭配进行调整，使其更符合实际应用需求。

（3）音频生成：生成式人工智能拥有先进的音频合成技术，可以根据用户需求生成具有不同情感色彩的音频内容，如语音讲解、旁白解说、广播配音等。此外，生成式人工智能还能够对已有音频进行剪辑、整合，使其符合特定的场景需求和时间限制。

（4）视频生成：生成式人工智能可以根据用户的具体需求，生成多种类型的视频内容，如动画短片、商业广告、新闻报道、影视预告等。同时，生成式人工智能还能够对已有视频进行剪辑、组合，使其更符合特定的场景需求和时间限制。它具备强大的视频后期处理能力，可以为视频添加特效、滤镜，使画面更具视觉冲击力；它也可以为视频添加字幕，提高信息传递的效率和质量。通过对视频中的音频、视觉、文字等各个维度进行优化，生成式人工智能致力于为用户打造更高质量、更具创意的视频作品。

（5）多模态生成：生成式人工智能能够进行多模态生成，使用户可以在多种媒介中自由切换。除了文本、图像、音频和视频，生成式人工智能还可以在 VR（虚拟现实）/AR（增强现实）等领域中创造富有沉浸感的交互式体验，使用户在虚拟世界中与生成式人工智能的多模态生成结果进行互动，获得全方位的感官享受。这种多模态生成能力使生成式人工智能成了一个全能的创作伙伴，无论用户的需求多么复杂多变，生成式人工智能都能凭借其强大的技术实力和丰富的经验为用户提供满意的解决方案。

素质养成

生成式人工智能技术的到来势不可挡，它仿佛一股洪流，冲刷着传统行业的工作模式，使之产生革命性的变化。无论我们是否愿意，它都已经到来，且不可避免地影响着我们在生活、学习和工作中的点滴细节。身处这个时代的我们，并不能唯恐避之不及，而更应该接纳它，想方设法地与它相处，与时俱进，积极提升自身能力，养成创新、创造性思维，利用生成式人工智能技术，并驾驭生成式人工智能技术，好好学习如何利用生成式人工智能技术来提高我们的学习和工作效率，改善我们的生活，走在时代的前沿。

生成式人工智能技术能够提高人们的学习和工作效率，改善人们的生活，但技术也是一把双刃剑，需要我们在享受生成式人工智能技术带来的便利与效益的同时，时刻保持警惕，对生成式人工智能技术的滥用保持零容忍的态度。通过相关法律法规的制定和完善，营造一个健康发展的生成式人工智能环境，让生成式人工智能技术真正惠及每一个人，而不是助长某些不良风气的蔓延。而身为生成式人工智能技术使用者的我们，也必须端正个人思想，切勿使用生成式人工智能技术进行有损他人利益甚至违法犯罪的操作。

在生成式人工智能盛行的时代，人们在使用生成式人工智能技术的同时，总会不知不觉地泄露自己的隐私。因此，在使用生成式人工智能技术来帮助我们工作和学习之前，我们必须首先认识生成式人工智能技术的安全风险，提升对生成式人工智能行业应用的保护意识和知识产权风险意识。在使用生成式人工智能技术的同时，谨慎上传个人数据，对自己的信息进行必要的隐藏和加密，是对自身安全最好的保护。

项目实施

本项目将以一个从事广告设计的自由职业者的工作需求为例，使用生成式人工智能技术相关工具辅助其完成工作，体现生成式人工智能技术在文本生成、图像生成及辅助编程 3 个领域中的应用。

任务 1　使用文心一言自动生成文本内容

张悦是一个从事广告设计的自由职业者，她的客户是一个推广“低碳环保，绿色出行”的公益组织。张悦的任务是为这个组织设计一系列的广告作品，包括海报、视频、网页等。张悦对这个任务很感兴趣，她也想为环保事业做出自己的贡献。

微课：项目 9 任务 1-使用文心一言自动生成文本内容.mp4

百度作为国内强大的 AI 技术公司，在 ChatGPT 问世没多久，紧随其后发布了 AI 对话产品——文心一言。文心一言作为一个知识增强的综合型文本生成模型，它能够与人对话互动、回答问题，也可以协助创作，高效、便捷地帮助用户获取信息、知识和灵感。

假如你是张悦，将如何利用文心一言完成这项任务呢？

动一动

查询一些关于"低碳环保，绿色出行"的信息和数据，如碳排放量、能源消耗、交通方式、环境影响等，并根据搜集的资料撰写一段广告文案。

任务单

任务单 9-1　使用文心一言自动生成文本内容

学号：＿＿＿＿＿＿姓名：＿＿＿＿＿＿完成日期：＿＿＿＿＿＿检索号：＿＿＿＿＿＿

任务说明

在过去，我们习惯通过搜索引擎来查询相关的内容，但是这样的方式有时候会很烦琐和低效，我们需要输入准确的关键词，浏览大量的网页结果，才能筛选出有用的信息和数据，还要注意引用和标注来源。在本任务中，我们使用生成式人工智能技术快速地从海量的网络资源中找出相关和可靠的结果，并生成广告文案。与文心一言进行自由对话，利用文心一言完成以下任务：登录并体验文心一言、利用文心一言进行信息查询、利用文心一言进行广告文案撰写。

引导问题

想一想

（1）什么是 AIGC？文心一言与 AIGC 是什么关系？

（2）在与文心一言进行对话时，为什么每次发送相同的信息，它会生成不同的内容？

（3）当文心一言生成复杂的文本内容时，如何编辑信息，才能够使它生成更准确、更符合目标要求的内容？

（4）当文心一言生成的文本内容有差错或者与目标要求不符时，该如何调整发送的信息？

重点笔记区

任务评价

评价内容	评价要素	分值	分数评定	自我评价
1．信息查询	利用文心一言完成信息查询	2 分	能向文心一言发送信息并得到答案得 2 分	
	评价自我提问表述的恰当性	1 分	文心一言的回答具有针对性得 1 分	
	修改提问方式，重新提问	1 分	能得到文心一言的改进回答得 1 分	
	比较问题表述的针对性	1 分	文心一言的回答更具针对性得 1 分	
2．撰写文案	利用文心一言完成文案撰写	2 分	能够向文心一言发送信息并得到答案得 2 分	
	评价自我提问表述的恰当性	1 分	文心一言的回答具有针对性得 1 分	
	补充提问，修改文案	1 分	能得到文心一言的改进回答得 1 分	
	对比补充表述的恰当性	1 分	文心一言给出的广告文案更具可行性得 1 分	
合　计		10 分		

任务解决方案关键步骤参考

步骤一：访问文心一言官方网站。文心一言的聊天界面如图 9.1 所示。

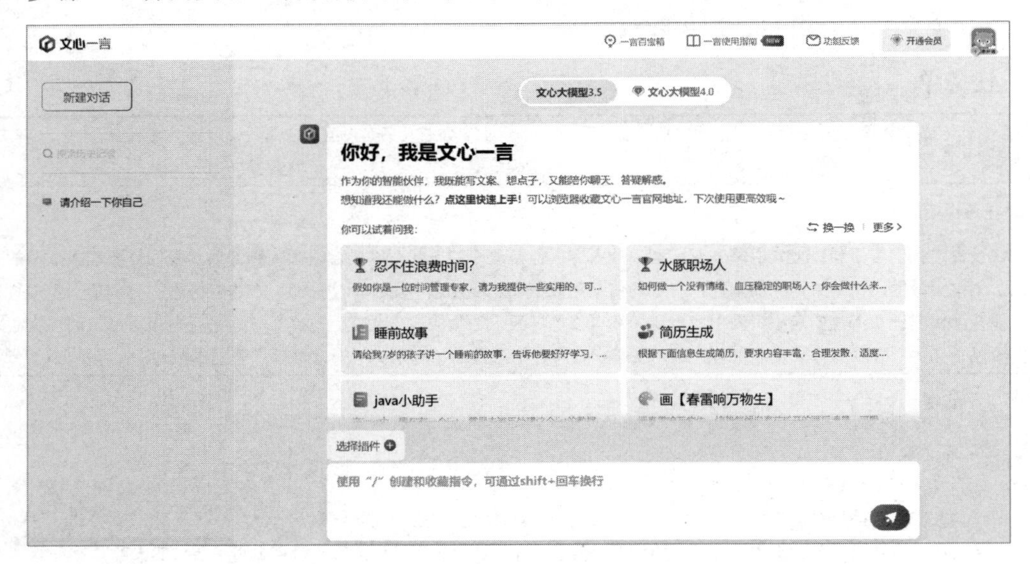

图 9.1　文心一言的聊天界面

步骤二：向文心一言发送任意对话内容。

在首次使用文心一言时，文心一言会给出一个提示信息，指导用户如何使用该产品。用户可以使用文心一言来进行文本处理、角色扮演、主题创作等。例如，我们将它当成聊天机器人来使用，即通过聊天的方式向它提出问题进行简单对话，如图 9.2 所示。

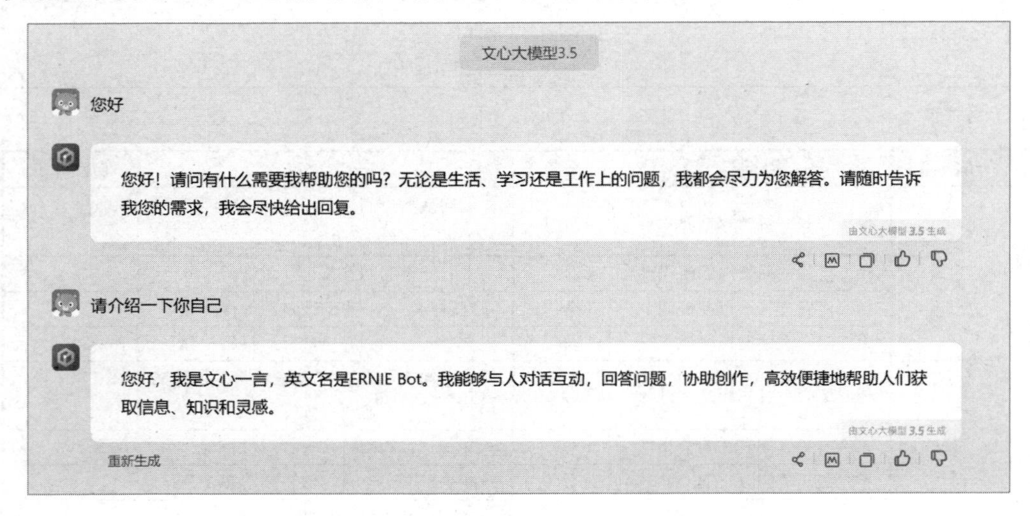

图 9.2　与文心一言进行简单对话

步骤三：利用文心一言查询关于碳排放量的相关信息，图 9.3 和图 9.4 分别展示了提出问题后其所生成的不同内容。大语言模型都是基于概率的，它们会根据概率分布生成内容。对于同一条消息内容，它们并不总会生成相同的内容。

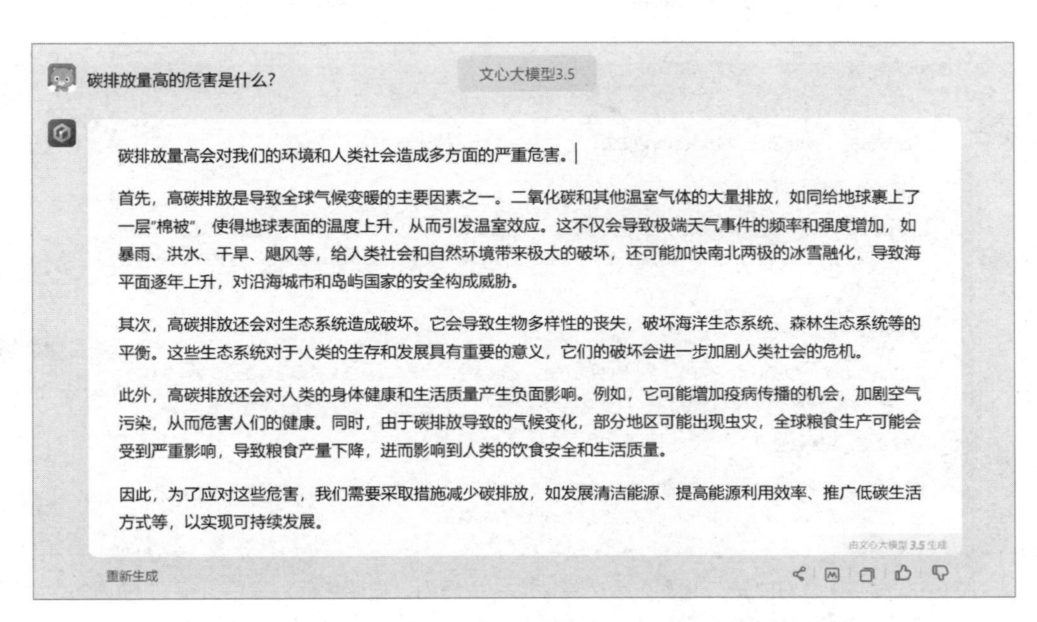

图 9.3　向文心一言提问“碳排放量高的危害是什么？”后其生成的内容（1）

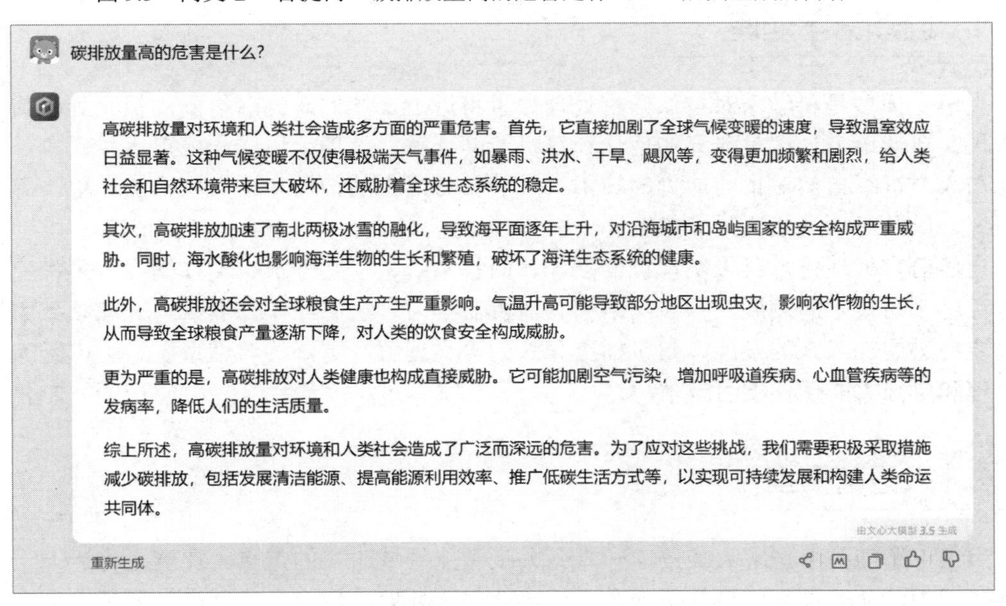

图 9.4　向文心一言提问“碳排放量高的危害是什么？”后其生成的内容（2）

步骤四：利用文心一言撰写公益广告文案的初稿。

大语言模型可以为用户提供写作建议和灵感，生成文章摘要、创作故事情节、创作剧本，也能帮助用户改进已有的文本。例如，我们可以利用文心一言撰写一篇广告文案的初稿。图 9.5 展示了文心一言对“请为我写一个广告文案，主题为‘低碳环保，绿色出行’”的回答。

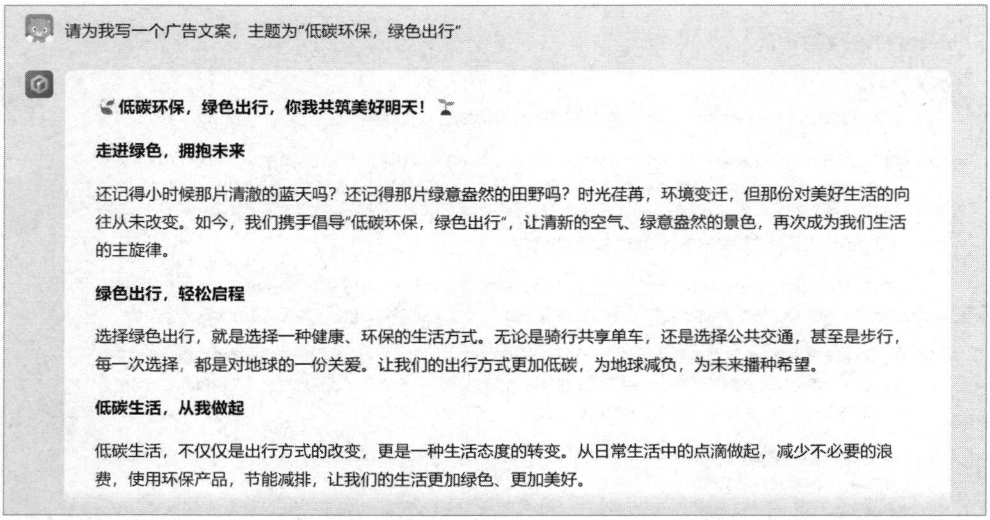

请为我写一个广告文案，主题为"低碳环保，绿色出行"

低碳环保，绿色出行，你我共筑美好明天！

走进绿色，拥抱未来

还记得小时候那片清澈的蓝天吗？还记得那片绿意盎然的田野吗？时光荏苒，环境变迁，但那份对美好生活的向往从未改变。如今，我们携手倡导"低碳环保，绿色出行"，让清新的空气、绿意盎然的景色，再次成为我们生活的主旋律。

绿色出行，轻松启程

选择绿色出行，就是选择一种健康、环保的生活方式。无论是骑行共享单车，还是选择公共交通，甚至是步行，每一次选择，都是对地球的一份关爱。让我们的出行方式更加低碳，为地球减负，为未来播种希望。

低碳生活，从我做起

低碳生活，不仅仅是出行方式的改变，更是一种生活态度的转变。从日常生活中的点滴做起，减少不必要的浪费，使用环保产品，节能减排，让我们的生活更加绿色、更加美好。

图 9.5　文心一言对“请为我写一个广告文案，主题为‘低碳环保，绿色出行’”的回答

9.1.1　自然语言处理

大语言模型是科学家对自然语言处理做了将近七十年的研究后得到的最具划时代意义的成果。自然语言处理是研究如何让计算机能够理解、处理、生成和模拟人类语言，从而实现与人类进行自然对话的能力的技术。它涉及对语言的结构、语义、语法和用语等方面的研究，以及对大规模语料库的统计分析和模型建立。

自然语言处理技术可以实现机器翻译、问答系统、情感分析、文本摘要等多种应用。随着深度学习技术的发展，神经网络和其他机器学习方法已经在自然语言处理领域中取得了重要的进展。未来的发展方向包括更深入的语义理解、更好的对话系统、更广泛的跨语言处理和更强大的迁移学习技术。

9.1.2　大语言模型

用人工智能技术理解人类语言一直是人工智能领域研究的重点。在过去将近七十年的发展历程中，随着语言模型的不断发展，自然语言处理已然成为一种成熟的技术，进而促使研究者向更复杂、更具挑战性的方向进发——产生对话乃至更加复杂的文本内容。传统的自然语言模型难以完成这些复杂的任务。同时，研究者发现，通过增加训练的语料数据和模型的参数，竟然可以显著提高本文生成的能力。大语言模型应时而生。

大语言模型是指在大规模文本语料上训练、包含百亿级别（或更多）参数的语言模型。2017 年，谷歌公司首次推出 Transformer 模型，主要用于优化语言翻译问题中文本的上下文相关性，从而针对源语言生成更精确的翻译文本。此后，几乎所有的大语言模型都将 Transformer 模型作为基础进行相应的发展。

图 9.6 展示了自 2019 年以来一些重要的大语言模型和相关产品的发展时间线。2019 年，谷歌公司推出自然语言 T5 模型（Text to Text Transfer Transformer），将所有自然语言处理问题都视为文本到文本（Text-to-Text）的问题。用户使用该模型既可以进行语言翻译，也可以完成阅读理解、摘要生成、小说撰写等各类文本生成任务。

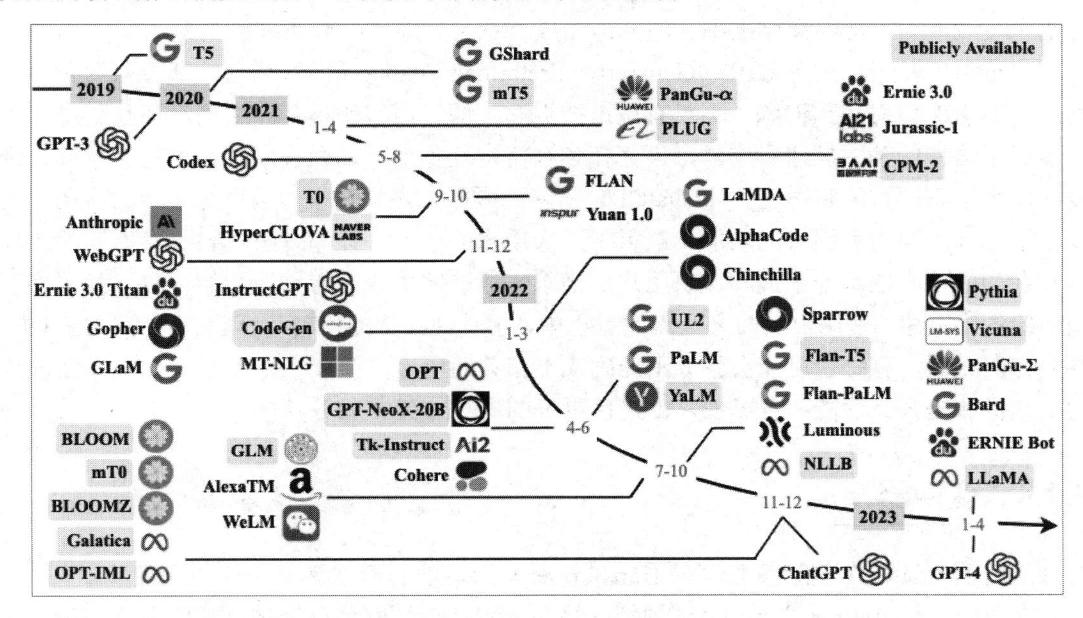

图片来源：*A Survey of Large Language Models*。

图 9.6 自 2019 年以来一些重要的大语言模型与相关产品的发展时间线

在此后的几年里，很多 IT 公司都快马加鞭，提出了自家的大语言模型。其中，有几个相当引人瞩目的模型，包括 OpenAI 公司的 GPT 模型、百度公司的 ERNIE 模型、清华大学的 GLM 模型、Meta 公司的 LLaMA 模型等。其中，OpenAI 公司在 2022 年 11 月基于 GPT-3 模型推出的 ChatGPT，激发了生成式人工智能行业发展的热情。ChatGPT 作为会话式的 AI 模型，一经问世便以其独特的交互能力、广阔的知识面和极高的智能程度，受到了全球范围内用户的热烈追捧。

ChatGPT 的推出让更多人看到了 AI 模型在自然语言处理上的巨大潜力。它不仅能够理解用户的问题并生成合适的内容，还能进行复杂的逻辑推理。除了 ChatGPT，OpenAI 公司还在 2021 年发布了多种 AI 模型，如 Codex 和 DALL-E，这两个模型分别在编程和图像生成方面发挥了重要作用。

9.1.3 ChatGPT

ChatGPT 是一种基于神经网络的自然语言处理技术产生的产品，是目前流行的人工智能创作工具之一，可以用来生成对话或回答问题。它通过学习海量的文本数据来预测下一个可能的单词或短语，并生成连贯的、有意义的文本。

2023 年 1 月，ChatGPT 仅用 2 个月就取得了月活跃用户量破亿的杰出成绩，每天约有 1300 万个独立访客使用 ChatGPT，成为历史上用户增长速度最快的应用，为生成式人工智能技术的商业化落地开启了新的篇章。ChatGPT 由 OpenAI 公司研发而成，拥有强大的自然语言生成能力，能够高度准确、流畅地生成有意义、连贯、有条理的自然语言文本。

ChatGPT 基于先进的 GPT（Generative Pretrained Transformer）模型，通过对海量互联网文本的深度学习和预训练，不仅有效地捕捉和理解了语言的模式和结构，而且更进一步地掌握了语言的基本规律和逻辑，进而在各种特定任务上，如回答问题、撰写文章等，都能展现出极高的智能和适应性。ChatGPT 在客户服务、内容创作、教育等领域的应用中展现出了非凡的实力和强大的功能，赢得了广大用户的一致好评和青睐。它不仅能够深入理解复杂的语境，准确地把握和反映用户的需求，还能够生成富有创造力的内容，甚至展现出一定的幽默感，使用户在与之交流的过程中，感受到独特的乐趣和体验。然而，ChatGPT 并非完美无瑕，有时也可能会生成不准确或不相关的内容，但 OpenAI 公司正在不懈地致力于改进和提升其性能和可靠性，以提供更好的用户体验和服务。

9.1.4 变换器

当前的 ChatGPT 是以变换器（Transformer）为基础的预训练模型。

在出现 Transformer 之前，循环神经网络和长短期记忆网络已经被广泛应用于处理时间序列任务，如文本预测、机器翻译、文章生成等。然而，它们面临的一大问题就是如何记录长期依赖。为解决这个问题，Transformer 架构应运而生，并被应用于多种自然语言处理领域。

Transformer 完全依赖于注意力机制。它摒弃了循环，使用的是一种特殊的注意力机制，其被称为自注意力（Self-Attention）。Transformer 模型的架构如图 9.7 所示，其中，*N*×表示框住的流程可连续执行 *N* 次。

Transformer 模型采用编码器-解码器的架构形式，其中编码器包括由多层迭代处理输入的编码层构成的组件，而解码器则由对编码器输出执行相同操作的解码层构成。每个编码层的任务是确定输入数据的哪部分内容彼此关联，并将这些关联编码为输入，传递给下一个编码层。每个解码层则扮演着相反的角色，即读取编码后的信息，并结合整合后的上下文信息来生成输出序列。为实现这一目标，编码层和解码层都应用了多头注意力机制（Multi-Head-Attention）。多头注意力机制由多个自注意力机制构成。对于每个输入，多头注意力机制会权衡所有其他输入的相关性，并从中提取信息以生成输出。每个解码层都包含一个额外的多头注意力机制，该机制在从编码层中提取信息之前，会从先前解码器的输出中提取信息。编码层和解码层都包含一个前馈神经网络，用于对输出进行进一步处理，并包含残差连接和层归一化步骤。

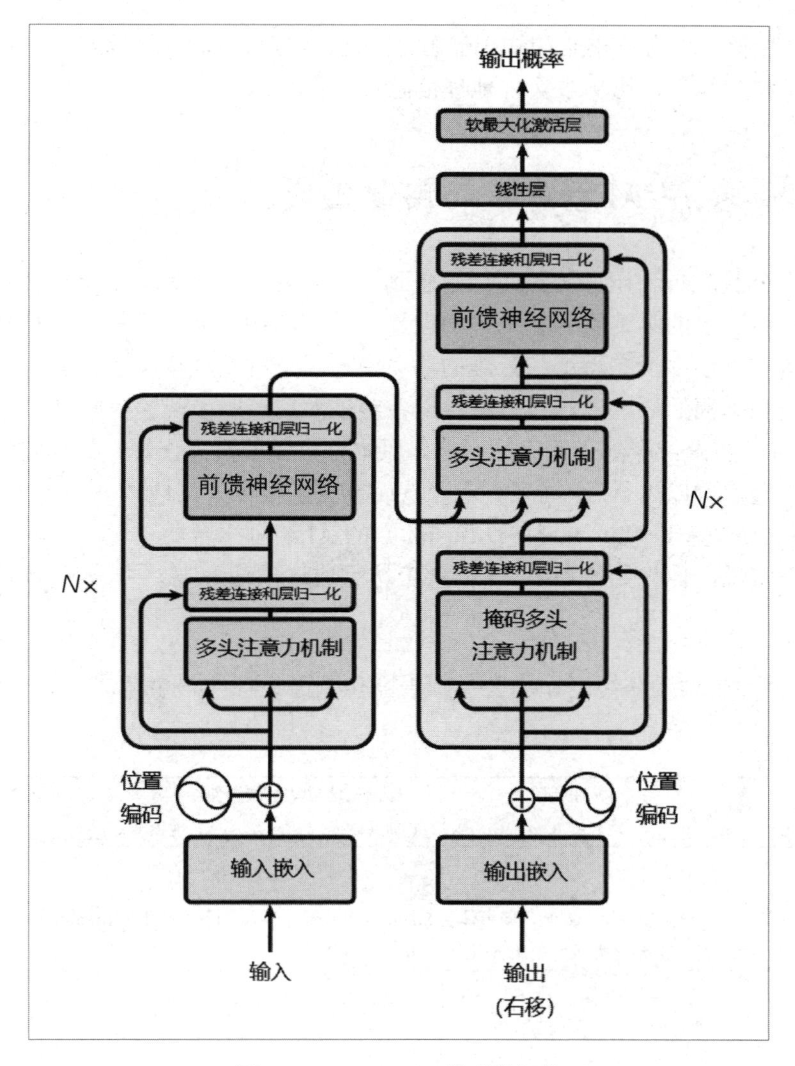

图 9.7　Transformer 模型的架构

9.1.5　文心一言

ChatGPT 的诞生掀起了人工智能领域的大浪。国内外各大 IT 公司都不甘示弱，相继发布了自研的大语言模型产品。百度作为富有经验的国内 AI 技术公司，于 2023 年 3 月发布了自研的大语言模型产品——文心一言。

2023 年 8 月 31 日，首批大语言模型产品获得正式批准。文心一言作为首批获批的大语言模型产品，已在各大应用商店开放下载，且从原先的排队申请内测转为全民开放可用。用户只需使用百度账号访问文心一言的网站或 App 进行登录即可免费使用文心一言。

文心一言是文心大模型家族的成员之一。文心一言的数据来源通常是大规模的自然语言文本语料库。这些语料库中包括网络文本、书籍、新闻、社交媒体内容、科技论文、语音转录等，这使得它拥有了丰富的知识储备。因此，用户可以利用文心一言查询各种信息，包括但不限于科学知识、历史事实、地理信息、文化知识。

任务 2　使用 AI 创意工坊自动生成图像

张悦想为公益广告制作宣传画面。她想到了一个创意，就是用一个年轻人作为广告的主角，该主角用自己的眼睛看到了未来的世界，其有两种可能的场景：一种是环境污染严重，资源枯竭，人们生活在恐惧和苦难的环境中；另一种是环境清新美丽，资源充足，人们生活在和谐和幸福的环境中。当然，我们希望进入后者所呈现的美好世界。

AI 绘画对平面设计产生了深远的影响。原本许多需要真人出镜、到真实场景中实地拍摄的内容几乎全都可以用 AI 绘画来实现，从而节省了很多人工成本。AI 创意工坊是一款基于 SD（Stable Diffusion）的 AI 绘画平台。

假如你是张悦，你将如何利用 AI 创意工坊完成这项任务呢？

微课：项目 9 任务 2-使用 AI 创意工坊自动生成图像.mp4

动一动

通过 AI 创意工坊为张悦制作的公益广告宣传画面设计广告主角。

任务单

任务单 9-2　使用 AI 创意工坊自动生成图像

学号：________ 姓名：________ 完成日期：________ 检索号：________

任务说明

通过 AI 创意工坊，用户无须部署、安装，即可体验 Stable Diffusion，仅需进行提示词（Prompt）和超参数设置，就可以生成风格多样的图像。本任务通过登录并使用 AI 创意工坊来生成图像。

引导问题

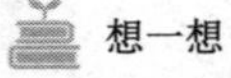

想一想

（1）什么是 AI 绘画？AI 绘画与 AI 文本生成有什么共同点和不同点？

（2）AI 绘画有哪些基础模型？它们有什么差异？

（3）在使用基于 Stable Diffusion 的 AI 创意工坊进行 AI 绘画时，需要对哪些参数进行设置？

（4）如果 AI 绘画的结果不符合心理预期，那么应该如何进行参数调整？

（5）AI 绘画的知识产权应该如何归属？

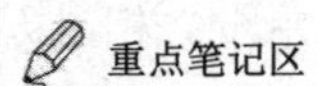

重点笔记区

任务评价

评价内容	评价要素	分值	分数评定	自我评价
AI 绘画	登录 AI 创意工坊，了解界面中的关键元素与选项的含义和作用	3 分	能够登录 AI 创意工坊，进入 Stable Diffusion 绘画的主界面得 3 分	
	利用 AI 创意工坊完成 AI 绘画	3 分	能够较准确地设置提示词和超参数，成功出现人物图得 3 分	
	根据出图结果，修改提示词和超参数，重新出图	2 分	能修改提示词和超参数，成功生成不同的图像得 2 分	
	对比两次出图结果，评价提示词和超参数设置的恰当性	2 分	能够较客观地评价提示词和超参数设置的恰当性得 2 分	
合　计		10 分		

任务解决方案关键步骤参考

步骤一：访问并登录 AI 创意工坊官方网站。

进入网站之后，注册并登录。单击首页的“开始创作”按钮，进入主界面，如图 9.8 和图 9.9 所示。

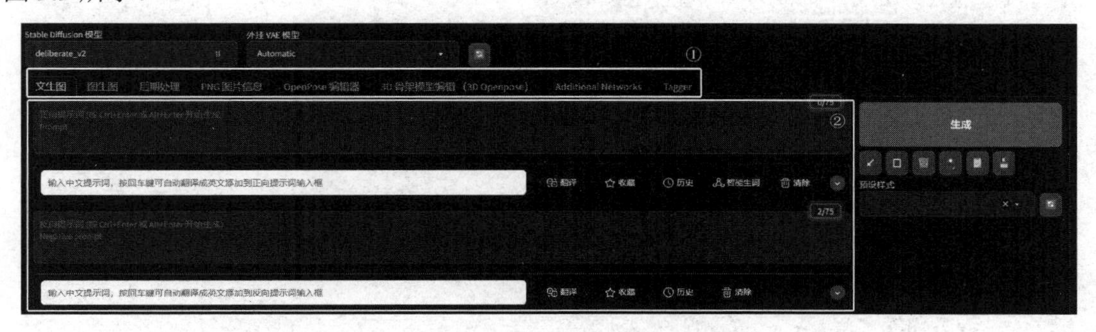

图 9.8　AI 创意工坊主界面（上半部分）

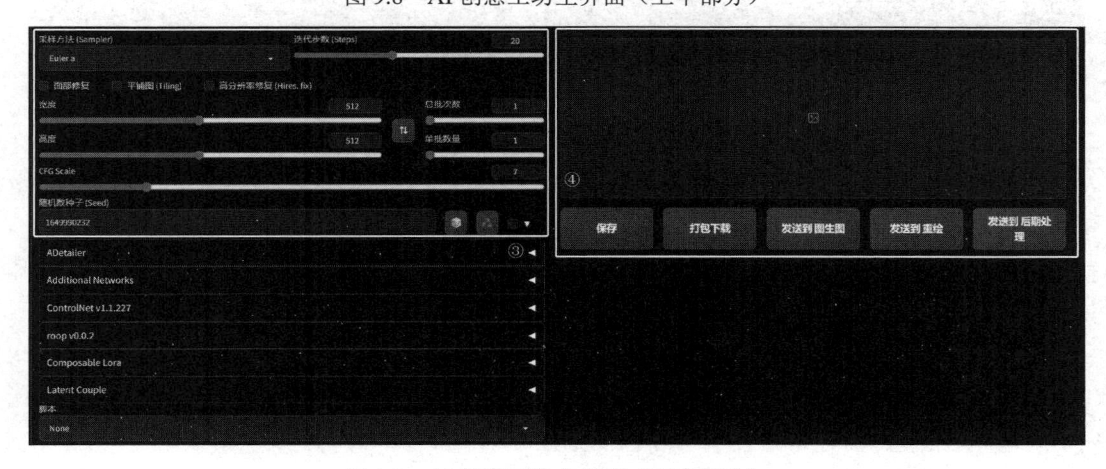

图 9.9　AI 创意工坊主界面（下半部分）

从图 9.8 和图 9.9 中可以看出，基于 Stable Diffusion 的 AI 创意工坊为用户提供了丰富的可配置项，并允许用户加载第三方小模型和扩展。

步骤二：输入超参数，单击界面右上方的“生成”按钮，等待几分钟，便会在图像生成区生成一张人物图像。图 9.10 展示了使用 AI 创意工坊绘制亚洲男性的结果，该图像质量很高，也很逼真。

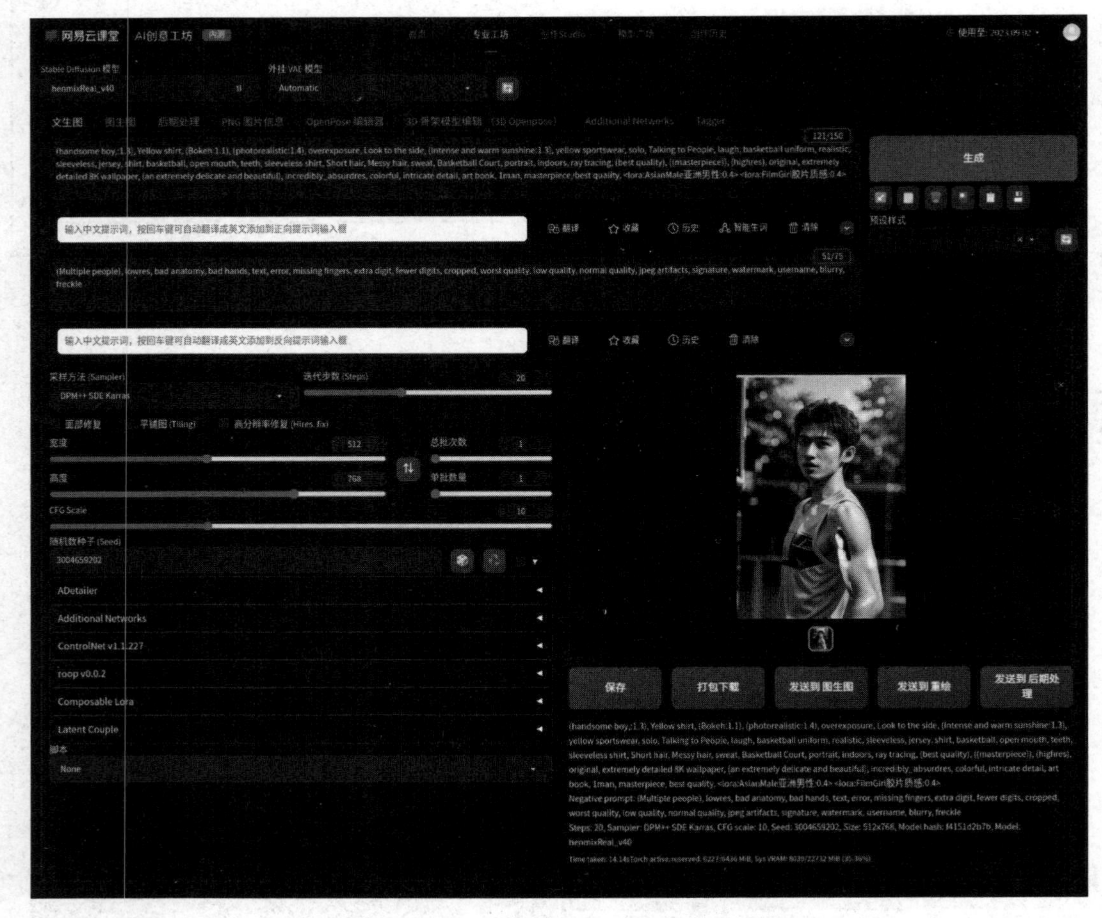

图 9.10　使用 AI 创意工坊绘制亚洲男性的结果

使用 AI 创意工坊进行绘画的关键步骤包括选择基础模型、填写正反向提示词、设置超参数。AI 创意工坊提供了一些基础模型，可用于绘制不同风格的图像，如动漫人物或 3D 真人。填写正反向提示词和设置超参数是该过程的重难点。作为初学者，通常需要先借鉴其他优秀创作者所选用的提示词和设置的超参数，然后进行微调和学习。

在图 9.10 显示的结果中，我们使用的正向提示词为“(handsome boy,:1.3), Yellow shirt, (Bokeh:1.1), (photorealistic:1.4), overexposure, Look to the side, (Intense and warm sunshine:1.3), yellow sportswear, solo, Talking to People, laugh, basketball uniform, realistic, sleeveless, jersey, shirt, basketball, open mouth, teeth, sleeveless shirt, Short hair, Messy hair, sweat, Basketball Court, portrait, indoors, ray tracing, (best quality), ((masterpiece)), (highres), original, extremely detailed 8K wallpaper, (an extremely delicate and beautiful), incredibly_absurdres, colorful, intricate detail, art book, 1man, masterpiece, best quality, <lora:AsianMale 亚洲男性:0.4> <lora:FilmGirl 胶片质感:0.4>”。

反向提示词为“(Multiple people), lowres, bad anatomy, bad hands, text, error, missing fingers, extra digit, fewer digits, cropped, worst quality, low quality, normal quality, jpeg artifacts, signature, watermark, username, blurry, freckle”。

参数采样方法的设置为 DPM++ SDE Karras，迭代步数的设置为 20，图像尺寸的设置为 512 像素×768 像素，CFG Scale 的设置为 10，随机数种子的设置为 3004659202。其他设置采用默认值。

9.2.1 AI 绘画及其应用

AI 绘画是指使用人工智能技术（如深度学习、神经网络等）生成或协助生成艺术作品的过程。用户可以使用 AI 绘画工具来生成各种类型的图像，如人物、动物、风景等。这些工具首先使用深度学习方法来学习大量的图像数据，然后使用这些数据和学习到的模型来生成新的图像。

AI 绘画有许多应用场景，部分应用场景如下。

（1）美术创作：AI 绘画可以为美术创作提供更多的想象力和表现方式，通过模拟不同的绘画风格和技巧，艺术家能够更好地表现自己的创意和绘画风格。

（2）娱乐产业：AI 绘画可以应用于游戏、影视等娱乐产业中，让角色、场景等更加逼真和富有创意，从而提高游戏和影视的视觉效果和受众参与度。

（3）品牌推广：AI 绘画可以为品牌提供更好的视觉形象，让品牌更具吸引力和感染力，从而提高品牌的曝光度和市场份额。

（4）美术教育：AI 绘画可以激发学生的美术创造力和提升批判思考能力。例如，在基础画法培训上借助数字化平台教学；采用形态感知、线条追踪等技术提高视觉塑形、动态表现的能力。

（5）建筑设计：AI 可以从大数据中挖掘出合理的建筑元素，并进行定制和绘图。此外，AI 还可以帮助计算机处理大量信息和进行精确测量。

9.2.2 AI 绘画平台

Midjourney 和 Stable Diffusion（SD）是目前流行的两个 AI 绘画模型。Midjourney 是基于生成对抗网络的 AI 绘画模型，而 Stable Diffusion 的底层模型是一种潜在扩散模型（Latent Diffusion Model）。在使用上，Midjourney 没有较多的可调节超参数，用户只需给出提示词它即可进行绘画，而 Stable Diffusion 更加自由，有较多的可调节超参数，这使得 Stable Diffusion 能绘制出更加丰富的图像，但对于使用者而言，其上手更难。另外，Midjourney 是收费的，而 Stable Diffusion 是免费且开源的。商业公司可以搭建 Stable Diffusion 作为商业用途，个人用户也可以在个人计算机上搭建 Stable Diffusion 供自己使用。

AI 创意工坊由网易公司部署，是一个基于 Stable Diffusion 的人工智能绘画平台。AI 创意工坊可以为设计师提供灵感，以及与设计流程相关的工具，从而帮助设计师提高生产效率。如图 9.8 和图 9.9 所示的 AI 创意工坊主界面中包含了 Stable Diffusion 的重要标签和选项。

矩形框①为菜单栏，包含可选择的不同工作模式的标签。其中，“文生图”菜单表示根据提示词生成图像，“图生图”菜单表示以提供的图像作为范本，结合提示词生成图像。

矩形框②为提示词输入区，其中包含两个输入框，分别用于填写正向提示词和反向提示词。正向提示词指示了用户希望 Stable Diffusion 生成的图像结果中需要满足的内容。反向提示词指示了用户不想让 Stable Diffusion 生成的内容。提示词需要输入英文。通常，正向提示词应当足够详细，而且要使用一些积极的、正面的词，如 masterpiece（杰作）和 best quality（最佳品质）。反向提示词则使用一些具有负面含义的词，如 blurry（模糊的）。

矩形框③是超参数设置区，包含可调节的超参数，如采样方法、迭代步数。采样方法用于生成图像算法，不同的采样方法有不同的计算速度，生成的图像质量也会有差异。迭代步数表示逐渐去除噪声的迭代次数。宽度和高度表示最终生成的图像大小。CFG Scale 表示提示词的相关性。较高的 CFG Scale 值将提高生成结果与提示词的匹配度。随机数种子用来确定扩散的初始状态。

矩形框④为图像生成区，最终生成的图像会显示在这个区域中。

9.2.3 扩散模型

Stable Diffusion（SD）是基于深度学习的文本到图像的生成模型，主要用于根据文本描述生成图像。赋予 Stable Diffusion 如此强大的绘画能力的秘诀正是它的底层模型——潜在扩散模型。

扩散模型（Diffusion Model）是一种深度学习模型。它是生成模型，这意味着它的目的是生成类似于训练数据的新数据。对于 Stable Diffusion 来说，数据就是图像。

在图像生成场景中，扩散描述的是将图像中的噪声向四周扩散的过程。如图 9.11 所示，假设输入是猫或狗的图像，扩散过程是将噪声添加到训练图像中，逐渐将其转换为没有特点的噪声图像，该过程被称为前向扩散过程。前向扩散过程会将任何猫或狗的图像变成噪声图像。最终，用户无法分辨它们最初是狗还是猫。这就像一滴墨水落入一杯水中，墨水在水中扩散，几分钟后，它随机分布在整杯水中，我们无法再分辨它最初是落在中心还是边缘。

在此例中，前向扩散的逆过程则是将无序的、充满噪声的图像转换为具体的、有意义的猫或狗的图像，如图 9.12 所示，该过程被称为逆向扩散过程。

扩散模型的功能就是通过训练得到噪声的内在规律。如图 9.13 所示，扩散模型会在无序图像上一步步地去除噪声，直到最后得到具有确定含义的猫的图像。

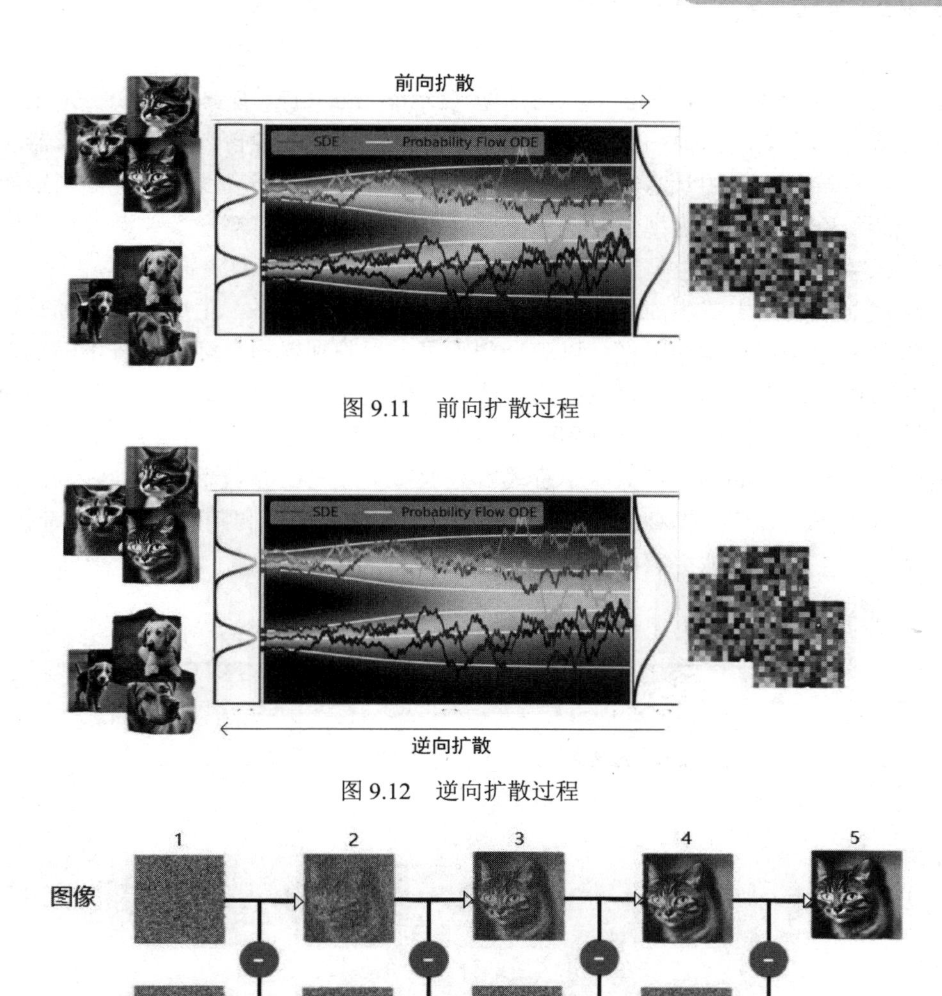

图 9.11　前向扩散过程

图 9.12　逆向扩散过程

图 9.13　逆向扩散过程的步骤示例

原始的扩散模型需要非常高的算力，不利于实践。而潜在扩散模型会先通过变分自编码器将原始图像进行压缩，再对压缩后的图像进行逆向扩散操作，从而在硬件条件不变的情况下大大提高计算速度。

9.2.4　生成对抗网络

扩散模型在图像生成领域中已经是比较新的模型了。它是一种经典的图像生成模型（生成对抗网络）的最佳替代。尽管如此，生成对抗网络在图像生成领域中仍然具有举足轻重的地位。

生成对抗网络是一种深度学习技术，其核心思想如图 9.14 所示。生成对抗网络包含两个核心网络：生成器（Generator）与判别器（Discriminator）。生成器的职责是生成与原始数据近似且自然真实的图像；判别器的职责是确定实例是否源自训练集或生成器。这两个网络处于一种持续竞争的状态，以期达成生成器生成图像的逼真度与判别器判别能力的均衡。生成对抗网络在计算机视觉、自然语言处理、半监督学习等众多关键领域中皆有所应用。同时，生成对抗网络也是流行的 AI 绘画模型 Midjourney 的底层模型。

在生成对抗网络中，生成器与判别器存在竞争对抗的关系。生成器的目标是尽量生成内容足够丰富且接近真实的图像，以骗过判别器；而判别器的目标是尽量正确地识别出由生成器生成的假图像和由人工输入的真实图像。生成对抗网络的训练过程主要是两个阶段来回交替进行。一个阶段是保持判别器的参数不变，训练生成器，使得生成器能够生成更加健壮且更接近真实的图像；另一个阶段就是保持生成器的参数不变，训练判别器，使得判别器的判别正确率逐渐提高。经过不断地来回训练使生成器和判别器的能力都得到提高。训练完成后，生成器就被提取出来，成为 AI 绘画的核心模型。

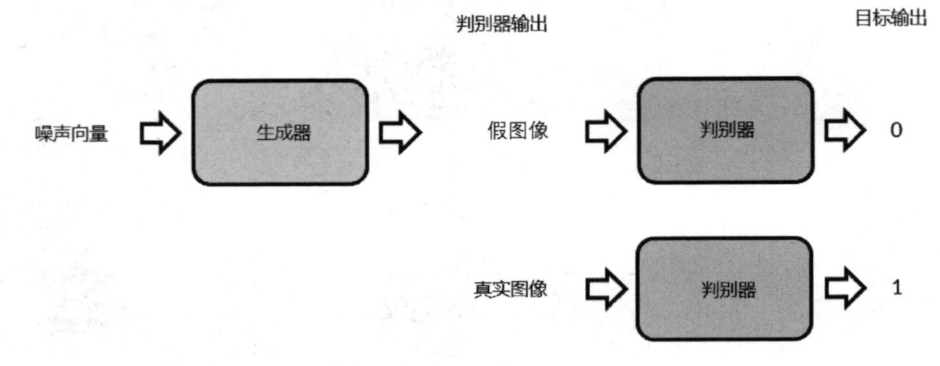

图 9.14　生成对抗网络的核心思想

任务 3　使用 GitHub Copilot 进行编程

张悦为了制作广告的网页，需要处理一些文件，如图片、视频、音频等。她不想手动进行复制、粘贴、重命名、转换格式等操作，她觉得这样做太麻烦且太耗时了。她想到了一个办法，就是用 AI 辅助编程工具来完成这些工作。

微课：项目 9 任务 3-GitHub Copilot 代码智能.mp4

动一动

GitHub Copilot 利用了 GitHub 平台上 5400 万个公共仓库、近 200GB 的代码数据来训练模型，拥有出类拔萃的代码理解和生成能力。使用 GitHub Copilot 能有效提高工作效率，节省开发时间，或许还能生成比自己原本编写的代码更优质的代码。

申请 GitHub Copilot 使用权限，并在 Visual Studio Code 编辑器中使用 GitHub Copilot 的功能，编写文件处理函数帮助张悦完成文件的处理。

任务单

任务单 9-3　使用 GitHub Copilot 进行编程

学号：＿＿＿＿＿＿姓名：＿＿＿＿＿＿完成日期：＿＿＿＿＿＿检索号：＿＿＿＿＿＿

任务说明

登录 GitHub，完成认证后启用 GitHub Copilot。安装并打开 Visual Studio Code，在 Visual Studio Code 中安装并启用 GitHub Copilot 扩展。使用 GitHub Copilot 编写文件处理函数。

引导问题

想一想

（1）什么是 AI 辅助编程？AI 辅助编程与 AI 文本生成之间存在什么关系？

（2）AI 辅助编程目前有哪些可用的软件或产品？它们各有什么特点？

（3）在实际编程过程中，如何将个人编程内容和 AI 提供的编程建议结合在一起？

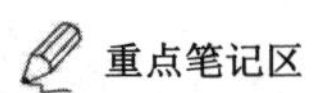

重点笔记区

任务评价

评价内容	评价要素	分值	分数评定	自我评价
AI 辅助编程	登录 GitHub，完成学生账号认证	3 分	能够登录 GitHub，并且成功获取学生开发包得 3 分	
	启用 GitHub Copilot	3 分	能够登录 GitHub 并成功启用 GitHub Copilot，在 Visual Studio Code 中安装并启用 GitHub Copilot 扩展得 3 分	
	编写一个函数	4 分	在 GitHub Copilot 的提示下成功编写文件处理函数得 4 分	
合　计		10 分		

任务解决方案关键步骤参考

步骤一：登录 GitHub，完成学生账号认证。

GitHub Copilot 是 GitHub 提供的收费功能，但该项目对学生、教师和热门项目的维护人员完全免费。我们可使用学生账号登录 GitHub 官方网站获取学生开发包，免费使用 GitHub Copilot，打开 GitHub 官方网站页面，在顶部的导航栏中选择“Student”→“Student Developer Pack”选项，如图 9.15 所示。

按照表单说明填写和提交信息，等待审核通过。

步骤二：启用 GitHub Copilot。

在 GitHub 官方网站任何页面的右上角，单击个人资料照片，进入“Settings”页面。在边栏“Code, planning, and automation”部分单击“GitHub Copilot”按钮。在 GitHub Copilot 设置页面上，单击“启用 GitHub Copilot”按钮完成页面的首选项设置，单击“Save and get started”按钮开启 AI 编程之旅。

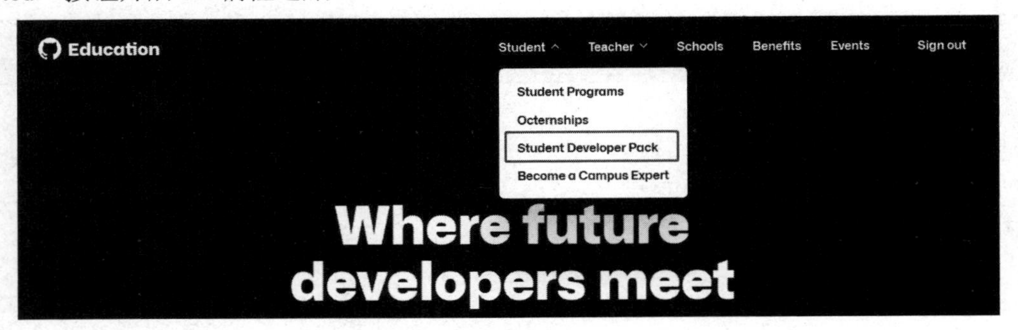

图 9.15　获取学生开发包

步骤三：在 Visual Studio Code 中安装并启用 GitHub Copilot 扩展。

打开 Visual Studio Code 之后，打开扩展搜索栏，搜索并打开“GitHub Copilot”，如图 9.16 所示，单击“安装”按钮。

图 9.16　在 Visual Studio Code 中安装 GitHub Copilot 扩展

安装完成后，会自动打开一个导航页面，如图 9.17 所示，单击“Sign in to GitHub”按钮。

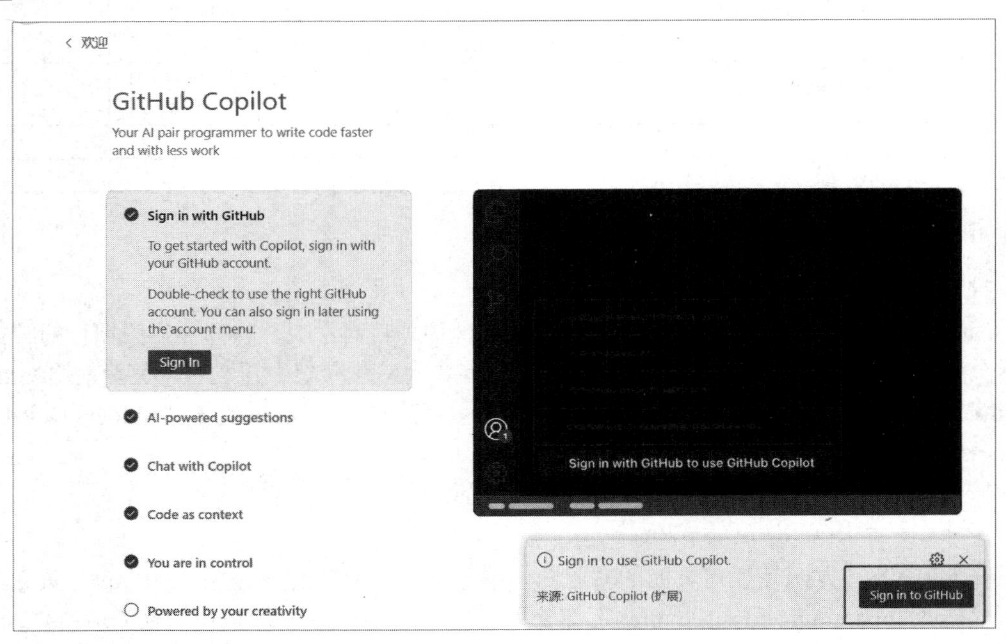

图 9.17　GitHub Copilot 导航页面

按照提示登录 GitHub Copilot。登录成功后，如果状态栏右下角有一个点亮的 Copilot 图标，则表明登录成功。单击左侧的"Accounts"按钮，如果可以看到自己已登录的 GitHub 账号，即表示 GitHub Copilot 启用成功。

步骤四：使用 GitHub Copilot 进行编程。

GitHub Copilot 支持多种编程语言，并在编辑器中为用户提供了整行或整个函数的代码或注释建议。当用户未全部输入完注释或代码时，GitHub Copilot 会实时地给出代码或注释建议。如图 9.18 所示，当输入注释"编写一个函数，将文件夹 A"时，后面会出现灰色的提示信息。该提示信息此时并未输入文件中。如果提示信息不符合当前需要，则可直接忽略，继续输入自己需要的内容。如果提示信息符合当前需要，只需按"Tab"键，即可为该行补全信息，如图 9.19 所示。

```
1    # 编写一个函数，将文件夹A中的所有文件移动到文件夹B中
```

图 9.18　注释提示

```
1    # 编写一个函数，将文件夹A中的所有文件移动到文件夹B中
```

图 9.19　注释提示的补全

在编程时，GitHub Copilot 可能会给出一行的提示信息，也可能会给出多行的提示信息，如图 9.20 所示，GitHub Copilot 给出了整个函数的提示信息。如果接受该建议，则按"Tab"键，即可保留所有提示信息。

```
1    # 编写一个函数，将文件夹A中的所有文件移动到文件夹B中
2    def moveFile(fileDir):
         pathDir = os.listdir(fileDir)  # 取图片的原始路径
         filenumber = len(pathDir)
         for i in range(filenumber):
             # 从初始文件夹中取图片放到新文件夹中
             shutil.move(os.path.join(fileDir, pathDir[i]), os.path.join(fileDir, 'new' + pathDir[i]))
             print("移动了第" + str(i + 1) + "张图片")
```

图 9.20　代码的多行提示

将鼠标指针悬停在提示信息之上，会出现更多的选项。

在 GitHub Copilot 的帮助下，张悦可以结合其提供的注释和代码建议，仅仅按几次"Tab"键，就能取代原本大量的编程工作，有效提高了开发效率。

想一想

张悦需要做的重复性工作，是不是可以让文心一言等工具来帮忙完成呢？

我们看到，在使用 GitHub Copilot 编程辅助工具时，用户只需要具备一点编程基础，就可以完成代码和注释的编写。但如果用户毫无编程基础，则可以使用大语言模型产品来完成此项任务。大语言模型能够根据用户输入的文字信息得到新的文字信息，而代码本质上也是字符的有意义的组合。因此，现有的大语言模型产品，包括文心一言，都可以在回答

中提供代码。

为完成本项目的任务，我们可以向文心一言发送消息“请用 Python 编写一个函数，将文件夹 A 中的所有文件移动到文件夹 B 中”。此时，文心一言就会给出代码实现，甚至会给出具体解释，如图 9.21 所示。

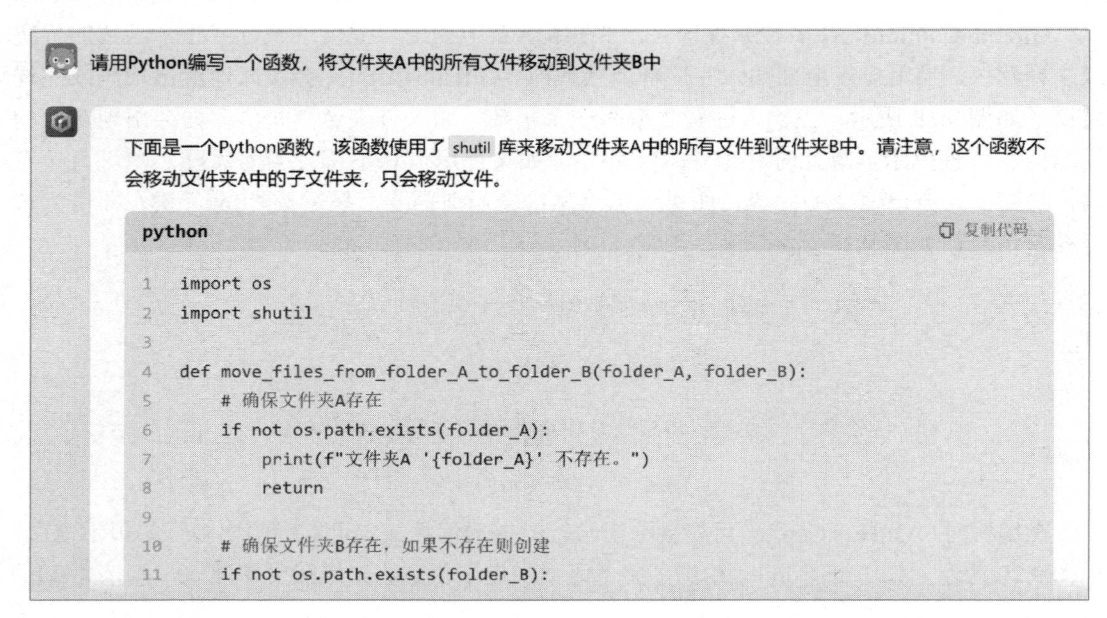

图 9.21　让文心一言编写代码的示例

在任务完成过程中，用户无须掌握任何编程知识，只要能准确描述出想要实现的功能，文心一言就可以给出满足要求的代码。然而，当用户想要实现的代码功能较为复杂，甚至需要实现一个由多个源文件构成的软件项目时，文心一言就难以胜任这个工作了。

相比较而言，GitHub Copilot 能够根据当前已经完成的代码和注释，或其他项目源文件中的代码，给出有效的代码或注释提示。GitHub Copilot 也能够针对函数中的细节操作给出具体的提示。因此，GitHub Copilot 更适用于辅助用户编写更加复杂、功能更加强大的程序。而文心一言只能用于编写具有简单功能的程序。

9.3.1　代码智能

代码智能（Code Intelligence）也称作 AI 辅助编程，目的是利用人工智能技术完成理解代码和生成代码的任务。代码智能可以根据原有代码生成新的代码或修改原有代码（Code-Code）、根据文本描述生成代码（Text-Code）、根据代码生成文档描述（Code-Text），以及对代码文档进行翻译（Text-Text），具体包括代码克隆检测、代码缺陷检测、代码完形填空、代码补全、代码纠错、代码翻译、代码检索、代码生成、代码注释生成和代码文档翻译。代码智能的研究内容如表 9.1 所示。

表 9.1　代码智能的研究内容

类别	任务	描述
Code-Code	代码克隆检测	检测两段代码语义的相似性
	代码缺陷检测	识别一个函数是否有漏洞
	代码完形填空	预测被遮掩的代码
	代码补全	根据上下文的代码补充代码
	代码纠错	根据 Bug 自动修正代码
	代码翻译	将一种编程语言翻译成另一种编程语言
Text-Code	代码检索	根据给定文本描述找到符合要求的代码
	代码生成	根据给定文本描述生成符合要求的代码
Code-Text	代码注释生成	根据给定代码生成相关的文本注释
Text-Text	代码文档翻译	将代码文档翻译成其他国家的语言

9.3.2　OpenAI Codex

GitHub Copilot 的底层模型是 OpenAI 公司的 Codex。Codex 可以解析自然语言并生成响应代码，是 OpenAI 公司的 GPT-3 模型的后代。Codex 的训练数据主要是从 GitHub 的 5400 万个公开代码仓库中收集的，是目前十分强大的编程语言预训练模型之一。Codex 精通十几种语言，包括 C#、JavaScript、Go、Perl、PHP、Ruby、Swift、TypeScript、SQL、Shell 等，但最擅长 Python。

Codex 的优势在于能够解析自然语言并生成相应的代码。

9.3.3　代码智能的发展前景

代码智能有着广阔的发展前景。全球多家 IT 行业的研究机构和企事业单位都在紧锣密鼓地促使 AI 辅助编程软件产品化和市场化，其中不乏微软、亚马逊这样的大公司。除了 GitHub Copilot，还有多款可用的 AI 辅助编程软件。

在代码补全和提示方面，微软发布的 Visual Studio IntelliCode 是一款基于人工智能的代码补全插件，它可以根据用户的使用习惯和代码库来推荐最合适的 API。

在代码重构和修复方面，Visual Studio Code 内置了一些基于语言服务的代码重构和快速修复功能。还有一些第三方插件（如 CodeGuru、DeepCode 等）也提供了类似的服务。

在代码生成和翻译方面，OpenAI 公司的 GPT-3 模型可以根据自然语言或图像生成代码。还有一些如 Cursor、CodeGeex 等工具也可以实现不同语言之间的代码翻译。

在代码分析和测试方面，Facebook 的 Sapienz 系统可以利用遗传算法自动生成测试用例，并利用深度学习模型定位和修复缺陷。

代码智能是一个蕴含无数创新思想与策略挑战的前沿技术领域。在这个领域中，AI 不会简单取代程序员，而是将它们的能力和技能进行提升，助力程序员更加高效和高质量地完成软件开发任务，实现科技创新。

拓展实训：调用大模型实现聊天机器应用

【实训目的】

大语言模型是一种基于深度学习的人工智能技术，可以处理各种自然语言任务，如文本生成、文本理解、文本摘要、机器翻译等。掌握大语言模型的使用方法，可以帮助学生提高语言表达能力、创新思维能力、信息获取能力等，为未来的职业发展打下坚实的基础。通过本次实训，要求学生了解大语言模型的本地部署和使用。

【实训环境】

Python3、Git。

【实训内容】

访问 GitHub 上的 ChatGLM2-6B 仓库，了解 ChatGLM 项目的特点、应用、部署和使用方法。

ChatGLM 是清华大学与智谱 AI 联合训练的开源语言模型，其源代码托管在 GitHub 和 Hugging Face 上。ChatGLM 主要有两个版本，分别是 ChatGLM-130B 和 ChatGLM-6B。ChatGLM 公测版基于 ChatGLM-130B 模型，其参数有 1300 亿个。而 ChatGLM-6B 是只拥有大约 60 亿个参数的小型模型，适合在个人计算机上部署和运行。ChatGLM2-6B 是 ChatGLM-6B 的迭代更新版，相比 ChatGLM-6B，其拥有更强大的性能，支持更长的上下文、具有更高效的推理能力，以及支持更开放的协议。ChatGLM2-6B 可在 GitHub 的官方网站中下载。

“ChatGLM2-6B/README.md”文件详细描述了 ChatGLM2-6B 的特点、应用、部署和使用方法。ChatGLM2-6B 的部署比较简单，只需按照文档说明，即可轻松部署。

（1）在单机上部署 ChatGLM2-6B。

步骤一：使用 git 命令从 GitHub 仓库中拉取 ChatGLM2-6B 的源代码，代码如下。

```
$ git clone https://githubfast.com/THUDM/ChatGLM2-6B.git
```

拉取完成后，会在当前目录下产生“ChatGLM2-6B”目录。执行如下代码，切换工作目录为“ChatGLM2-6B”。

```
$ cd ChatGLM2-6B
```

步骤二：创建 THUDM 目录，并使用 git 命令从 Hugging Face 仓库中拉取 ChatGLM2-6B 的模型实现和参数文件，命令如下。

```
$ mkdir THUDM
$ GIT_LFS_SKIP_SMUDGE=1 git clone https://huggingface.co/THUDM/chatglm2-6b
THUDM/chatglm2-6b
```

运行上述命令后，机器会从 Hugging Face 仓库中拉取 ChatGLM2-6B 的模型实现，并置于“chatglm2-6b/THUDM/chatglm2-6b”目录下。

此外，Hugging Face 仓库中还有 ChatGLM2-6B 的参数文件，总计大约 12.5GB。如果通过 git 命令拉取，则需要等待较长时间，且需要安装 Git LFS。如果没有安装 Git LFS，则可以直接通过浏览器访问 Hugging Face 网站手动下载 ChatGLM2-6B 参数文件。将下载的所有文件都放在“chatglm2-6b/THUDM/chatglm2-6b”目录下。

（2）直接调用 ChatGLM2-6B 模型。

“ChatGLM2-6B/README.md”文件中提供了直接调用 ChatGLM2-6B 模型来完成非交互式对话的例子。通过 Python 交互模式输入以下代码。

```
>>> from transformers import AutoTokenizer, AutoModel
>>> tokenizer = AutoTokenizer.from_pretrained("THUDM/chatglm2-6b", trust_remote_code=True)
>>> model = AutoModel.from_pretrained("THUDM/chatglm2-6b", trust_remote_code=True,
device='cuda')
>>> model = model.eval()
>>> history = []
>>> response, history = model.chat(tokenizer, "碳排放量高的危害是什么？", history=history)
>>> print(response)
```

执行以上代码，输出结果如图 9.22 所示。

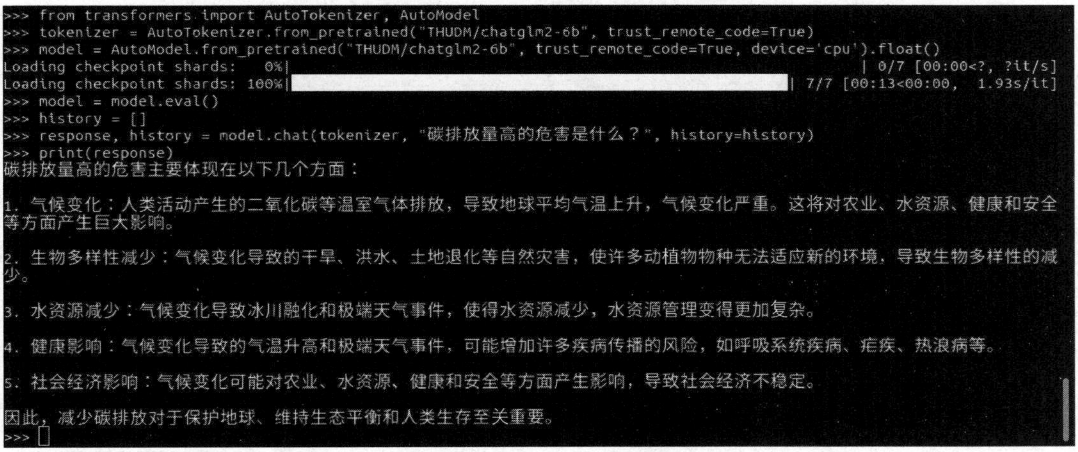

```
>>> from transformers import AutoTokenizer, AutoModel
>>> tokenizer = AutoTokenizer.from_pretrained("THUDM/chatglm2-6b", trust_remote_code=True)
>>> model = AutoModel.from_pretrained("THUDM/chatglm2-6b", trust_remote_code=True, device='cpu').float()
Loading checkpoint shards:   0%|                                              | 0/7 [00:00<?, ?it/s]
Loading checkpoint shards: 100%|██████████████████████████████████████████████| 7/7 [00:13<00:00,  1.93s/it]
>>> model = model.eval()
>>> history = []
>>> response, history = model.chat(tokenizer, "碳排放量高的危害是什么？", history=history)
>>> print(response)
碳排放量高的危害主要体现在以下几个方面：

1. 气候变化：人类活动产生的二氧化碳等温室气体排放，导致地球平均气温上升，气候变化严重。这将对农业、水资源、健康和安全等方面产生巨大影响。

2. 生物多样性减少：气候变化导致的干旱、洪水、土地退化等自然灾害，使许多动植物物种无法适应新的环境，导致生物多样性的减少。

3. 水资源减少：气候变化导致冰川融化和极端天气事件，使得水资源减少，水资源管理变得更加复杂。

4. 健康影响：气候变化导致的气温升高和极端天气事件，可能增加许多疾病传播的风险，如呼吸系统疾病、疟疾、热浪病等。

5. 社会经济影响：气候变化可能对农业、水资源、健康和安全等方面产生影响，导致社会经济不稳定。

因此，减少碳排放对于保护地球、维持生态平衡和人类生存至关重要。
>>> 
```

图 9.22　直接调用 ChatGLM2-6B 模型的输出结果

ChatGLM2-6B 和其他的大语言模型一样，都是基于概率分布生成内容的。因此，发送相同的内容，ChatGLM2-6B 很可能每次都会生成不同的内容。

在默认情况下，ChatGLM2-6B 会选用 GPU 来进行计算，要求至少有一块支持 CUDA（Compute Unified Device Architecture，统一计算设备架构）的 GPU，且空闲显存至少有 13GB。如果硬件资源不满足这一要求，那么可以使用 CPU 来进行计算，只需要将上述代码中的第 3 行代码修改为如下代码。

```
model = AutoModel.from_pretrained("THUDM/chatglm2-6b", trust_remote_code=True,
device='cpu').float()
```

如果使用 CPU 作为计算部件，则要求空闲的可分配内存至少有 24GB，否则无法成功运行 ChatGLM2-6B 模型。

（3）启动 Web 服务器，通过浏览器进行交互式访问。执行如下代码，启动 Web 服务器。

```
python web_demo.py
```

执行结果如图 9.23 所示。此时在当前系统中启动了一台 Web 服务器。我们现在打开本地的任意浏览器，并输入“http://127.0.0.1:7860”，即可访问 ChatGLM2-6B 页面。

```
user@c5b646fbc844:~/ChatGLM2-6B$ python web_demo.py
Loading checkpoint shards: 100%|
| 7/7 [00:30<00:00,  4.39s/it]
/home/user/ChatGLM2-6B/web_demo.py:94: GradioDeprecationWarning: The `style` method is deprecated. Please set these arguments in the constructor instead.
  user_input = gr.Textbox(show_label=False, placeholder="Input...", lines=10).style(
Running on local URL:  http://127.0.0.1:7860

To create a public link, set `share=True` in `launch()`.
```

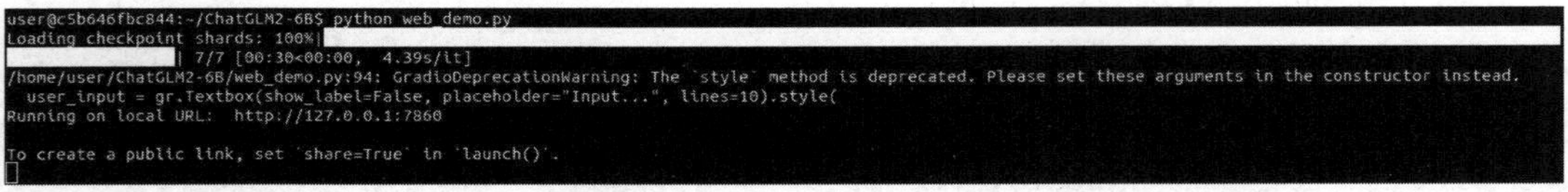

图 9.23　启动 Web 服务器

ChatGLM2-6B 页面主要包含 3 个区域，上方为历史记录窗口，所有对话历史都会记录在这里。左下方是输入框，使用鼠标单击该区域，就可以通过键盘输入中文或英文内容，输入结束后，单击“Submit”按钮，即可发送对话内容。

例如，当输入“碳排放量高的危害是什么？”并发送之后，结果如图 9.24 所示。在历史记录窗口中显示了此次 ChatGLM2-6B 的回答。

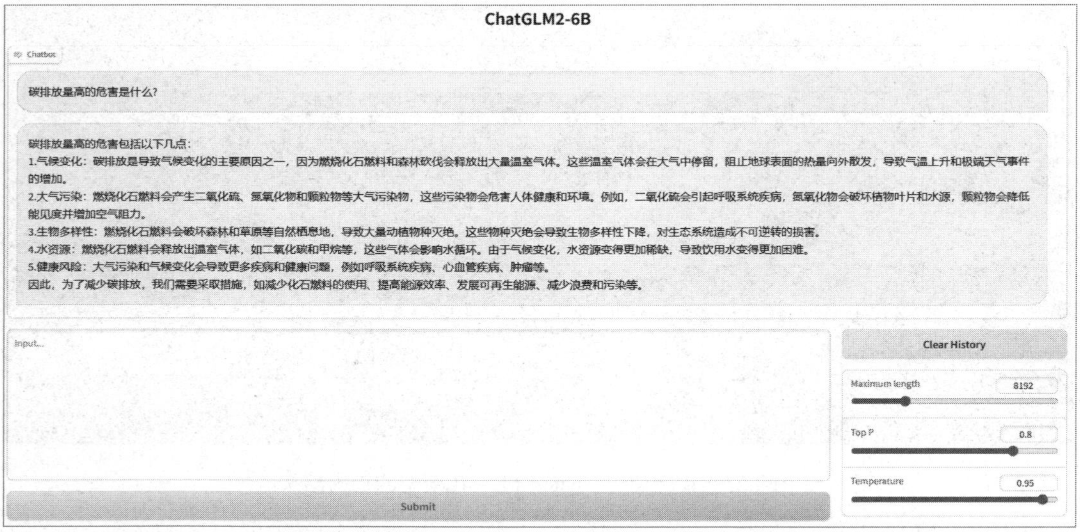

图 9.24　发送“碳排放量高的危害是什么？”后 ChatGLM2-6B 页面的回答

页面的右下角是超参数调节窗口。ChatGLM2-6B 提供了 3 个可调节的超参数，分别是 Maximum length、Top P 和 Temperature。

Maximum length 表示 ChatGLM2-6B 单次生成内容的最长长度，目前该值为 8192。

Top P 是一种用于生成内容的采样方法，是指从模型生成的概率分布中选择概率最高的代币（tokens），直到它们的累积概率超过预先定义的阈值。当前，Top P 的值为 0.8，这意味着模型将选择概率最高的代币，直到它们的累积概率超过0.8。

Temperature 表示生成内容的多样性。Temperature 的基准值是 1。Temperature 的值越大，生成的内容越有可能“天马行空”，甚至有可能“胡说八道”；Temperature 的值越小，生成的内容越接近正确（基于它所掌握的知识），但这并不意味着，Temperature 的值越小，生成内容的质量就会越高，这取决于具体的应用场景和数据集。

（4）通过命令行进行交互式访问。

执行如下代码，启动一个命令行接口。

```
python cli_demo.py
```

命令行接口会以“用户:”作为用户输入的前导符，以“ChatGLM:”作为 ChatGLM2-6B 回答的前导符。图 9.25 所示为输入“碳排放量高的危害是什么？”时 ChatGLM2-6B 的回答。

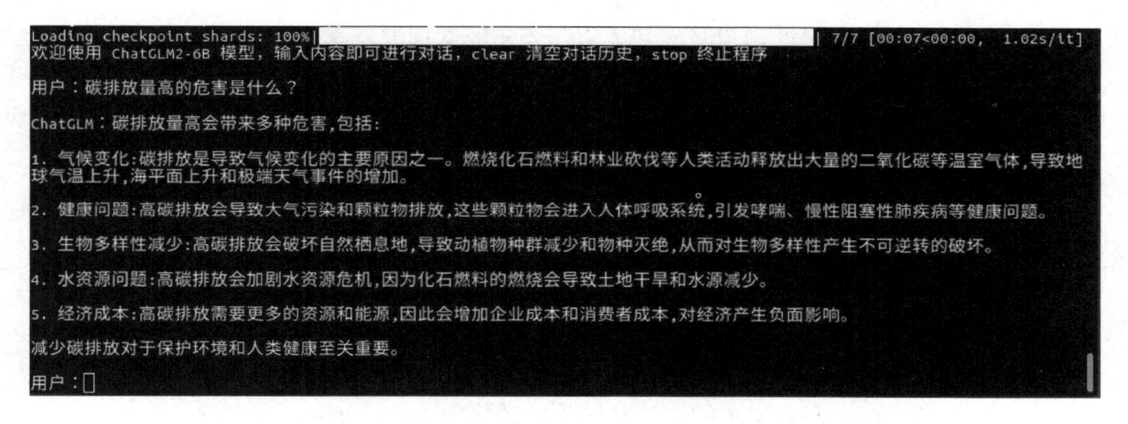

图 9.25 输入“碳排放量高的危害是什么？”时 ChatGLM2-6B 的回答

（5）通过 API 访问 ChatGLM2-6B。

执行如下代码，启动一个 API 服务进程。

```
python api.py
```

执行结果如图 9.26 所示。

```
user@f17518fb8cfb:~/ChatGLM2-6B$ python api.py
Loading checkpoint shards: 100%| | 7/7 [00:30<00:00, 4.37s/it]
INFO:     Started server process [133]
INFO:     Waiting for application startup.
INFO:     Application startup complete.
INFO:     Uvicorn running on http://0.0.0.0:8000 (Press CTRL+C to quit)
```

图 9.26 启动 ChatGLM2-6B API 服务进程

该 API 服务进程会启动一台 Web 服务器，用户可在程序中通过 HTTP 请求与 ChatGLM2-6B 进行交互。例如，在另一个终端中执行如下命令，即可调用 ChatGLM2-6B API 服务进程进行作答。

```
curl -X POST "http://127.0.0.1:8000" -H 'Content-Type: application/json' -d '
{"prompt": "碳排放量高的危害是什么？", "history": []}' -w '\n'
```

在实际开发中，我们可以通过 HTTP 请求库访问 ChatGLM2-6B 的 API。例如，Python 程序就可以通过 requests 库来访问 ChatGLM2-6B 的 API。

项目考核

【选择题】

1．以下不是生成式人工智能的优点的是（　　）。

A．可以生成各种有趣和有用的内容，如诗歌、故事、代码、论文、歌曲等

B．可以处理各种自然语言任务，如文本生成、文本理解、文本摘要、机器翻译等

C．可以避免将自己的数据上传到第三方平台或服务，防止数据泄露、被篡改、被滥用等

D．可以减少自己的学习时间和成本，不需要掌握深度学习的原理和技术

2．以下不是大语言模型与传统语言模型的区别的是（　　）。

A．大语言模型通常采用Transformer或其变种网络进行建模和训练，而传统语言模型通常采用卷积神经网络或循环神经网络进行建模和训练

B．大语言模型通常在大规模的无标记数据上进行预训练和初始化，而传统语言模型通常需要在大量的标记数据上进行训练

C．大语言模型主要用于执行自然语言处理任务，而传统语言模型主要用于处理图像、语音和推荐等

D．大语言模型具有对自然语言文本的语义和上下文的理解能力，而传统语言模型具有对自然语言文本的语法和结构的建模能力

3．以下不是AI绘画的应用场景的是（　　）。

A．医疗诊断　　B．美术创作　　C．娱乐产业　　D．品牌推广

【判断题】

1．AI 辅助编程工具可以根据开发者的输入自动生成完整的代码项目，无须任何人工干预。（　　）

2．大语言模型是一种基于深度学习的人工智能技术，可以理解和生成人类语言，执行各种自然语言处理任务。（　　）

3．生成对抗网络利用两个神经网络进行对抗学习，一个用于生成数据，另一个用于判断数据真假。（　　）

【简答题】

1．简述扩散模型的基本思想。

2．简述大语言模型的应用场景。

3．面对生成式人工智能技术对行业的冲击和对生活的影响，我们普通人应该保持怎样的态度？

【参考答案】

【选择题】

1．D。生成式人工智能并不意味着用户可以减少自己的学习时间和成本，反而需要掌握深度学习的原理和技术，才能有效地使用和优化大语言模型。其他 3 个选项都是生成式人工智能的优点。

2．C。大语言模型与传统语言模型的区别并不在于它们的应用领域，而在于它们的任务和算法。其他 3 个选项都是大语言模型与传统语言模型的区别。

3．A。AI 绘画并不能应用于医疗诊断，这一领域通常需要更精确和可靠的图像分析和生成技术。其他 3 个选项都是 AI 绘画的应用场景。

【判断题】

1．错。AI 辅助编程工具并不能根据开发者的输入自动生成完整的代码项目，而是根据开发者的部分代码、注释、描述等信息，提供合适的代码补全、代码建议、代码重构等功能，帮助开发者完成代码编写。AI 辅助编程工具仍然需要开发者的参与和监督，不能完全替代人工编程。

2．对。大语言模型是一种基于深度学习的人工智能技术，它们在大量的文本数据上进行训练，可以理解和生成人类语言。它们可以执行各种自然语言处理任务，如文本分类、问答、文档总结、文本生成等。

3．对。生成对抗网络利用两个神经网络进行对抗学习，一个用于生成数据，另一个用于判断数据真假。这是一种生成数据的方法，它可以生成图像、文本、音频、视频等多种类型的内容。

【简答题】

1．答：扩散模型是一种基于随机过程的生成模型，它可以生成图像、文本、音频等多种类型的内容。扩散模型的基本思想是将数据的生成过程看作一个逐步扩散的过程，即从一个高维的均匀分布开始，逐渐向目标数据分布（真实数据）靠近，最终生成与真实数据相似的数据。扩散模型的训练过程包括两个阶段：前向扩散和逆向扩散。前向扩散阶段是向真实数据逐步地加入噪声，使其越来越接近均匀分布。逆向扩散阶段是将噪声数据逐步地去除噪声，使其越来越接近真实分布。

2．答：大语言模型的应用场景包括①文本生成：大语言模型可以根据给定的关键词、描述、样本等信息，生成各种类型的文本内容，如诗歌、故事、代码、论文、歌曲等。②文本理解：大语言模型可以对输入的文本进行分析和处理，提取其中的信息和知识，如实体、关系、情感、主题等。③文本摘要：大语言模型可以根据输入的文本，生成一个简洁和准确的摘要，概括文本的主要内容和观点。④机器翻译：大语言模型可以实现不同语言之间的自动转换，使得跨语言的沟通和交流更加方便和快捷。⑤问答系统：大语言模型可以根据用户的问题，从给定的文本或知识库中检索或推理出合适的答案。

3．答：①开放和学习的心态：了解生成式人工智能技术的原理和应用，认识它的优势和局限，以及它对我们的工作和生活的影响。②理性和审慎的心态：评估生成式人工智能技术的可靠性和安全性，以及它对我们的数据隐私和知识产权的影响。在使用生成式人工智能技术时，我们要遵守相关的法律法规和道德规范，尊重他人的权利和利益，同时要保护自己的权利和利益。③积极参与的心态：关注生成式人工智能技术的发展趋势和社会影响，参与到生成式人工智能技术的监督和规范中来，支持有利于生成式人工智能技术健康发展和进步的政策和措施，反对有害于生成式人工智能技术公平性和可持续性的行为。

项目10

智能产线应用

项目描述

党的二十大报告指出，坚持把发展经济的着力点放在实体经济上，推进新型工业化，加快建设制造强国、质量强国、航天强国、交通强国、网络强国、数字中国。实施产业基础再造工程和重大技术装备攻关工程，支持专精特新企业发展，推动制造业高端化、智能化、绿色化发展。

本项目以2021年全国工业和信息化技术技能大赛——工业大数据算法赛项为蓝本，聚焦以数控机床为代表的智能装备的加工精度稳定性问题，力图通过大数据、人工智能算法的应用，围绕视觉测量与检测、加工误差精度补偿等实践来减少机床加工误差，提升数控机床的应用水平，以及国产数控机床等智能装备的性能和技术竞争力，解决高端装备“卡脖子”问题。

本项目以国内某汽车零部件加工厂为应用背景。厂中引进了一台高档数控机床。该机床各方面指标均处于国际最先进水平，用于零件成品产线上的关键工序加工，按照设计在能提升整线生产精度的前提下，产能提升30%。然而，将该机床引入产线上进行实际生产时发现，刀具性能不稳定、产线其他设备引起的振动和温度变化等因素导致原有的生产工艺无法直接实现高效率和高质量的生产，无法发挥出该机床应有的作用，产能反倒降低了5%。

本项目通过采集产品生产过程中的大量数据，采用大数据与人工智能算法分析等技术分析和解决设备存在的问题，并通过优化产线程序流程及调整工艺参数，提高生产效率和产品质量。

学习目标

知识目标

- 了解数据采集设备的安装、调试方法；

- 掌握图像数据采集和标注方法；
- 掌握图像数据预处理的方法①；
- 理解图像智能识别算法的原理；
- 掌握模型部署和验证流程②。

能力目标

- 会安装、调试数据采集设备；
- 会规范采集图像数据并做标注；
- 会选用合适的方法对图像数据进行预处理；
- 会设计并训练神经网络模型识别产品的合格性③；
- 会应用模型实现智能分拣和自动调参。

素质目标

- 精心搭建，传承崇尚劳动的精神；
- 精细采集，秉持精益求精的态度；
- 精密处理，树立数据高质量的意识；
- 精准分类，具有创新增效的担当；
- 精品展示，坚守赋能强国的使命。

任务分析

数控机床属于精密制造装备，虽然其在出厂时自身的技术指标均能达到高水平，但是应用在实际产线上时，它的加工精度会受夹具、刀具、环境温度、振动、部件老化、工件材料一致性等因素的影响。这一点也成了制约国内企业进一步提升智能制造水平和规模的主要因素之一。

本项目聚焦新一代信息技术与制造技术深度融合领域，以解决金属切削加工智能制造产线中由设备的振动和温度变化等因素导致的原有生产工艺无法实现高效率和高质量生产的问题。为提高生产效率和产品质量，本项目将引入一套自动闭环误差补偿控制系统，其能在车间环境下在线自动柔性检测工件，结合环境参数进行智能分析，当夹具、刀具、材料、温度等产生变化时依然保持加工精度的稳定。

本项目的实施要求技术人员在掌握工业大数据算法等基本知识的同时，重点突出智能制造业所需的专业技能及新技术应用能力，考察技术人员构建大数据算法模型实现问题解析、数据处理、特征工程、模型构建、训练优化的能力和技术水平。

本项目细分为以下 6 个环节。

---

① 重点：详细内容可参考《大数据分析与应用开发职业技能等级标准》中级。

② 详细内容可参考《国家职业技术技能标准——大数据工程技术人员（2021 年版）》中级 6.3。

③ 重难点：详细内容可参考《大数据分析与应用开发职业技能等级标准》中级 5.3.2。

（1）硬件设备搭建：完成硬件设备部分组件的组装和调试。了解设备的组成、工作原理和安装方法，并合理使用工具完成操作任务要求，符合操作规范和安全规程。

（2）云平台搭建：在工业互联网云端控制系统计算机上完成云平台的部署，并测试平台是否已正确启动。

（3）工件图像数据采集：连接工业相机，通过操作计算机软件采集工件图像，作为视觉检测的训练样本数据。

（4）工业图像智能分类模型的训练与部署：在工业互联网云端控制系统计算机或工业控制系统计算机上，以及在 Jupyter Notebook 工作台下，完成代码的编写、调试与运行，清洗采集的数据，完成工业图像智能分类模型的训练与部署。

（5）误差补偿模型的训练与部署：在工业互联网云端控制系统计算机或工业控制系统计算机上，以及在 Jupyter Notebook 工作台下，完成代码的编写、调试与运行，对已有生产数据进行清理，完成误差补偿模型的训练与部署。

（6）模拟生产验证：运行设备平台，对发放的空白工件进行加工、检测，对训练完成的误差补偿模型、工业视觉模型进行联调，完成自动化调参和智能化分拣任务。

相关知识基础

1）数控机床

数控机床是数字控制机床（Computer Numerical Control Machine Tools）的简称，是一种装有程序控制系统的自动化机床，经运算处理由数控装置发出各种控制信号来控制机床的动作，按图纸要求的形状和尺寸，自动将零件加工出来。

数控机床的基本组成包括加工程序载体、数控装置、伺服驱动装置、机床主体和其他辅助装置。数控装置是数控机床的核心。现代数控装置均采用计算机数字控制（Computer Numerical Control，CNC）形式，这种 CNC 装置一般使用多个微处理器，以程序化的软件形式实现数控功能，因此又被称为软件数控。CNC 基于计算机控制，通过预先编写程序，将加工步骤和参数输入计算机中，然后通过计算机控制机床的动作和加工过程。

2）本项目采用的数控机床

本项目采用的数控机床是由杭州景业智能科技股份有限公司生产的智能激光雕刻设备。该硬件设备采用模块化设计，主要包括智能数控模块、智能视觉检测模块、数据显示模块，示意图如图 10.1 所示。该套设备包含两台计算机工作站。其中一台计算机工作站配置了 GPU，搭载云端处理平台，用于本地云服务。

（1）智能数控模块。智能数控模块是硬件设备最核心的模块，由工作台、集中供料系统、物料输送系统、数控三坐标模拟加工系统等部件组成。集中供料系统、物料输送系统由离心机、传送带组成，可实现物料的逐个供应。

数控三坐标模拟加工系统由三坐标直线模组、CNC 控制系统、激光器、排烟机、夹具等组成。通过 CNC 控制系统控制伺服电机，实现三坐标直线模组的移动，并使用激光器进行数控模拟加工，加工完成后，由皮带将物料输送到智能视觉检测模块。该数控三坐标模拟加工系统可模拟 x、y 两轴的振动误差（每轴包含两个方向的振动误差），x、y 两轴的温度误差（每轴包含两个温度误差），以及刀具磨损的一个振动误差。

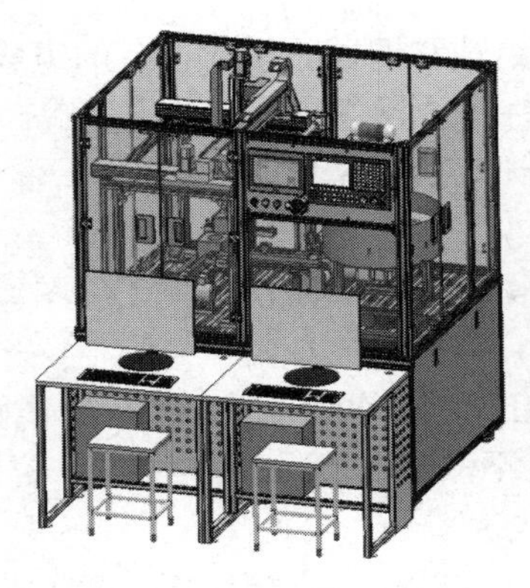

图 10.1　本项目采用的硬件设备示意图

（2）智能视觉检测模块。智能视觉检测模块设置在数控三坐标模拟加工系统的下游，由工作台、视觉系统、分拣系统等部件组成。视觉系统由固定支架、工业相机、光源、光源罩组成，主要用于实现对物料的视觉样本采集、视觉检测识别等。光源罩可以屏蔽外界光源的影响，使采集的物料图像信息仅受设备光源的作用，保证成像质量稳定可靠。分拣系统主要由气缸、挡板等组成，可实现对合格、不合格产品的分拣。

（3）数据显示模块。数据显示模块由工作台、计算机组件等部件组成。该模块主要用于调试模拟加工、CNC 通信、视觉系统检测、数据显示与传输、云平台数据监控与调度、云平台处理及云平台交互等。

设备控制系统以 PLC（Programmable Logic Controller，可编程逻辑控制器）作为控制器，控制整个设备的运行。模块一 PLC 主要控制供料模块的运行，模块三 PLC 则控制加工模块和智能视觉检测模块的相关动作。CNC 控制系统通过干接点与模块三 PLC 进行信号交互，通过网络与上位机系统进行通信，同时控制加工单元中的桁架和激光发生器的动作。上位机系统则与 CNC 控制系统、模块三 PLC、工业相机、云平台进行通信，负责相关数据的采集、处理、导入和导出等工作。

3）设备工艺流程

设备工艺流程主要是指对毛坯料进行供料、加工、拍照采集、出料的一系列流程。本项目的具体设备工艺流程如图 10.2 所示。

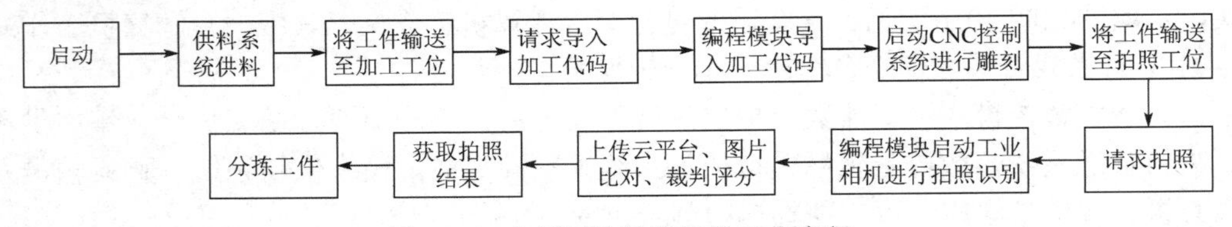

图 10.2　本项目的具体设备工艺流程

拓展读一读

2020 年 11 月 24 日，全国劳动模范和先进工作者表彰大会在北京人民大会堂隆重举行。通用技术集团所属沈阳机床沈阳优尼斯智能装备有限公司 i5T5 产品线经理，教授级高级工程师盖立亚同志荣获“全国劳动模范”荣誉称号。

盖立亚参加工作 20 多载，一直埋头在数控机床研制第一线，坚持创新发展理念，一往无前、拼搏奉献，在推动装备制造业高质量发展进程中贡献突出。1999 年，通用技术集团沈阳机床有限责任公司从生产制造普通机床向数控机床转型。刚刚入职公司研究所的盖立亚跟着一位资深工程师研发 CKS6132 数控机床。当产品被设计出来也被组装起来的时候，却发生了漏水等问题，盖立亚二话不说就钻到机床下找漏水点，紧接着又解决了主轴振动、刀架不锁紧等问题。2000 年 8 月她研制成的 CKS6132 数控机床是该公司第一台高端数控机床，开创了国产数控机床商品化之路。

2007 年盖立亚临危受命，主导研制 VTC10080d 双轴数控机床。她从机床结构、参数设定、加工工艺、切削效果、性能、精度、价格、服务等环节，反复修改技术方案 11 次。最终，德国人被盖立亚严谨务实的工匠精神打动。产品提高加工效率 4～5 倍，同时实现进给单脉冲 0.5 微米（常人头发丝的百分之一）。该技术处于世界领先水平。通用技术集团沈阳机床有限责任公司借此在轴承顶级企业中占据了重要的一席之地，并由此打开了面向轴承行业的广阔市场。

2009 年，正值国家启动“高档数控机床与基础制造装备科技重大专项”。盖立亚带领研发团队研发的高精 HTC3250 型号机床达到了径向跳动 0.1 微米，端面跳动 0.5 微米，可以加工航天精密转台的水平，在中国数控机床制造史上开创了先河。

2013 年，通用技术集团沈阳机床有限责任公司开始由机床制造商向工业服务商战略转型。盖立亚敏锐地感觉到，应该将智能化、集成化、模块化作为技术突破的主攻方向，亲自组织专门研发小组对自动化柔性产线进行深入探究，开发出了 TURNKEY32ntn 轮毂轴承自动产线，其成为我国第一条自主研发的用于加工第三代汽车轮毂轴承的自动产线。

素质养成

制造业是实体经济的基础，实体经济是我国发展的本钱，是构筑未来发展战略优势的重要支撑。本项目从制造业需求出发，以产线数据为载体，通过大数据分析实现产品智能化分拣、自动化调参，以提升产线的分拣效率及加工精度，展现在 AI 技术引领下大数据产业“智能分析”的新场景和新模式。项目相关任务的实施体现了技术人员的职业综合素质和技术技能水平，有助于培养既精通数控装备技术又熟悉工业大数据算法及工业智能算法的复合型人才。

任务的完成采用团队形式有利于促进人才之间的交流学习和算法模型的迭代优化。相关问题的逐步解决充分反映了技术人员能结合理论知识、生活实际，以及长期的工作实践，以扎实的知识与技能功底，立足本职岗位创造性地开展工作。

项目实施

微课：项目 10 任务 1-数据采集环境搭建.mp4

任务 1　数据采集环境搭建

为实现产品的智能分拣和自动化调参，需要利用设备采集工件图像等数据。首要任务是搭建硬件设备和云平台。其中，硬件设备的搭建主要是做好数据采集硬件平台、数控系统、通信系统的装调和测试；云平台的搭建主要包含本地操作软件环境的安装部署、云平台环境的安装部署、服务配置及运行。

动一动

为智能产线选择和安装合适的工业相机，并依据工件图像采集效果调试相机。

任务单

任务单 10-1　智能视觉检测模块的安装与调试

学号：__________ 姓名：__________ 完成日期：__________ 检索号：__________

任务说明

本任务主要完成数控加工装置、数控系统、工业视觉检测及相关设备的安装与调试，包括相机安装、光源环境搭建、通信线路连接、相关设备的安装与调试等。

引导问题

想一想

（1）工业相机如何选型？相机分辨率对采集的图像有何影响？

（2）什么是相机的焦圈与光圈？它们对拍摄效果有何影响？应该如何对其进行调整？

（3）相机调试软件中的基本参数有哪些？这些参数有何意义？

（4）相机中的伽马值是什么？应该如何对其进行设置？

（5）如何配置相机网络？当网络 IP 地址发生冲突时，应该如何解决？

重点笔记区

任务评价

评价内容	评价要素	分值	分数评定	自我评价
1．安装任务	相机安装	3 分	相机位置正确且不出现松动得 2 分，光源安装正确且稳固得 1 分	
	线缆连接	1 分	线缆连接走线规范得 1 分	
	软件连接	1 分	相机调试软件正确连接得 1 分	
2．调参任务	调整相机调试软件的参数	3 分	拍摄得到的图像完整得 1 分，图像轮廓清晰得 1 分，图像位置、大小适中得 1 分	
	图像裁剪			
3．任务总结	依据任务实施情况得出结论	2 分	结论切中本任务的重点得 1 分，能有效比较不同参数的作用得 1 分	
合　计		10 分		

任务解决方案关键步骤参考

步骤一：将相机固定到产线拍摄位置的相机安装支架上，保证相机位置正确且不出现松动，相关部件如图 10.3 所示。

步骤二：将光源及相机安装支架固定到产线拍摄位置上，确保光源安装正确且稳固，如图 10.4 所示。

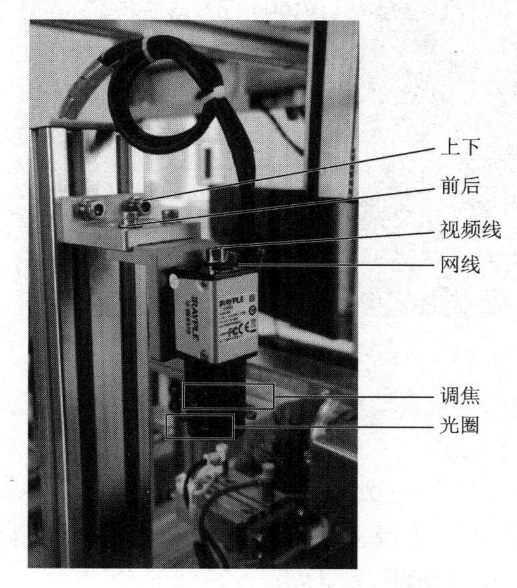

图 10.3　相机的安装及其相关部件

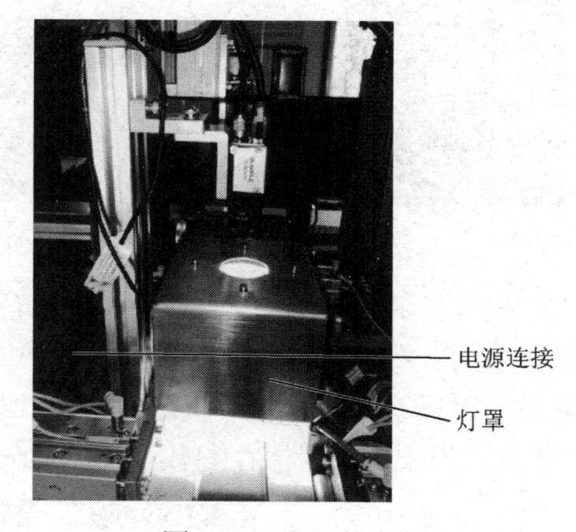

图 10.4　光源的安装

步骤三：连接线缆。相机的接口如图 10.5 所示。正确连接相机、光源电源线，保证电源线不松动。将相机通信线连接到交换机中，确保通信线连接指示灯显示正常。线缆连接走线要规范。

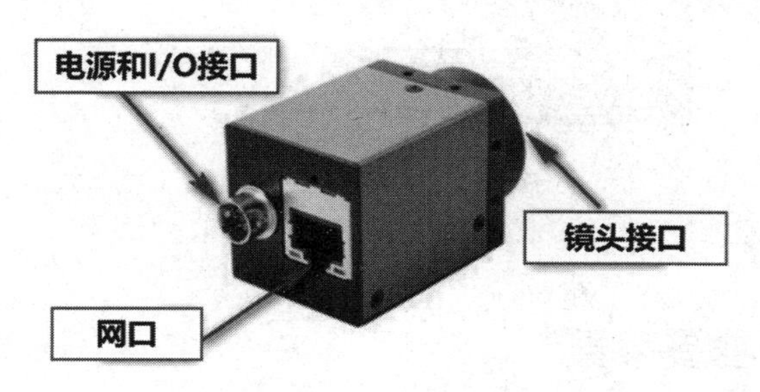

图 10.5　相机的接口

步骤四：给相机、光源上电，打开相机调试软件，连接相机，加载默认配置，确保能实时监控相机，拍摄图像。调整相机的光圈、焦圈、水平位置和垂直位置等，使相机调试软件中的图像清晰可见。

步骤五：调节相机调试软件的参数，如伽马、亮度、色调、饱和度等，使工件上的图案纹路清晰可见，如图 10.6 所示，保存配置至用户配置。

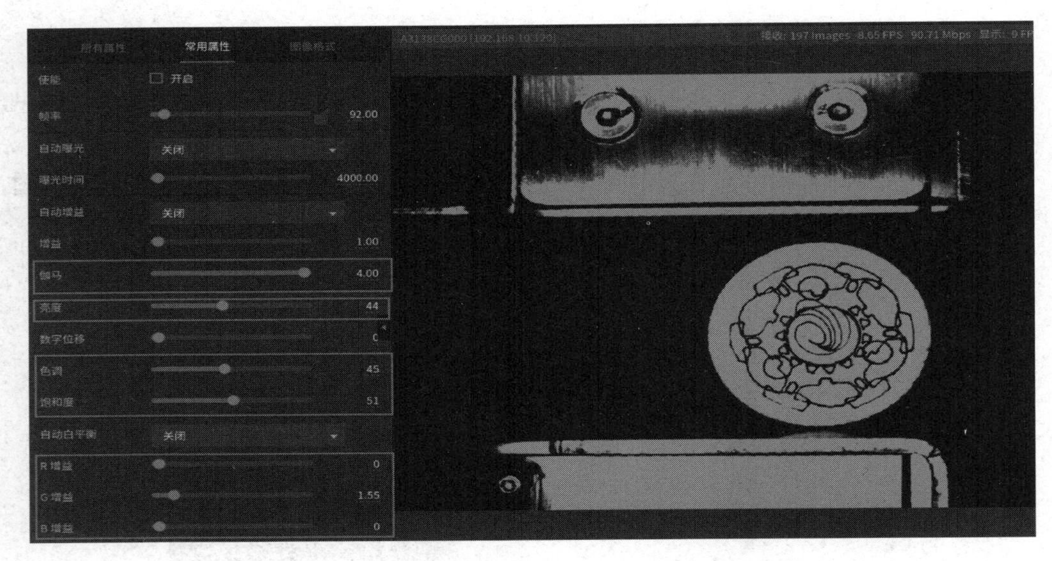

图 10.6　相机调试软件的参数调整

步骤六：关闭相机调试软件，双击桌面上的“系统”图标，在打开的界面中，选择右上角菜单中的“图片裁剪”命令，调整“PLC 触控操作面板”切换模式为不雕刻、不上传及采集模式，运行设备进行样本采集，观察“图片展示区”中的展示效果，调整“裁剪设置”参数，单击“设置”按钮保存参数，直到所裁剪的图像居中并能完整显示为止，如图 10.7 所示。

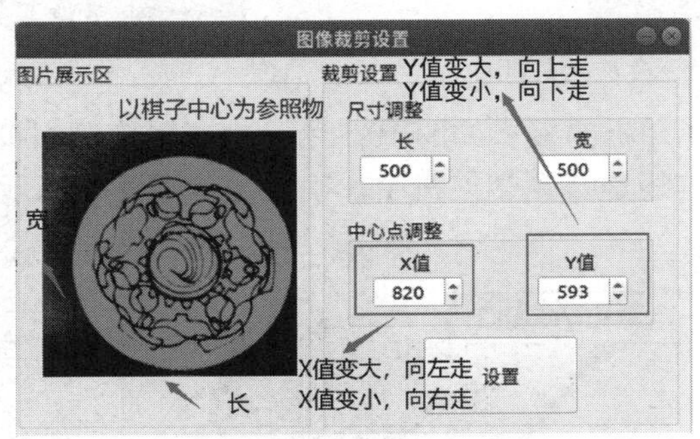

图 10.7　图像裁剪设置

10.1.1　工业相机重要参数

1）光圈

相机镜头在拍照时，用户不能随意改变镜头直径，但可以通过在镜头内部加入多边形或者圆形的可变孔状光栅来控制通光量，这个装置就叫作光圈（Aperture）。

光圈通常由几片极薄的金属片组成，中间的孔能进入光线，通过改变孔的大小来控制进入镜头的光线量。光圈开得越大，通过镜头进入的光线量也就越多。我们常用 f 值来表示光圈大小，f 值越大，光圈越小，反之则越大。光圈除了用来调节曝光量，最重要的是用来控制图像的景深。景深与光圈的关系是：光圈越大，景深越浅；光圈越小，景深越深。

2）焦距

焦距是光学系统中衡量光聚集或发散程度的度量方式，指平行光入射时从透镜光心到光聚集之焦点的距离，短焦距的光学系统比长焦距的光学系统更有聚集光的能力。简单地说，焦距是焦点到面镜中心点的距离。一般镜头上都会标注出这枚镜头的焦距，比如 50mm、24～70mm 等。

焦距越小，取景范围越广，拍摄的画面视野就越宽，能拍到的景物也就越多，但景物在画面中也就越小；焦距越大，取景范围越窄，拍摄的画面视野就越窄，能拍到的景物也就越少，但景物在画面中的占比很大。

3）增益

增益、乘法、提升、伽马和偏移是调色/色彩校正中的几个重要概念。增益主要用于调节曝光时间。增加曝光时间可以增加信噪比，使图像更清晰。对于弱信号，曝光时间不可无限增加。因为随着曝光时间的增加，噪声会积累。增益还可对图像传感器的信号进行增强处理。需要注意的是，使用增益后，不仅是原始信号，噪声也会被增强。因此相机增益几乎不怎么用。增益一般只在信号弱，但不想增加曝光时间的情况下使用。

4）伽马

伽马应用于光学领域。数码图像中的每像素都有一定的光亮程度，即从黑色（0）到白色（1）。伽马值将影响图像中间值的色调或中间层次的灰度。通过调整伽马值可以改变图像中间色调灰阶的亮度值，以增加图像的中间层次，而不会对暗部和亮部的层次有太大的影响。若按幂函数对亮度值进行重新分布，伽马就是指数函数中的指数。伽马值通常是大于 1 的，伽马值变大时会使亮部更亮，暗部更暗，可以抹掉一些弱信号。

10.1.2　工业互联网云端控制系统的安装与测试

除了调试硬件设备，我们还需要对软件平台进行安装与调试。本项目所使用硬件设备的配套软件是一个工业互联网云端控制系统。它基于传统工业软件，引入了大数据技术，形成工业大数据系统，集成了主流的工业元件、互联网应用框架、PaaS 云管理平台、人工智能基本算法，可满足智能制造背景下海量工业数据的采集、存储、分析、服务及可视化需求。该平台由 Web 管理端、Jupyter Notebook 工作台、MongoDB、RESTful API（Application Programming Interface）、算法模型服务（TensorFlow Serving）等部分组成，用于云端大数据算法训练、深度学习、数据处理等，适用于各类工业零件、农产品的图像识别分拣、信号特征分析等。

其中，Web 管理端是用户接入操作的界面。通过 Web 管理端可对产线、检测加工工件、工件分类进行配置。Web 管理端可以适配硬件平台，以及进行后续采集数据的存储。Jupyter Notebook 工作台是部署在软件平台上的 Python 和 TensorFlow 的操作运行环境，集成了大数据、人工智能等工具，用户可直接通过该工作台进行操作和使用。通过 Web 管理端即可读取由硬件设备上传的数据，并且可以将上传的数据进行分类、模型训练等，同时可以将训练好的模型进行部署，通过 RESTful API 方式进行模型的验证。MongoDB 是非结构化的数据库，用于硬件平台采集数据的存储，可以存储文件、图像、视频、音频等各种不同结构的文件。RESTful API 是提供给硬件平台进行数据上传、指令下发、数据交互等的 API。算法模型服务用于将训练好的模型部署到线上，以方便外部程序通过接口来调用模型。

动一动

基于大数据技术形成的工业大数据系统，可满足智能制造背景下海量工业数据的采集、存储、分析、服务及可视化需求。在计算机上完成工业互联网云端控制系统的部署，并测试平台是否已正确启动。

任务单

任务单 10-2　工业互联网云端控制系统的部署

学号：＿＿＿＿＿＿＿姓名：＿＿＿＿＿＿＿完成日期：＿＿＿＿＿＿＿检索号：＿＿＿＿＿＿＿

任务说明

在 Linux 下利用 Python、数据库、Docker 等技术完成工业互联网云端控制系统的部署。部署完成之后需要在 Web 管理端界面中进行硬件设备的适配。

引导问题

想一想

（1）什么是镜像和容器？两者有何区别？

（2）什么是 Docker？它和虚拟机有何异同？

（3）Docker 的优势在哪里？

（4）如何安装、配置和管理 Docker？

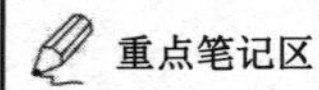
重点笔记区

任务评价

评价内容	评价要素	分值	分数评定	自我评价
1．任务实施	启动容器	3 分	会启动容器得 1 分，会查看并读懂容器信息得 2 分	
	监控 GPU	2 分	会使用 GPU 监控命令得 1 分，会查看 GPU 运行信息得 1 分	
	重启容器	1 分	会重启容器得 1 分	
2．任务测试	工业互联网云端控制系统登录	3 分	能正确打开工业互联网云端控制系统得 2 分，可正常登录工业互联网云端控制系统得 1 分	
3．任务总结	依据任务实施情况得出结论	1 分	结论切中本任务的重点得 1 分	
合　计		10 分		

任务解决方案关键步骤参考

步骤一：登录“工业互联网云端控制系统计算机”，在桌面上单击鼠标右键，打开“终端”软件，进入云平台程序目录，使用 Docker 和镜像工具进行配置，输入“docker -compose up -d”命令启动容器；输入“docker ps”命令显示容器的所有信息，如图 10.8 所示。

```
cloud@lenovo-ThinkStation-P330:~/FireEyeDist/bin$ docker ps
CONTAINER ID   IMAGE                          COMMAND                  CREATED       STATUS          PORTS                                            NAMES
d12ddfcc6317   nginx:1.21.0                   "/docker-entrypoint.…"   3 weeks ago   Up 19 seconds   80/tcp, 0.0.0.0:5000->5000/tcp, :::5000->5000/tcp   nginx-container
7be48e91dad2   bin_jupyter                    "bash -c 'source /et…"   3 weeks ago   Up 18 seconds   0.0.0.0:8888->8888/tcp, :::8888->8888/tcp        jupyter-container
51df9ecc5d85   bin_fireeye                    "python3 /usr/src/fi…"   3 weeks ago   Up 10 seconds   9090/tcp                                         backend-server-container
cb7f503e24ac   mongo:5.0.2                    "docker-entrypoint.s…"   3 weeks ago   Up 21 seconds   0.0.0.0:27017->27017/tcp, :::27017->27017/tcp    mongodb-container
9202ab94d171   tensorflow/serving:2.5.1-gpu   "/usr/bin/tf_serving…"   3 weeks ago   Up 11 seconds   8500/tcp, 0.0.0.0:8501->8501/tcp, :::8501->8501/tcp   image-serving-container
67792aef9e9e   tensorflow/serving:2.5.1-gpu   "/usr/bin/tf_serving…"   3 weeks ago   Up 9 seconds    8500/tcp, 0.0.0.0:8503->8501/tcp, :::8503->8501/tcp   adjustment-serving-container
```

图 10.8 查看容器的信息

步骤二：输入“docker images”命令显示镜像信息，如图 10.9 所示。

```
cloud@lenovo-ThinkStation-P330:~/FireEyeDist/bin$ docker images
REPOSITORY               TAG                     IMAGE ID       CREATED         SIZE
bin_fireeye              latest                  ee59d4586a2a   5 weeks ago     1.3GB
<none>                   <none>                  301f32047471   8 weeks ago     1.29GB
bin_jupyter              latest                  3be26a8f4c44   8 weeks ago     6.8GB
<none>                   <none>                  5daa4c216ace   2 months ago    1.29GB
<none>                   <none>                  da34f8a4ea33   2 months ago    6.8GB
mongo                    5.0.2                   0bcbeb494bed   2 months ago    684MB
ubuntu                   18.04                   54919e10a95d   2 months ago    63.1MB
nginx                    1.21.0                  4f380adfc10f   4 months ago    133MB
tensorflow/serving       2.5.1-gpu               f0192bebe03e   5 months ago    5.33GB
tensorflow/tensorflow    2.5.0-gpu-jupyter       346d69d2c7f8   5 months ago    5.91GB
```

图 10.9 查看镜像信息

步骤三：输入“watch -n 10 nvidia-smi”命令持续监控 GPU 的使用情况，结果如图 10.10 所示。

```
Every 10.0s: nvidia-smi

Sat Mar 12 17:22:16 2022
+-----------------------------------------------------------------------------+
| NVIDIA-SMI 460.91.03    Driver Version: 460.91.03    CUDA Version: 11.2     |
|-------------------------------+----------------------+----------------------+
| GPU  Name        Persistence-M| Bus-Id        Disp.A | Volatile Uncorr. ECC |
| Fan  Temp  Perf  Pwr:Usage/Cap|         Memory-Usage | GPU-Util  Compute M. |
|                               |                      |               MIG M. |
|===============================+======================+======================|
|   0  Quadro RTX 4000     Off  | 00000000:01:00.0  On |                  N/A |
| 30%   31C    P8    11W / 125W |   7154MiB /  7979MiB |      2%      Default |
|                               |                      |                  N/A |
+-------------------------------+----------------------+----------------------+

+-----------------------------------------------------------------------------+
| Processes:                                                                  |
|  GPU   GI   CI        PID   Type   Process name                  GPU Memory |
|        ID   ID                                                   Usage      |
|=============================================================================|
|    0   N/A  N/A      1157      G   /usr/lib/xorg/Xorg                150MiB |
|    0   N/A  N/A      1516      G   /usr/bin/gnome-shell               89MiB |
|    0   N/A  N/A      6407      C   tensorflow_model_server          1045MiB |
|    0   N/A  N/A      6752      C   tensorflow_model_server          1843MiB |
|    0   N/A  N/A      7170      C   /usr/bin/python3                 4021MiB |
+-----------------------------------------------------------------------------+
```

图 10.10 查看 GPU 信息

步骤四：当某个容器有问题时，可输入“docker restart 容器 ID”命令重启容器。以容器 ID 为 67792aef9e9e 为例，重启过程如图 10.11 所示。

```
cloud@lenovo-ThinkStation-P330:~$ docker ps -a
CONTAINER ID   IMAGE                          COMMAND                  CREATED         STATUS         PO
d12ddfcc6317   nginx:1.21.0                   "/docker-entrypoint.…"   5 months ago    Up 7 hours     80
7be40e91dad2   bin_jupyter                    "bash -c 'source /et…"   5 months ago    Up 7 hours     0.
51df9ecc5d85   bin_fireeye                    "python3 /usr/src/fi…"   5 months ago    Up 7 hours     90
cb7f503e24ac   mongo:5.0.2                    "docker-entrypoint.s…"   5 months ago    Up 7 hours     0.
9202ab94d171   tensorflow/serving:2.5.1-gpu   "/usr/bin/tf_serving…"   5 months ago    Up 7 hours     85
67792aef9e9e   tensorflow/serving:2.5.1-gpu   "/usr/bin/tf_serving…"   5 months ago    Up 7 hours     85
cloud@lenovo-ThinkStation-P330:~$ docker restart 67792aef9e9e
67792aef9e9e
cloud@lenovo-ThinkStation-P330:~$ docker ps -a
CONTAINER ID   IMAGE                          COMMAND                  CREATED         STATUS
d12ddfcc6317   nginx:1.21.0                   "/docker-entrypoint.…"   5 months ago    Up 7 hours
7be40e91dad2   bin_jupyter                    "bash -c 'source /et…"   5 months ago    Up 7 hours
51df9ecc5d85   bin_fireeye                    "python3 /usr/src/fi…"   5 months ago    Up 7 hours
cb7f503e24ac   mongo:5.0.2                    "docker-entrypoint.s…"   5 months ago    Up 7 hours
9202ab94d171   tensorflow/serving:2.5.1-gpu   "/usr/bin/tf_serving…"   5 months ago    Up 7 hours
67792aef9e9e   tensorflow/serving:2.5.1-gpu   "/usr/bin/tf_serving…"   5 months ago    Up 13 seconds
cloud@lenovo-ThinkStation-P330:~$
```

图 10.11　重启 67792aef9e9e 容器的过程

当然也可以输入“docker-compose restart”命令重启所有容器，如图 10.12 所示。

```
cloud@lenovo-ThinkStation-P330:~/FireEyeDist/bin$ docker-compose  restart
Restarting nginx-container                ... done
Restarting jupyter-container              ... done
Restarting backend-server-container       ... done
Restarting mongodb-container              ... done
Restarting image-serving-container        ... done
Restarting adjustment-serving-container   ... done
```

图 10.12　重启所有容器

步骤五：检查设置的 IP 地址，是否能成功访问工业互联网云端控制系统。在浏览器中输入工业互联网云端控制系统访问地址，查看系统是否可以正常使用，如图 10.13 所示。

图 10.13　工业互联网云端控制系统

学一学：必须知道的知识点

1）容器

容器是打包代码及其所有依赖软件的标准单元，用于开发、交付和部署，使应用可以从一个环境快速、可靠地运行到另一个环境中。

2）Docker

Docker 则是容器技术的一种实现，是一个开源的应用容器引擎，是用来管理容器的。

Docker 可以让开发者打包他们的应用及依赖包到一个轻量级、可移植的容器中，并发布到任何流行的 Linux 机器上，也可以实现虚拟化。容器完全使用沙箱机制，相互之间不会有任何接口，更重要的是容器的性能开销极低。

Docker 有两个重要概念，分别是 image（镜像）和 container（容器）。镜像可以理解成 Python 中的类，容器就是类的一个实例。我们把镜像加载到本地，在镜像中启动一个容器后，即可进入这个容器中做我们想做的事，如配置环境、存放文件等。

3）TensorFlow

TensorFlow 由谷歌人工智能团队谷歌大脑开发和维护，拥有包括 TensorFlow Hub、TensorFlow Lite、TensorFlow Research Cloud 在内的多个项目及各类应用程序接口（API），被广泛应用于各类机器学习方法的编程实现。TensorFlow 支持多种客户端语言下的安装和运行，包括 C 语言和 Python 等。

4）RESTful API

在两个或多个系统之间共享数据一直是软件开发的一个基本要求。例如，某用户考虑购买汽车保险。保险公司需要获得关于个人和车辆的信息。此时，他们需要从汽车登记机构、信贷机构、银行和其他系统获得数据。所有这些数据都是实时、透明的，以确定保险公司是否能提供合适的保单。API 就是通过为系统之间的对话提供接口来帮助各种类型的系统之间进行通信的。

RESTful API 是两个计算机系统在 Web 浏览器和服务器之间使用 HTTP 技术进行通信的一种方式。REST 是 Representational State Transfer（表现层状态转移）的缩写，是分离前端和后端的最佳实践，是人们在 Web 系统中常用的交互方式。RESTful API 是基于 REST 风格设计的网络接口。

5）工业互联网云端控制系统

工业互联网云端控制系统共分为 4 个模块，分别为任务管理、产线管理、图像管理、工作台。在任务管理模块中，用户可以对任务进行增、删、改、查。在每个任务下会对应一系列的图像类别，代表产线上摄像头可能拍到的图像类别。每个任务会对应一个服务地址，其是我们可配置的 tensorflow-serving 模型的服务地址。如果用户让系统执行某个任务，后台将会把图像发送到对应的 tensorflow-serving 模型服务地址中进行处理，返回的结果将会是图像类别中指定的具体某一类别。在产线管理模块中，一个工业互联网云端控制系统可以管理多组产线。每组产线需要指定任务类别。产线的任务类别可以被随时修改。一旦某组产线指定了具体的任务类别，则该产线的图像就会被发送到对应的 tensorflow-serving 模型服务地址中进行识别，并得到对应的图像类别结果。用户可以通过图像管理模块查看产线上拍摄的照片。最后，用户可以在工作台上进行数据读取、算法编写、服务部署等操作。

任务 2　工件图像数据采集与增强

视觉系统主要包含图像采集和图像分析。图像采集部分的工作主要由工业相机、工业镜头及机器视觉光源负责。通过进行恰当的光源照明设计，可以使图像中的目标信息与背景信息得到最佳分离，这样不仅大大降低了图像处理的算法难度，还提高了系统的精度和可靠性。本任务利用机器视觉光源、工业相机和工业镜头，通过视觉系统进行工件训练样本的数据采集，并进行数据预处理。

为简化生产过程、节约成本，本任务使用木质原材料进行激光雕刻来模拟五金机械零件的加工与制作过程，真实的五金机械零件与定制的教学仿真工件如图 10.14 所示。

（a）真实的五金机械零件

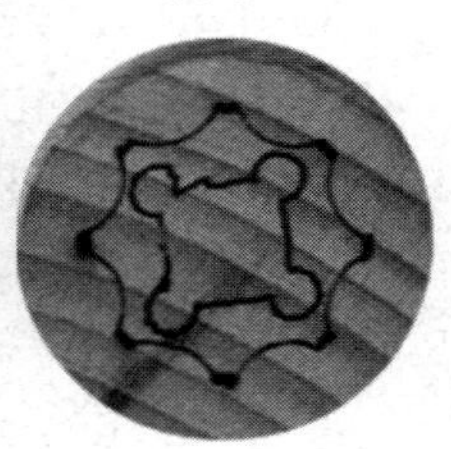

（b）定制的教学仿真工件

图 10.14　真实的五金机械零件与定制的教学仿真工件

动一动

配置平台设备，连接工业相机的工业控制计算机分别采集 100 张合格与不合格的工件图像，作为视觉检测的训练样本数据。

任务单

任务单 10-3　工件图像数据采集

学号：__________ 姓名：__________ 完成日期：__________ 检索号：__________

任务说明

使用视觉系统分别采集 100 张合格和不合格的工件图像，以丰富工件样本图像数据库。该环节所采集到的工件样本图像数据的数量和质量将会直接影响后续的模型训练环节。

引导问题

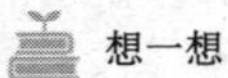

想一想

（1）所拍摄图像的色调、明亮度、角度对模型的训练有没有影响？

（2）任务单 10-1 中相机调试软件的各项参数应当如何设置？如果有不同需求，则可以再返回修改。

（3）采集多少个工件样本图像数据比较合适？

（4）设备的哪些参数会对图像的质量产生影响？

（5）由于存在设备的振动和挡板的撞击问题，如何确保所采集工件图像轮廓的清晰度和图案的完整性？

 重点笔记区

任务评价

评价内容	评价要素	分值	分数评定	自我评价
1．任务实施	任务管理	2 分	正确添加图片任务得 1 分，正确添加误差任务得 1 分	
	产线管理	1 分	产线添加正确得 1 分	
	云平台配置	1 分	云平台通信参数配置正确得 1 分	
	设备启动	2 分	会正确操作机器得 1 分，设备正常运转并能采集数据得 1 分	
2．效果查看	工件图像管理与编辑	3 分	能正确采集工件图像得 1 分，标签全部正确得 1 分，采集的工件图像数量超过 50 张得 1 分	
3．任务总结	依据任务实施情况得出结论	1 分	结论切中本任务的重点得 1 分	
合　计		10 分		

任务解决方案关键步骤参考

步骤一：进入“任务管理”界面添加任务，设置任务名称、任务类型、图片类别、服务地址信息。

任务名称用户可自行定义。服务地址为部署好的算法服务地址，该地址可以将采集好的图像作为输入进行识别，识别后的图像会被标记，用户可以在“图像管理”界面中进行查看。任务管理中的服务地址由 tensorflow-serving 提供。选择任务类型为图片任务。在图片任务设置中，用户还需要设置正确的图片类别。图片类别由用户自定义的图片类别名称和图片代码确定。图片类别名称可以为中文或英文，而图片代码为整数。该整数必须为 0 或 1，0 表示合格，1 表示不合格。图片类别名称对应唯一的图片代码。

设置完成后，单击“OK”按钮，添加结果如图 10.15 所示。

步骤二：继续添加误差任务，填写任务名称，选择任务类型为“误差任务”，设置服务地址，配置信息如图 10.16 所示。

步骤三：进入“产线管理”界面添加产线任务，需要将添加的图片任务与误差任务进行关联。配置信息如图 10.17 所示，需要指定具体的图片任务和误差任务。需要注意的是，每组产线都有各自唯一的编号和对应的产线口令。该产线口令为产线接入时的口令，只有在硬件平台配置好产线口令后才能进行数据采集和工件生产。若产线口令不正确，则图像数据和工件生产不能被接入平台中。

图 10.15　任务列表

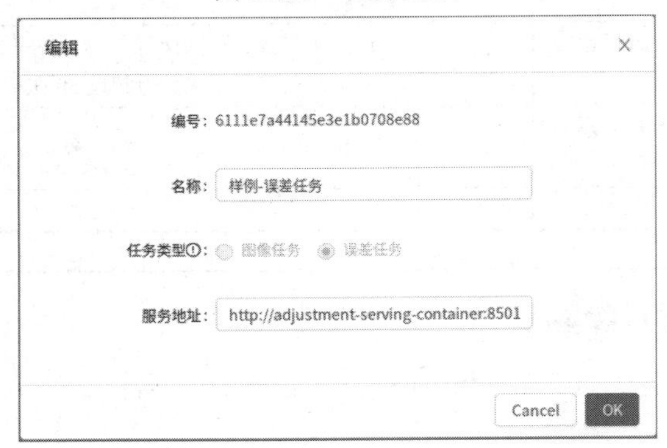

图 10.16　误差任务配置界面

图 10.17　产线管理配置界面

步骤四：打开工作站中的系统，进入“云平台通信设置”界面[①]，配置本地软件云平台参数。如图 10.18 所示，需要将添加的产线对应的产线编号、产线口令、任务编号、合格标识与不合格标识添加至相应的文本框中。如果数据不正确，则将无法正常采集工件图像。

图 10.18　云平台通信设置

步骤五：使用硬件平台，采集工件图像数据。设备操作流程如图 10.19 所示。

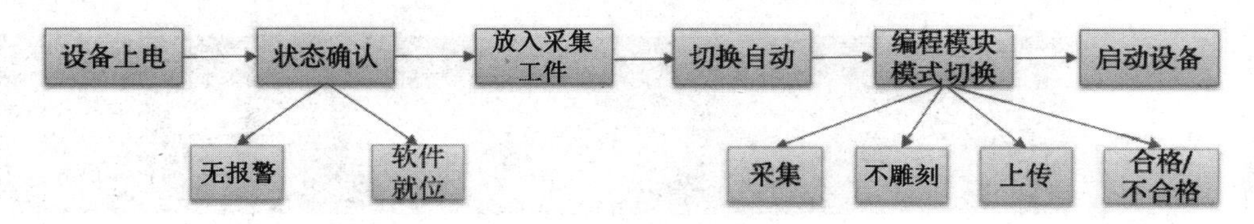

图 10.19　设备操作流程

先给设备上电，确保设备状态正常，无报警。然后在离心出料盘中放入要采集的工件，并操作设备的 PLC 触控操作面板（见图 10.20）完成配置。设备的 PLC 触控操作面板分为 4 个区域，分别为界面切换区、初始化功能区、监控设置区和系统控制区。需要将监控设置区的参数设置为采集、不雕刻、上传，同时根据投放工件的实际情况设置为合格或不合格。打开光源，并启动设备进行工件图像采集。

系统将自动调度工业相机对工件样本图像进行采集，并将所采集到的图像根据人工标注情况上传至云平台中进行保存。

步骤六：进入云平台的“图像管理”界面，查看图像是否上传成功，上传成功后的结果如图 10.21 所示。

步骤七：根据需要投置物料，并设置“合格/不合格”标志位，直至分别采集完成 100 张合格和不合格工件图像为止。进入“图像管理”界面，查看所采集工件图像的标志位是否正确，删除质量较差的工件图像样本。

① 图 10.18 中“通讯设置”的正确写法应为“通信设置”。

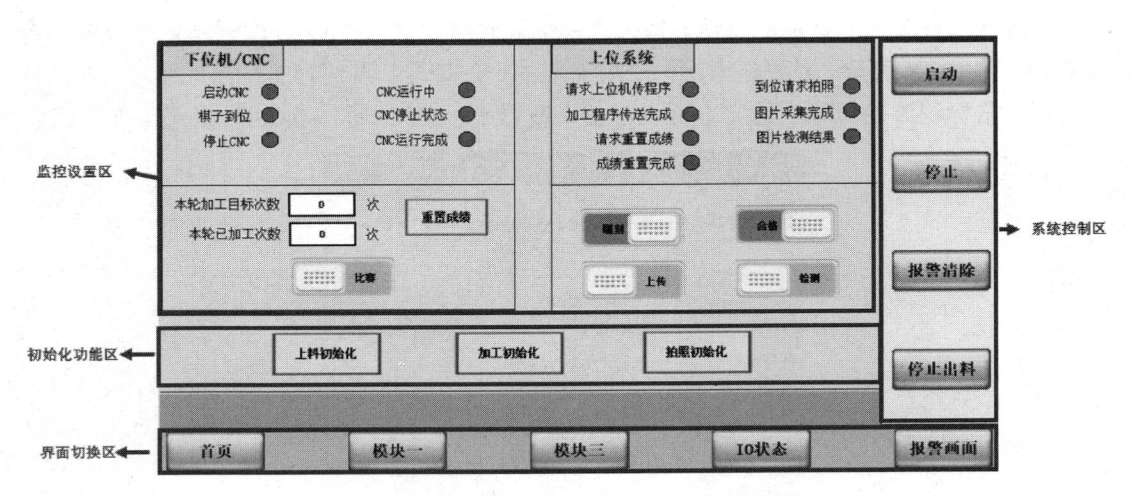

图 10.20　设备的 PLC 触控操作面板区域划分

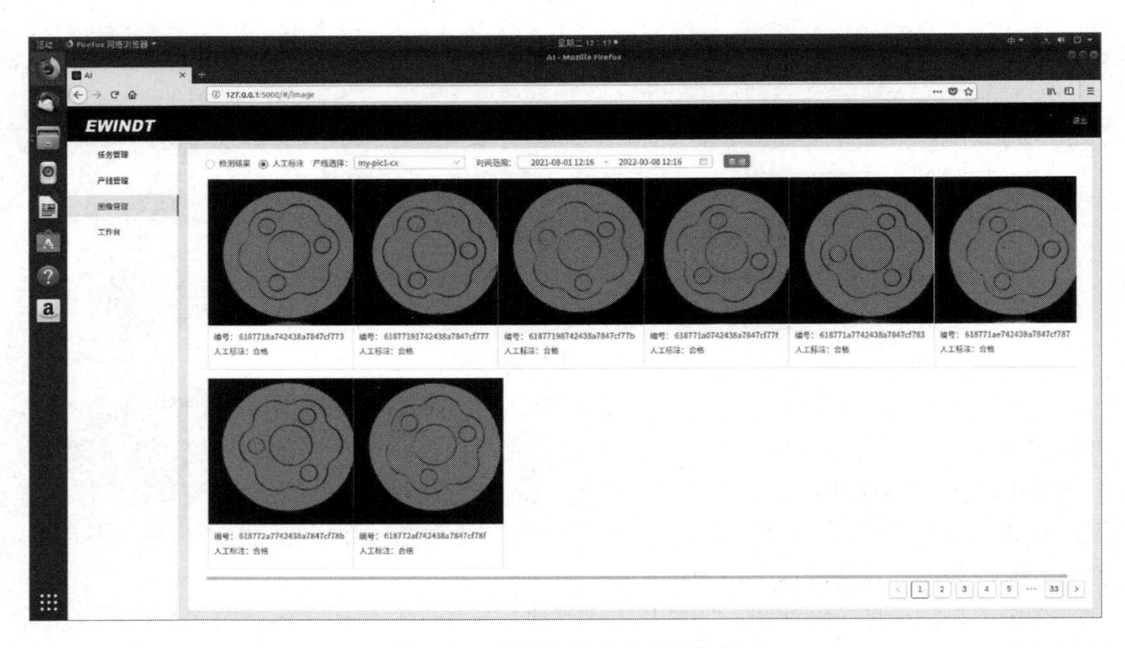

图 10.21　图像上传成功后的结果

10.2.1　智能制造行业数据采集

数据采集又称数据获取，是指利用一种装置或程序，从系统外部采集数据并输入系统内部接口的过程。在实际应用中，我们可使用摄像头、麦克风，以及各类传感器工具来采集数据。

智能制造离不开车间生产数据的支撑。在制造过程中，数控机床不仅是生产工具和设备，还是车间信息网络的节点，通过机床数据的自动化采集、统计、分析和反馈，将结果用于改善制造过程，可大大提高制造过程中的柔性和加工过程中的集成性，从而提升产品质量和生产效率。

10.2.2　智能产线基本概念

产线（Product Line）指产品生产过程中所经过的路线，即从原料进入生产现场开始，经过加工、运送、装配、检验等一系列生产活动所构成的路线。其基本原理是把一个重复生产的过程分解为若干个子过程，前一个子过程为下一个子过程创造执行条件，每个子过程可以与其他子过程同时进行。简言之，就是“功能分解，在空间上按顺序依次执行，在时间上重叠并行”。一条完整的产线可由一个或多个工段组成，一个工段由多个工站组成。工站是生产作业的最小工作单元。

智能产线是一种高度自动化和智能化的生产模式，它采用了物联网、机器学习、人工智能等先进技术，实现了生产过程的自动化控制和优化调整。

智能产线的核心技术是物联网技术。物联网技术可以实现设备之间的联网和数据共享，从而实现生产过程的自动化和智能化。通过物联网技术，智能产线上的每一个设备都可以被远程监控和控制，从而大大提高生产效率和生产质量。

智能产线还采用了先进的机器学习和人工智能技术。通过机器学习和人工智能技术，智能产线可以对生产过程进行分析和预测，从而实现生产过程的优化和升级。同时，智能产线可以通过大数据分析技术来实现生产数据的实时监测和分析，从而提高生产过程的可靠性和稳定性。

智能产线在生产过程中还可以实现自动化控制和优化调整。通过智能控制系统，智能产线可以自动完成产品的加工、装配、检测等工作，并且可以根据生产情况自动调整生产流程和工艺参数，从而实现生产过程的自动化和智能化。

智能制造在工业领域中发挥着越来越重要的作用，智能产线在国内也越来越普及。智能产线不仅是生产制造的保障，更是企业制造能力的体现。

10.2.3　机器视觉基本概念

机器视觉（Machine Vision）是指用机器代替人眼来做测量和判断。机器视觉系统通过机器视觉产品（即图像摄取装置）将被摄取目标转换成图像信号，传送给专用的图像处理系统，然后得到被摄目标的形态信息，并根据像素分布和亮度、颜色等信息，将其转换成数字化信号，图像处理系统对这些信号进行各种运算来抽取目标的特征，进而根据判别的结果来控制现场的设备动作。

10.2.4 计算机视觉基本概念

计算机视觉（Computer Vision）是指使用计算机及相关设备对生物视觉的一种模拟，用各种成像系统代替视觉器官作为输入手段，由计算机来代替人类大脑完成处理和解释。计算机视觉的最终研究目标就是使计算机能像人类那样通过视觉观察和理解世界，具有自主适应环境的能力。计算机视觉应用实例包括工业机器人、导航、自动汽车驾驶、面部识别等。

计算机视觉和机器视觉的应用领域有显著的重叠。计算机视觉涵盖了应用于许多领域的自动图像分析的核心技术。机器视觉通常使用自动图像分析与其他方法和技术相结合的方式，在工业应用中提供自动检查和机器人引导。在许多计算机视觉应用中，计算机通过预编程，以解决特定任务。在计算机视觉中，基于学习的方法正变得越来越普遍。

动一动

微课：项目 10 任务 2-工件图像数据增强.mp4

基于任务单 10-3 获得的样本数据集，对图像数据进行增强，以扩充样本数量。

任务单

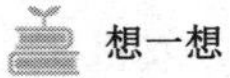

任务单 10-4　工件图像数据增强

学号：＿＿＿＿＿＿姓名：＿＿＿＿＿＿完成日期：＿＿＿＿＿＿检索号：＿＿＿＿＿＿

任务说明

通过数据增强，可以达到扩充样本数量的目的。对一张图像做翻转、旋转、裁剪、变形、缩放等不同的变换，可达到扩充样本数量的目的。甚至可以在图像中加入噪声来达到扩充样本数量的目的。

引导问题

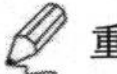

想一想

（1）在什么情况下需要对图像做数据增强？

（2）数据增强的方法有哪些？图像数据增强的方法有哪些？如何做选择？

（3）给图像数据加噪声对模型训练结果有什么影响？

（4）对图像做数据增强后对分拣模型的训练会有什么影响？

（5）数据被扩充后，达到什么数据量级比较合适？

重点笔记区

任务评价

评价内容	评价要素	分值	分数评定	自我评价
1. 任务实施	图像读取	4 分	会查看 Swagger UI 得 1 分，会使用 Swagger UI 获取图像信息得 1 分，能从服务器上获取图像并正确显示得 1 分，能导出所有图像到指定目录得 1 分	
	图像增强	2 分	会进行图像增强得 1 分，使用的增强方法在两种以上得 1 分	
2. 模型评估	查看图像并评估结果	2 分	指定目录中能正常显示增强后的图像数据得 1 分，增强后的图像数量达到 500 张以上得 1 分	
3. 任务总结	依据任务实施情况得出结论	2 分	结论切中本任务的重点得 1 分，能有效比较不同增强方法的异同得 1 分	
合 计		10 分		

任务解决方案关键步骤参考

步骤一：本项目设备中的视觉系统通过网页和 RESTful API 对外提供服务。产线上传的图像通过 RESTful API 存储在后端的 MongoDB 中。我们需要通过调用相应的 RESTful API 读取图像数据。

Swagger UI 是一款定义、展示和调用 RESTful API 的工具，我们可以通过 http://<服务器地址>:5000/api/ui 了解所有的 API 服务，如图 10.22 所示。

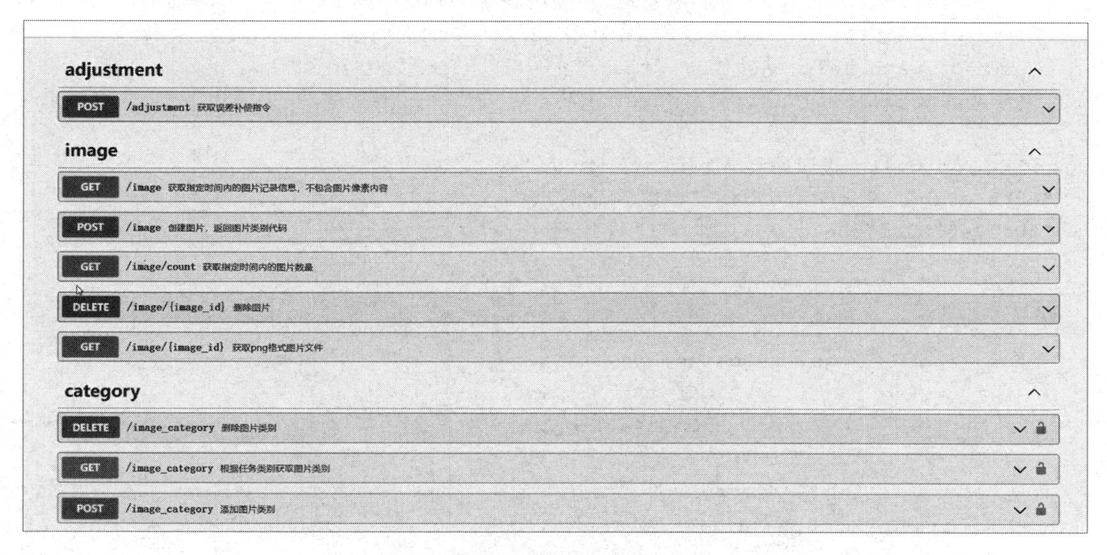

图 10.22 工业互联网云端 API

步骤二：调用 api/image 服务查看每张图像的内容，定义 get_image_by_id()函数获得指定的图像，参考代码如下。

```
def get_image_by_id(id):
    r=requests.get("http://服务器地址:5000/api/image/"+id)
    if r.status_code ==200:
        return PIL.Image.open(io.BytesIO(re.content))
    else:
        raise RuntimeError(r.text)
```

给定图像 ID 可获得对应的图像，参考代码如下。

```
img=get_image_by_id("60b57a02b08c790b7af038a8") #根据实际情况选择图像 ID
img.show()
```

获得的图像如图 10.23 所示。

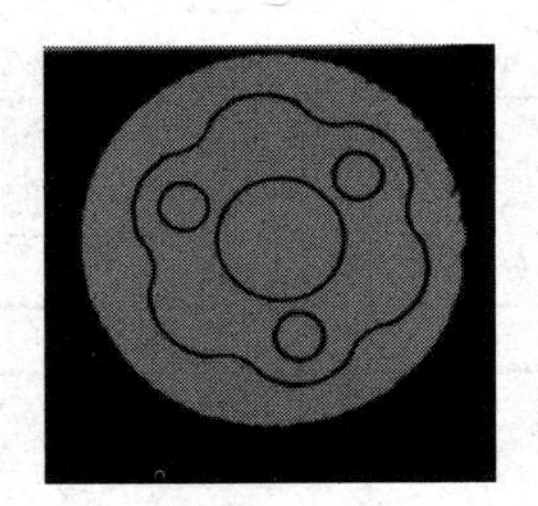

图 10.23　获得的图像

步骤三：将所有采集的图像导出到指定目录中，参考代码如下。

```
import numpy as np
import math

image_dir='/tf/data/image' #注意：/tf 为工作目录的根目录
task_dir =os.path.join(image_dir,task_category_id)
train_dir=os.path.join(task_dir,"train")
test_dir=os.path.join(task_dir,"test")

id_code_mapping={ #根据 Web 界面显示情况设定
    "60b57a02b08c790b7af038a9" :"0" #合格工件
    "60b57a02b08c790b7af038aa" :"1" #不合格工件
}
limit=10
for i in range(math.ceil(num_images=1.0//li)):  #分批次读取
    image_records = get_image_records(task_id,
                                offset = i*limit,
                                limit = limit
                                )
    for record in image_records:
        if 'truth_id' not in record:
            continue
        if np.random.ranf() < 0.8: #需要通过修改数值来控制测试集的比例
             dst_dir = os.path.join(train_dir, id_code_mapping[record['truth_id']])
        else:
              dst_dir = os.path.join(test_dir, id_code_mapping[record['truth_id']])
         if not os.path.exists(dst_dir):
```

```
            os.makedirs(dst_dir)
 dst = os.path.join(dst_dir, record['id']+'.png')
        img = get_image_by_id(record['id'])
        img.save(dst)
```

步骤四：如果上述代码执行成功，则用户可在/tf/data/image 目录下看到相应的图像。用户也可通过下面的代码获取/tf/data/image 目录下的图像数量。用户可通过对照“图像管理”界面中的图像数据，判断是否读取完整。

```
import pathlib
train_image_count = len(list(pathlib.Path(train_dir).glob('*/*.png')))
test_image_count = len(list(pathlib.Path(test_dir).glob('*/*.png')))
print(train_image_count, test_image_count)
```

步骤五：修改代码，对图像做数据增强，比如随机旋转，参考代码如下。

```
    for record in image_records:
        if 'truth_id' not in record:
            continue
        if np.random.ranf() < 0.8:  # 需要通过修改数值来控制测试集的比例
            dst_dir = os.path.join(train_dir, id_code_mapping[record['truth_id']])
            train_flag = True
        else:
            dst_dir = os.path.join(test_dir, id_code_mapping[record['truth_id']])
            train_flag = False
        if not os.path.exists(dst_dir):
            os.makedirs(dst_dir)
        dst = os.path.join(dst_dir, record['id']+'.png')
        img = get_image_by_id(record['id'])
        img.save(dst)
        if train_flag:
            for i in range(20):
                angle = np.random.randint(1,359)
                img2 = img.rotate(angle)  # 随机旋转一定角度
                dst2 =  os.path.join(dst_dir, record['id'] + 'ro' + str(i) +'.png')
                img2.save(dst2)import pathlib
```

扩充后的部分数据如图 10.24 所示。

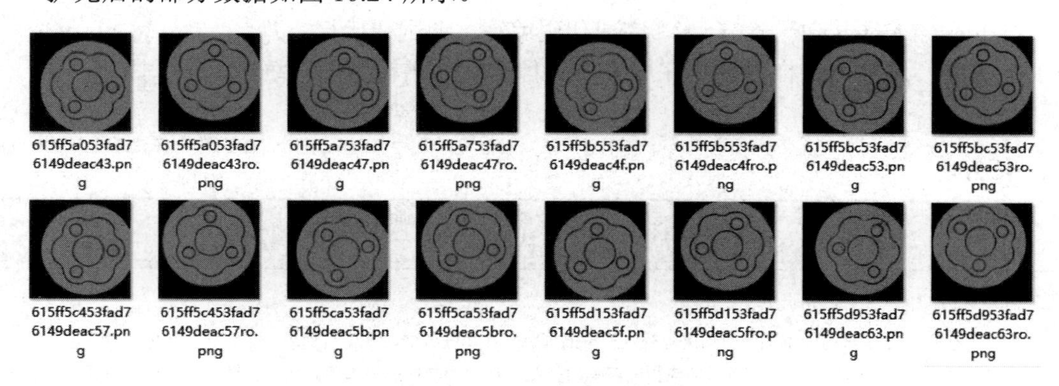

图 10.24　扩充后的部分数据

10.2.5 图像增广技术

微课：项目 10 任务 2-图像增广技术.mp4

1）数据增强

数据增强（Data Augmentation）是指根据一些先验知识，在保持特定信息的前提下，对原始数据进行适当变换以达到扩充样本数量的目的。

2）图像增广

我们深知大型数据集是成功应用深度神经网络的先决条件。图像增广（Image Augmentation）技术通过对训练图像做一系列随机改变来产生相似但又不同的训练样本，从而扩大训练集的规模。应用图像增广技术能够随机改变训练样本，减少模型对某些属性的依赖，从而提高模型的泛化能力。例如，我们可以对一张图像进行裁剪，调整亮度、颜色等操作。

图像增广方法主要包括如下两类。

（1）几何变换类：主要是对图像进行几何变换操作，包括翻转、旋转、随机裁剪、变形、缩放等。翻转图像通常不会改变图像的类别，是最早和使用最广泛的图像增广方法。随机裁剪可降低模型对目标位置的敏感度。通过对图像进行随机裁剪，物体将以不同的比例出现在图像的不同位置。

（2）颜色变换类：通过模糊、颜色变换、擦除、填充等方式对图像进行处理，用户可以改变图像的亮度、对比度、饱和度和色调等。

我们可以使用 PIL、OpenCV 等第三方库实现图像增广。需要注意的是，我们通常只对训练样本做图像增广，而在预测过程中不使用随机操作的图像增广。

任务 3　工件图像智能分类分析

本项目的工业互联网云端控制系统已集成完整的基于 TensorFlow 的深度学习框架，同时，本平台也支持用户自行搭建模型框架，解决特定问题。接下来，我们需要完成工件图像智能分类模型的构建、训练、优化，以及部署和验证。

动一动

微课：项目 10 任务 3-工件图像智能分类分析.mp4

在 Jupyter Notebook 工作台下，完成代码编写、调试和运行，并基于图像增广后的图像样本数据完成工件图像智能分类模型的训练与部署。

任务单

任务单 10-5　工件图像智能分类模型的训练与部署
学号：______ 姓名：______ 完成日期：______ 检索号：______
任务说明 基于任务单 10-3 采集的样本图像数据进行视觉模型的训练。在本任务中，我们可调用云平台已提供的深度学习框架，设计卷积神经网络进行模型训练。训练好的模型能够返回待测工件和标准件的相似度。模型训练完成之后，将模型部署在服务器上并在云平台上进行相关适配。

 引导问题

 想一想

（1）在图像识别领域中，常用的机器方法有哪些？

（2）使用卷积神经网络进行图像识别有什么优劣？为什么不使用循环神经网络？

（3）卷积神经网络包含哪些层？它们分别有什么作用？该网络的关键参数有哪些？

 重点笔记区

 任务评价

评价内容	评价要素	分值	分数评定	自我评价
1. 任务实施	数据初始化	2 分	训练集、验证集能正确切分得 1 分，测试集能正确读取得 1 分	
	模型构建	2 分	会设计卷积神经网络模型得 1 分，模型构建正确得 1 分	
	模型训练	1 分	模型训练能正确执行得 1 分	
	模型保存	2 分	能正确保存模型得 1 分，能正确部署模型得 1 分	
2. 模型评估	模型识别准确率	2 分	在训练集上的识别准确率在 92%以上得 1 分，在测试集上的识别准确率在 90%以上得 1 分	
3. 任务总结	依据任务实施情况得出结论	1 分	结论切中本任务的重点得 1 分	
合　计		10 分		

任务解决方案关键步骤参考

步骤一：切分数据集，准备好模型训练所需的训练集与验证集，参考代码如下。

```
import tensorflow as tf
train_ds = tf.keras.preprocessing.image_dataset_from_directory(
  train_dir,
  validation_split=0.2, # 设定训练集比例
  subset="training",
  seed=123,
  batch_size=batch_size)

val_ds = tf.keras.preprocessing.image_dataset_from_directory(
  train_dir,
  validation_split=0.2,  # 设定验证集比例
  subset="validation",
```

```
 seed=123,
 batch_size=batch_size)
```

步骤二：我们使用 TensorFlow 构建图像分类模型实现智能分拣。首先需要根据应用场景和数据特征，设计卷积神经网络模型并进行训练。设计的卷积神经网络模型如下。

```
from tensorflow.keras import layers
num_classes = 2  #目标分为两类：合格品与不合格品
model = tf.keras.Sequential([  # 根据需要调整模型结构
  layers.experimental.preprocessing.Resizing(img_height, img_width),
  layers.experimental.preprocessing.Rescaling(1./127.5, offset=-1),
  layers.GaussianNoise(0.2),
  layers.Conv2D(32, 3, activation='relu',padding="same"),
  layers.MaxPooling2D(pool_size=2,strides=2),
  layers.Conv2D(64, 3, activation='relu',padding="same"),
  layers.MaxPooling2D(pool_size=2,strides=2),
  layers.Conv2D(32, 3, activation='relu',padding="same"),
  layers.MaxPooling2D(pool_size=2,strides=2),
  layers.Flatten(),
  layers.Dense(256, activation='relu'),
  layers.Dense(num_classes)
])

batch_size = 8 # 每一批所处理的图像数量
img_height = 160 # 图像高度，单位为像素
img_width = 160 # 图像宽度，单位为像素
model.build((img_height,img_width,batch_size,3))
model.compile(
  optimizer='nadam',
  loss=tf.losses.SparseCategoricalCrossentropy(from_logits=True),
  metrics=['accuracy'])
```

利用准备好的数据集训练模型。在训练过程中，要注意观察模型识别准确率的变化。

```
model.fit(
     train_ds,
     validation_data=val_ds,
     batch_size = 128,
     shuffle = True,
     epochs=35
   )
```

步骤三：当获得较高的识别准确率时，保存训练好的模型。需要注意的是，模型部署的地址必须为“/tf/models/image/<版本号>”的格式，而其对应的服务地址的格式为“http://image-serving-container:8501/v1/models/image/versions/<版本号>:predict”。我们需要在 Web 平台的“任务管理”界面中配置相应的服务地址。参考代码如下。

```
tf.keras.models.save_model(
   model,
   '/tf/models/image/1/',  #/tf/models 为 tensorflow-serving 模型的根目录
   overwrite=True,
```

```
    include_optimizer=True,
    save_format=None,
    signatures=None,
    options=None
)
```

步骤四：通过向 tensorflow-serving 发出 HTTP 请求来验证模型的部署效果，基于测试集初步测试模型表现，参考代码如下。

```
def test_image_model(test_dir, code, batch_size=10):
    imgs = []
    codes = []
    imgdir = os.path.join(test_dir, str(code))
    for i in pathlib.Path(imgdir).glob('./*.png'):
        img = PIL.Image.open(i)
        pixels = np.array(img)
        imgs.append(pixels.tolist())
    for i in range(int(math.ceil(len(imgs)/batch_size))):
        req_data = json.dumps({
                'inputs': imgs[i*batch_size:(i+1)*batch_size],
            })
        response = requests.post(TF_SERVING_BASE_URL +
                    'v1/models/image/versions/3:predict', # 根据部署地址填写
                          data=req_data,
                          headers={"content-type": "application/json"})
        if response.status_code != 200:
            raise RuntimeError('Request tf-serving failed: ' + response.text)
        resp_data = json.loads(response.text)
        if 'outputs' not in resp_data \
                        or type(resp_data['outputs']) is not list:
            raise ValueError('Malformed tf-serving response')
        codes.extend(np.argmax(resp_data['outputs'], axis=1).tolist())
    return codes


codes = test_image_model(test_dir, 0)
print('类别 0 的识别准确率', 1 - round(np.sum(codes)/len(codes),4))
codes = test_image_model(test_dir, 1)
print('类别 1 的识别准确率', round(np.sum(codes)/len(codes),4))
```

步骤五：当模型在测试集上获得的识别准确率不高时，我们还需要不断重复地更新卷积神经网络模型及其参数，并进行训练、部署和测试，以得到更高的识别准确率。

步骤六：当模型在测试集上也能获得较高的识别准确率时，根据 Jupyter Notebook 工作台中的地址，修改图片任务中的“服务地址”为最后的模型算法地址。

步骤七：在 PLC 触控操作面板上切换模式，在离心出料盘中放入待检测的工件，启动设备，等待产线根据部署好的模型进行识别，查看实际检测效果是否满意，如果不满意，则可重复进行模型的训练与部署。

任务 4　误差自动补偿数据分析

微课：项目 10 任务 4-误差自动补偿数据分析.mp4

误差补偿就是人为地制造出一种新的误差去抵消当前存在问题的原始误差，并尽量使两者大小相等，方向相反，从而达到减少加工误差，提高加工精度的目的。在图 10.25 中，以温度为例，通过补偿坐标修改 CNC 加工指令，对机床进行误差补偿，以达到理想的运动轨迹，最终实现机床精度的软升级。

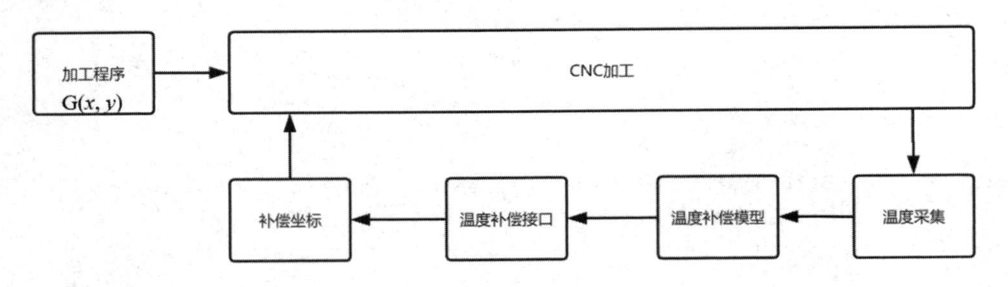

图 10.25　温度补偿示例

设备在加工过程中，会模拟生成误差参数。平台会使用部署好的误差补偿模型，进行实时补偿。误差补偿模型部署好之后，操作设备进行模拟加工验证。在整个验证流程中，平台会将补偿后的参数反馈到数控系统中。数控系统进行加工验证的过程不需要人工干预，实现了自动化调参。

动一动

在 Jupyter Notebook 工作台下，完成代码编写、误差补偿模型的训练与部署，并使用训练好的模型进行最后的模拟加工验证。

任务单

任务单 10-6　误差自动补偿数据分析

学号：__________ 姓名：__________ 完成日期：__________ 检索号：__________

任务说明

本任务将基于提供的工件样本图像及对应的工件加工工艺参数数据集“wc.csv”进行误差补偿模型的应用，主要包括数据清洗、模型构建与模型训练、部署等过程。模型训练完成之后，将模型部署在服务器上并在工业互联网云端控制系统上进行相关适配。

引导问题

想一想

（1）全连接神经网络有什么特点？它可以应用于什么场合？

（2）如何发现给定数据集中的异常值？应该如何处理异常值？

（3）如何通过发现原始数据中的规律来发现异常值？

（4）如何测试模型的优劣？当测试结果较好但实际应用效果不好时，试分析其中的原因。

重点笔记区

任务评价

评价内容	评价要素	分值	分数评定	自我评价
1．任务实施	数据读取与清洗	2 分	数据读取正确，并能正常显示得 1 分，会清洗数据得 1 分	
	模型构建	2 分	会设计全连接神经网络模型得 1 分，模型构建正确得 1 分	
	模型训练	1 分	模型训练能正确执行得 1 分	
	模型保存	2 分	模型正确保存得 1 分，模型正确部署得 1 分	
2．模型评估	模型 MSE 值	2 分	训练得到的 MSE 值在 0.5 以下得 1 分，在 0.25 以下得 2 分	
3．任务总结	依据任务实施情况得出结论	1 分	结论切中本任务的重点得 1 分	
合　计		10 分		

任务解决方案关键步骤参考

本任务需要对每一组误差参数干扰后的误差曲线构建误差补偿函数。该函数中包含 8 个主要参数。通过工业大数据算法训练误差补偿模型，可为每一组误差参数给出合适的补偿，并通过误差补偿函数作用到加工程序 G 代码上，提高机床加工精度，主要步骤如图 10.26 所示。

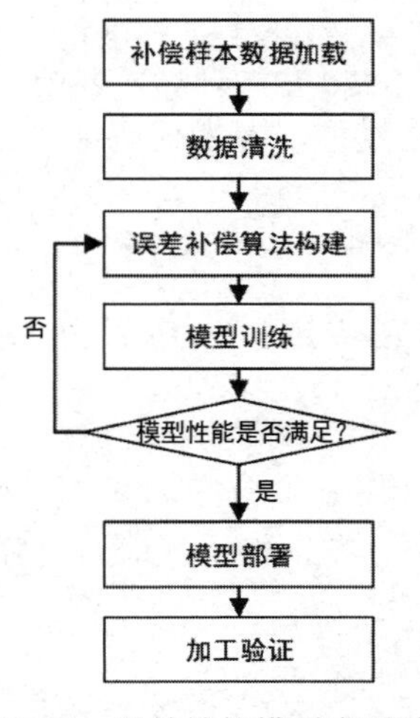

图 10.26　误差补偿模型应用过程

步骤一：加载、清洗误差样本数据，并将样本数据随机切分为训练集和测试集，参考代码如下。

```
import numpy as np
import pandas as pd
raw_dataset = pd.read_csv('./wc.csv',
            sep=',',
            skipinitialspace=True)
np.set_printoptions(precision=3, suppress=True)
dataset = raw_dataset.copy()
#进行必要的清洗
print("清洗前：", dataset.shape)
dataset=dataset.dropna()
dataset=dataset[dataset["score"]>90]
print("清洗后：", dataset.shape)
dataset.head()
#数据集切分
train_dataset = dataset.sample(frac=0.8, random_state=0)
test_dataset = dataset.drop(train_dataset.index)
#分别获取训练集和测试集的特征及补偿值
train_features = train_dataset.copy()
test_features = test_dataset.copy()

train_labels = train_features[['c'+str(i+1) for i in range(8)]].copy()
test_labels = test_features[['c'+str(i+1) for i in range(8)]].copy()

train_features = train_features.drop(['c'+str(i+1) for i in range(8)], axis=1)
test_features = test_features.drop(['c'+str(i+1) for i in range(8)], axis=1)

train_features = train_features.drop(['score'], axis=1)
test_features = test_features.drop(['score'], axis=1)

print(train_features.shape, train_labels.shape)
test_labels = pd.DataFrame(test_dataset[test_dataset.columns[18:-1]]
```

步骤二：构建全连接神经网络模型，参考代码如下。

```
import tensorflow as tf
from tensorflow import keras
from tensorflow.keras import layers
from tensorflow.keras.layers.experimental import preprocessing
from keras import regularizers
model = tf.keras.Sequential([ #根据情况调整模型结构
   layers.Dense(100, input_dim=train_features.shape[1], activation=
   layers.Dense(100,activation="tanh"),
   layers.Dense(32,activation="tanh"),
   layers.Dropout(0.5),
   layers.Dense(train_labels.shape[1])
])
```

```
model.compile(loss="mse", optimizer="adam",metrics='acc') #根据情况调整参数
model.summary()
model.fit(   # 根据情况调整参数
    train_features,
    train_labels,
    epochs=200,
    batch_size=32
)
```

步骤三：使用测试集检测模型效果，参考代码如下。

```
test_preds = model.predict(test_features)
print("y1 MSE:%.4f" % mean_squared_error(test_labels, test_preds))
```

当获得的 MSE 值不够小时，可继续修改全连接神经网络模型并进行训练，直到获得符合要求的 MSE 值为止。

步骤四：保存模型，参考代码如下。

```
tf.keras.models.save_model(
    model,
    '/tf/models/adjustment/tensorflow/1/',
    # /tf/models/adjustment/tensorflow 为 tensorflow-serving 模型的根目录
    overwrite=True,
    include_optimizer=True,
    save_format=None,
    signatures=None,
    options=None
)
```

步骤五：修改误差任务中的服务地址。最后将 PLC 触控操作面板上的参数调整为雕刻模式，启动机器测验算法的优劣。在机器雕刻过程中，需要正确使用防护用具（如护目镜），以防止眼睛被灼伤。

10.4.1　误差补偿技术

误差补偿技术又称为数字补偿技术，它除了用于改造“退役”设备，还用于提高新设备的精度。例如，在三坐标测量机（CMM）、多坐标数控机床、精密丝杠磨床等设备中，常采用误差补偿技术来消除重力、运动误差、热变形误差、几何误差等的影响，以达到低成本、高柔性的效果，延长设备的使用寿命，这不仅符合可持续发展战略，而且不会造成环境污染等。

10.4.2　均方误差损失函数

均方误差损失函数（Mean Squared Error，MSE）是反映估计量与被估计量之间差异程度的一种度量，它由测试值与预测值的差值平方后求平均值所得。当预测值与测试值完全相同时，MSE 的值为 0，预测值与测试值的误差越大，MSE 的值越大。

任务 5　联调与自动化生产验证

切换设备的工作模式为检测、雕刻及上传，如图 10.27 所示。启动设备后，系统会自动调度工业相机采集工件图像，并将图像发送至平台视觉检测接口。基于视觉检测模块所返回的检测结果控制 PLC 对实际工件进行分拣。同时，设备也会对加工过程进行实时补偿，以尽可能地生产出更多的合格品。

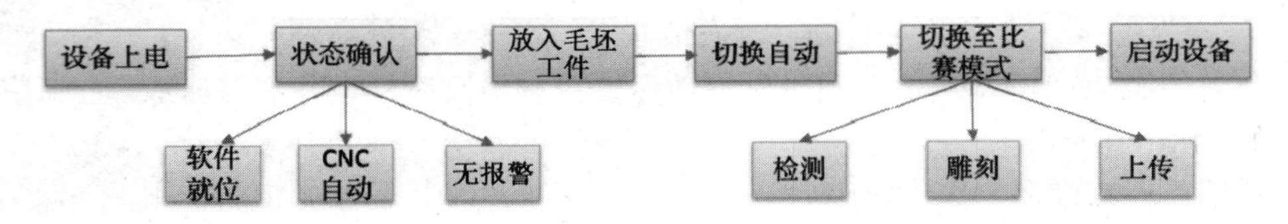

图 10.27　切换设备的工作模式

动一动

对误差补偿模型和工件图像智能分类模型进行联调，并进行自动化生产验证。

微课：项目 10 任务 5-联调与自动化生产验证.mp4

任务单

任务单 10-7　联调与自动化生产验证

学号：________姓名：________完成日期：________检索号：________

任务说明

基于提供的加工图纸进行若干个待加工工件的生产验证，利用智能数控系统模拟数控机床加工出二维图形，并调用误差补偿模型对图形补偿的干扰因素造成的误差，使加工图形尽可能准确。最后通过视觉系统进行质量验证，自动识别其合格性。

引导问题

想一想

（1）在联调过程中需要关注什么问题？这中间会产生什么样的新问题？
（2）在联调过程中，如何提高对新加工工件的识别准确率？
（3）在生产过程中，哪些数据比较重要？设计表格做好记录。
（4）如何提升产线的生产效率？有哪些相关参数可做调整？
（5）如何评判智能产线的工作效率？

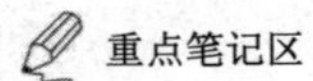

重点笔记区

任务评价

评价内容	评价要素	分值	分数评定	自我评价
1. 任务实施	任务管理	1 分	能正确配置图片任务、误差任务得 1 分	
	产线管理	1 分	产线添加正确得 1 分	
	设备启动	2 分	会正确配置机器的联调验证参数得 1 分，设备正常运转并能采集工件图像得 1 分	
2. 效果查看	合格率	3 分	生产合格率在 50%以上得 1 分，在 80%以上得 2 分，在 90%以上得 3 分	
	识别准确率	2 分	识别准确率在 80%以上得 1 分，在 90%以上得 2 分	
3. 任务总结	依据任务实施情况得出结论	1 分	结论切中本任务的重点得 1 分	
合　计		10 分		

任务解决方案关键步骤参考

步骤一：智能产线配置。模型迭代升级后，更新云平台中的任务及产线配置。打开设备管理系统进入“云平台通信设置”界面，检查产线编号及产线口令是否正确匹配。按照自动化生产需要，设置设备的工作模式为检测、雕刻和上传，进入自动模式，启动设备。需要注意的是，激光雕刻会灼伤眼睛，在观测机器雕刻的过程中，操作者一定要佩戴好护目镜，严格遵守生产安全要求。

步骤二：联调初测。进入“图像管理”界面，检查新生产工件的图像和识别结果，对误差补偿模型和工件图像智能分类模型能否用于下一步的闭环生产做出判断。

如图 10.28 所示，在生产过程中新加工出的工件与训练使用的样本工件相差较大。这将导致工件图像智能分类模型识别准确率不高，即模型的泛化能力差。我们需要使用不同的方法提升模型的识别准确率。在任务单 10-4、10-5 中，我们使用了数据增强、添加预处理层、设置更适用的激活函数等方法来提升模型的泛化能力。

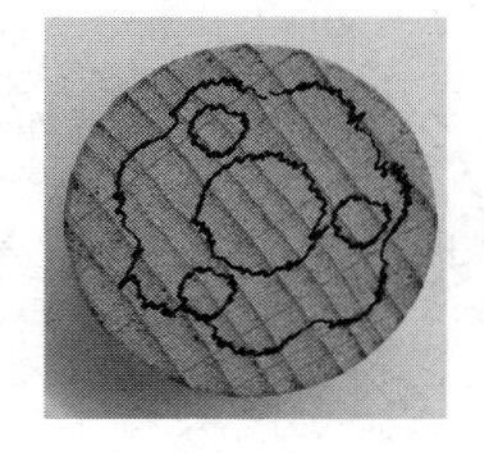
（a）新加工出的工件

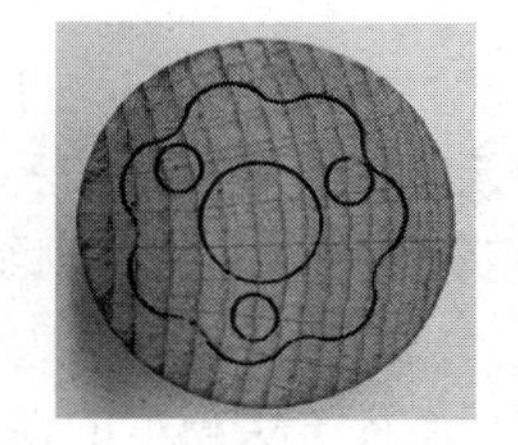
（b）训练使用的样本工件

图 10.28　加工结果

在联调过程中，可将检测正确的新加工工件的图像数据加入训练集中，同时重新采集识别有误的工件图像数据，以达到扩充训练集的目的。通过不断地训练、优化模型，直至得到较高的识别准确率为止。

步骤三：生产效率调整。根据整体生产过程的联调结果，调整 PLC 参数（如物料盘的转速、拍摄时延等）来提升生产效率。

步骤四：闭环自动化生产验证。将待加工的所有物料倒入离心出料盘中，关闭安全门，启动设备完成闭环自动化生产验证。

学一学：必须知道的知识点

联调测试：联调测试又称组装测试、联合测试、子系统测试、部件测试，侧重点在于各模块间接口的正确性、各模块间的数据流和控制流是否按照设计实现其功能，以及集成后整体功能的正确性。

拓展实训：复杂工件分拣与调参应用

【实训目的】

通过本次实训，要求学生进一步掌握人工智能中的卷积神经网络及其应用，以及 Python 常用包 Pandas、Matplotlib 的基本使用，并熟练使用 Keras 实现机器学习方法。

【实训环境】

工业互联网云端控制系统、Python 3.7、Pandas、NumPy、Matplotlib、TensorFlow、Keras。

【实训内容】

完成如图 10.29 所示的复杂仿真工件的数据采集、工件图像智能分类模型和误差补偿模型的训练与部署、加工验证。

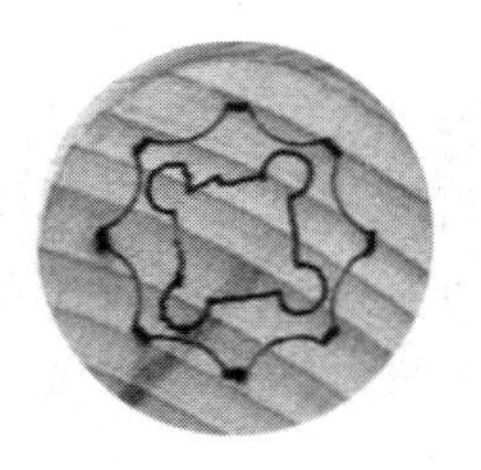

图 10.29　复杂仿真工件

1）训练样本数据采集

通过工业视觉系统进行工件训练样本数据采集，并进行数据预处理，完成样本数据分类存储。

2）工件图像智能分类模型的训练与部署

完成工件图像智能分类模型的构建、训练、优化，以及模型部署和验证。

3）误差补偿模型的训练与部署

完成数控加工误差补偿模型的构建、训练、固化，并完成误差补偿模型的部署和验证。

4）模拟生产验证

正确进行产线动作测试、加载补偿模型，通过数控单元模拟数控机床进行加工生产验证，并根据初步结果做好补偿参数微调和产线生产效率调整。

项目考核

【选择题】

1．关于图像放大处理，下列说法错误的是（　　）。

A．对于放大后的图像子块与子块之间的过渡因不平缓而导致画面效果不自然的问题，可以采用双线性插值方法来解决

B．当放大的倍数比较大时，使用基于像素放大原理的图像放大方法会导致马赛克现象

C．图像的放大不会引起图像的畸变

D．从物理意义上讲，图像的放大是图像缩小的逆操作

2．下列（　　）方法不属于人工智能方法。

A．对抗学习　　B．自由学习

C．强化学习　　D．迁移学习

3．对一个算法的评价，不包括如下（　　）方面的内容参数。

A．并行性　　B．时间复杂度

C．健壮性和可读性　　D．正确性

4．要去除椒盐（salt-and-pepper）噪声应采用的空间滤波器为（　　）。

A．拉普拉斯算子　　B．Sobel 算子

C．中值滤波器　　D．均值滤波器

5．在训练神经网络模型时，损失函数在最初的几次迭代中没有下降，可能的原因是（　　）。

A．学习率太低　　B．陷入局部最小值

C．正则参数太高　　D．以上都有可能

6．在深度学习模型训练过程中，常见的优化器有（　　）。[多选题]

A．SGD　　B．Momentum

C．Adagrad　　D．Adam

7．在选择光源时需要了解的检测的某些前提信息包含（　　）。[多选题]

A．限制条件，如工作距离、相机种类等

B．检测物类型，如平面或曲面、材质等

C．镜头类型，如微距、远心等

D．检测内容，如外观检测、尺寸检测等

8．下列属于分类器评价或比较尺度的有（　　）。[多选题]

A．召回率　　B．模型描述的简洁度

C．预测准确度　　D．计算复杂度

9．下列（　　）方法可以用来减少深度学习模型的过拟合现象。[多选题]

A．使用数据增广技术　　B．正规化数据

C．使用归纳性更好的架构　　D．增加更多的数据

10．噪声数据的产生原因主要有（　　）。[多选题]

A．在数据传输过程中发生错误

B．在数据录入过程中发生了人为或计算机错误

C．由于命名规则或数据代码不同而引起的不一致

D．数据采集设备有问题

11．在 Jupyter Notebook 工作台中运行单元格的快捷键有（　　）。[多选题]

A．Enter　　B．Ctrl+Enter　　C．F5　　D．Shift+Enter

【判断题】

1．将 Sigmoid 激活函数改为 ReLU，有助于克服梯度消失问题。（　　）

2．现场使用的工业相机分辨率越高越好。（　　）

3．膨胀运算可以理解为对图像的补集进行腐蚀处理。（　　）

4．在定义函数时，某个参数名字前面带有两个*符号表示其为可变长度参数，该函数可以接收任意多个关键参数并将其存放于一个字典中。（　　）

5．过拟合是监督学习的挑战，而不是无监督学习的挑战。（　　）

6．孤立点在数据挖掘时总是被视为异常、无用数据而被丢弃。（　　）

7．神经网络对噪声数据具有高承受能力，并能对未经过训练的数据进行分类，但其需要很长的训练时间，因而对于有足够长训练时间的应用更适合。（　　）

【参考答案】

【选择题】

1	2	3	4	5	6	7	8	9	10	11
C	B	A	C	D	ABCD	ABD	BCD	ABCD	ABCD	BD

【判断题】

题号	1	2	3	4	5	6	7
答案	对	错	对	对	错	错	对

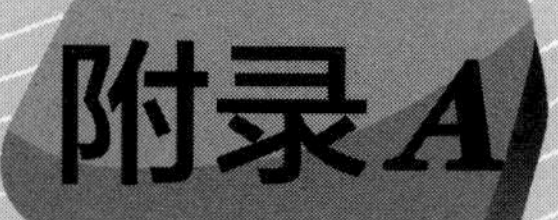

附录A 本书使用的工具包

序号	包名	版本	用途
1	NumPy	1.17.0	NumPy是Python的一个扩展程序包，支持大量的维度数组与矩阵运算，此外针对数组运算提供了大量的数学函数库
2	Matplotlib	3.1.1	Matplotlib是一个Python的2D绘图包，它以各种硬拷贝格式和跨平台的交互式环境生成出版质量级别的图形
3	Pandas	0.24.1	Pandas是一个强大的分析结构化数据的工具集，它的使用基础是NumPy（提供高性能的矩阵运算），用于数据挖掘和数据分析，同时提供了数据清洗功能
4	Seaborn	0.9.0	Seaborn是基于Matplotlib的图形可视化Python包。它提供了一种高度交互式界面，便于用户做出各种具有吸引力的统计图表
5	Sklearn	0.20.2	scikit-learn简称Sklearn，支持分类、回归、降维和聚类四大机器学习方法。它还包括特征提取、数据处理和模型评估三大模块
6	LIBSVM	3.23.0	LIBSVM是台湾大学林智仁（Lin Chih-Jen）教授等开发设计的一个简单、易用和快速有效的SVM模式识别与回归的软件包，该包中不仅提供了编译好的且可在Windows系列系统中直接执行的文件，还提供了源代码
7	OpenCV-python OpenCV-contrib-python	4.1.0	OpenCV是一个基于BSD许可（开源）发行的跨平台计算机视觉包，实现了图像处理和计算机视觉方面的很多通用算法
8	Keras	2.0.9	Keras是使用Python编写的开源神经网络包，可以作为TensorFlow、Microsoft-CNTK和Theano的高阶应用程序接口，进行深度学习模型的设计、调试、评估、应用和可视化
9	PyTorch	0.4.1	PyTorch是由Facebook的AI研究团队发布的一个Python工具包，是使用GPU和CPU优化的深度学习张量包
10	TensorFlow	1.14.0（CPU）	TensorFlow是一个基于数据流编程的符号数学系统，被广泛应用于各类机器学习方法的编程实现

微课：附录A-Anaconda环境配置.mp4

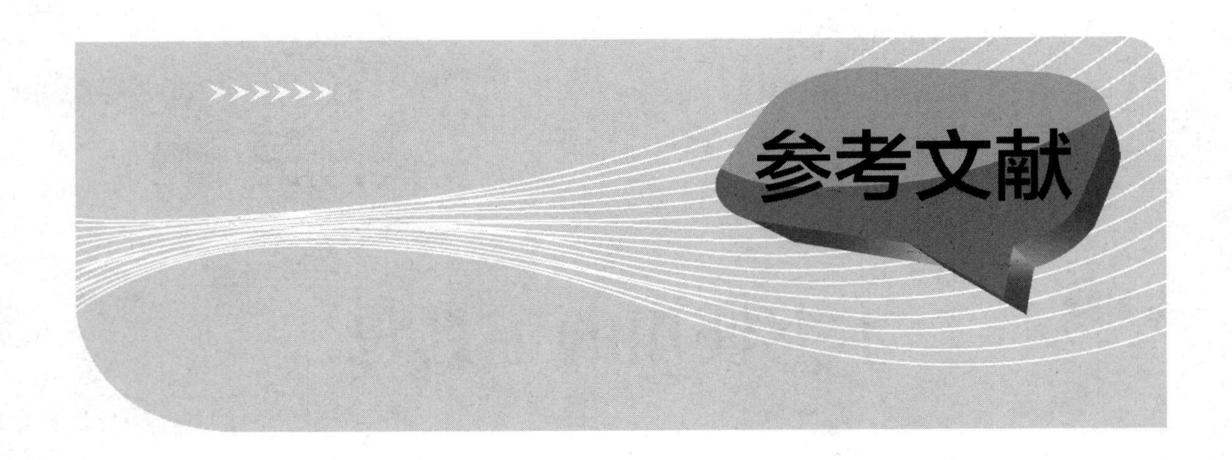

参考文献

［1］ 龙马高新教育. Python 3 数据分析与机器学习实战. 北京：北京大学出版社，2018.

［2］ 弗兰克·凯恩. Python 数据科学与机器学习从入门到实践. 北京：人民邮电出版社，2019.

［3］ Alexander T. Combs. Python 机器学习实践指南. 北京：人民邮电出版社，2017.

［4］ 普拉提克·乔西. Python 机器学习经典实例. 北京：人民邮电出版社，2017.

［5］ Ivan Idris. Python 数据分析基础教程：NumPy 学习指南. 2 版. 北京：人民邮电出版社，2014.

［6］ Wes McKinney. Python 数据分析. 2 版. 南京：东南大学出版社，2018.

［7］ 尼克·麦克卢尔. TensorFlow 机器学习实战指南（原书第 2 版）. 北京：机械工业出版社，2020.

［8］ 余本国. 基于 Python 的大数据分析基础及实战. 北京：水利水电出版社，2018.

［9］ 喻俨，莫瑜. 深度学习原理与 TensorFlow 实践. 北京：电子工业出版社，2017.

［10］朱晓峰. 大数据分析与挖掘. 北京：机械工业出版社，2021.

反侵权盗版声明